淀粉基 API 木材胶黏剂

时君友　林　琳　著

科学出版社

北　京

内 容 简 介

本书是一本研究绿色木材胶黏剂的专业著作。全书分为十部分：绪论、试验原料与研究方法、复合变性玉米淀粉乳液的研究、利用复合变性淀粉制备淀粉基 API（水性高分子-异氰酸酯）的研究、淀粉与聚二苯基甲烷二异氰酸酯（P-MDI）反应机理及 API 胶接机理的研究、淀粉基 API 木材胶黏剂老化机理研究、湿热老化条件对淀粉基 API 耐久性及其胶接制品的影响、不同表面处理方法对淀粉基 API 胶接性能的影响、淀粉基 API 胶接制品的服役期推导和结论。

本书内容先进，体系合理，可供材料类专业本科生、研究生、教师和工程技术人员阅读参考。

图书在版编目（CIP）数据

淀粉基 API 木材胶黏剂 / 时君友，林琳著. —北京：科学出版社，2022.12

ISBN 978-7-03-073231-6

Ⅰ. ①淀… Ⅱ. ①时… ②林… Ⅲ. ①木材接合－淀粉胶粘剂
Ⅳ. ①TQ432.2

中国版本图书馆 CIP 数据核字（2022）第 175721 号

责任编辑：贾 超 宁 倩 / 责任校对：彭珍珍
责任印制：吴兆东 / 封面设计：东方人华

科学出版社 出版
北京东黄城根北街 16 号
邮政编码：100717
http://www.sciencep.com

北京中石油彩色印刷有限责任公司 印刷
科学出版社发行 各地新华书店经销

*

2022 年 12 月第 一 版 开本：720 × 1000 1/16
2022 年 12 月第一次印刷 印张：15
字数：300 000

定价：128.00 元
（如有印装质量问题，我社负责调换）

前　言

利用廉价的玉米淀粉开发绿色高性能木材胶黏剂是人类不懈追求的目标，淀粉是比较容易分离和纯化的生物材料，也是可以进行大型集约化生产的材料之一。利用淀粉资源研发新材料和绿色化工产品，具有原料来源广泛和可持续发展的优势，是人类应对材料危机的一个主要的处理方式，研发淀粉基 API（水性高分子-异氰酸酯）并揭示淀粉基 API 湿热老化机理，对于此类生物质类胶黏剂的推广应用将产生巨大的推动作用。

本书针对传统的淀粉胶黏剂因耐水性差不能满足木材胶接需要的难题，主要是以玉米淀粉为原料，通过对淀粉进行酸解、氧化、接枝共聚等多重变性，制成一种复合变性淀粉；以复合变性淀粉、乙二酸、聚乙烯醇和聚二苯基甲烷二异氰酸酯（P-MDI）为主要因素，通过正交试验优化出满足不同需要的最佳淀粉基 API，采用此种胶黏剂的不同配方胶接木材时，可实现 JIS K6806—2003 标准中不同耐水胶接强度的要求，较好地解决了木材胶接制品耐水性与胶接制品绿色化的要求相矛盾的问题。同时，对胶膜的老化机理进行了研究；揭示出主要成分淀粉与 P-MDI 动力学反应机理；对淀粉基 API 固化反应机理进行了探索，分析了老化处理条件对淀粉基 API 及其胶接制品的影响，揭示了不同表面处理方法对淀粉基 API 的胶接性能的影响，揭示了淀粉基 API 的服役期，预测淀粉基 API 胶接木制品的使用期限。

本书编写分工如下：第 1～5 章由时君友编写，第 6～10 章由林琳编写，研究生程紫微、展志文、栾皓幄负责图片处理和格式编辑工作。同时，感谢国家林业重大公益专项（201504502）、国家自然科学基金面上项目（31971616）、国家自然科学基金重点项目（32130073）、国家自然科学基金青年科学基金项目（32001260）对本书的资助。

尽管作者力图在本书中注重系统性、实践性和前沿性，但由于淀粉基胶黏剂涉及较多领域，新成果、新应用层出不穷，同时由于作者水平有限，书中难免有疏漏和不妥之处，恳请专家和读者批评指正。

作　者

2022 年 8 月 23 日

目　　录

第1章 绪　　论

1.1　研究目的与意义

1.1.1　研究目的

自 20 世纪 90 年代开始，全球性的石油供给失衡问题日趋严重，合成树脂胶黏剂的原料价格节节攀升，加上合成树脂胶黏剂中存在的挥发性有害气体（如游离甲醛、游离苯酚等）对人体健康的危害越来越受到关注，世界各国对低甲醛、无甲醛木材胶黏剂的需求日趋强烈，研发的力度不断加强。其中以采用生物质为基本原料开发绿色环保型木材胶黏剂为主要热点。

我国是一个森林资源不足的国家，为了缓解木材供应不足的问题，人造板行业发展很快，2020 年我国人造板产量达 3.11 亿 m^3，位居世界第一。由此推动了木材胶黏剂产业的快速发展。当前，我国木材胶黏剂行业出现了以下两个明显的趋势。

（1）由于石化原料价格的上涨，性价比优异的脲醛树脂受到木材加工企业的普遍认同。而脲醛树脂胶合制品中含具有缓释效应的甲醛，对人居环境构成了严重威胁。

（2）在世界各国相关政策法规的严格约束下，室内装饰及家具行业对环保型人造板的需求日盛，推动了绿色木材胶黏剂生产技术的快速发展。

采用添加甲醛捕捉剂、改进合成工艺、调整尿素和甲醛的物质的量比、三聚氰胺尿素甲醛共聚树脂（UMF）共聚、尿素苯酚甲醛共聚树脂（UPF）共聚等多种方法，起到了有效降低脲醛树脂胶合制品甲醛释放量的作用，但由于甲醛释放的长效性，因此以上方法都不能达到治本的目标。

聚乙酸酯类或丙烯酸酯类、多异氰酸酯类和环氧树脂类胶黏剂虽然属于无甲醛木材胶黏剂，但其价格昂贵、施工过程中毒性大、脱模困难、适用期短、非甲醛类有机挥发物含量高等，导致此类胶黏剂难以在高性能低附加值的木材胶合制品中得到规模性应用。

目前，木材胶黏剂正处于一个以合成树脂占主导地位、天然高分子聚合物胶黏剂开发越来越受到重视的历史发展阶段。对木材胶合机理认识的不断深化、绿色化学理念、生物质导向经济理论等都对新型生物质基无毒型木材胶黏剂的开发产生了重要影响。

利用淀粉类资源开发新型材料和绿色化学品，具有原料来源广、可持续性好的特点，是人类应对后化石时代材料危机的主要出路之一[1]。淀粉天然胶黏剂以其原料资源丰富、生产工艺简单、使用方便、环保无毒而广泛应用于许多行业，尤其在包装纸箱、瓦楞纸板的生产上得到大量使用，工业上所使用的淀粉胶黏剂简要生产工艺为：将淀粉和水调配成一定浓度的悬浮液，在不断搅拌状态下通过升温或加入氢氧化钠使淀粉糊化，再根据具体要求施加交联剂、稀释剂和防腐剂等添加剂，以满足各行业的需求[2]。但淀粉胶黏剂用于木材工业则不多见，其最主要的原因是淀粉胶黏剂的耐水性能差，利用它胶接的木材工业制品的抗湿强度严重不足，不能满足产品的使用要求。以一年生玉米淀粉为主要原料制备成用量巨大、综合性能（胶合强度与环保指标）又高的木材胶黏剂，是人类长期以来的追求。

传统的淀粉胶黏剂因耐水性差不能用于木材的胶接。早期的淀粉基木材胶黏剂研究是将淀粉在强烈的反应条件下转化为低分子物质来充当酚醛胶的填料。淀粉在非水溶剂中具有转化为 5-羟甲基糠醛的性质，在改性酚醛树脂合成方面仍具有潜在意义。目前的发展趋势是既要考虑充分利用淀粉的大分子特性，避免过度降解，又要能够向淀粉链中引入足够的均匀分布的化学键，使其与氢键等弱化学作用力有效配合，达到木材胶黏剂耐水的要求。双醛淀粉树脂胶，淀粉、聚乙烯醇和 6-甲氧基亚甲基三聚氰胺共混胶，以及淀粉氧化降解接枝改性水性聚氨酯型胶等都是这类努力的代表性工作。但是用这些方法制备的木材胶黏剂或工艺还比较复杂，或必须借助于价格昂贵、在生产使用过程中有剧毒、易挥发的小分子异氰酸酯等辅助剂，或所制备的胶黏剂的热压温度要求高、固化时间长，或胶黏剂的活性期短。而且它们的胶接性能很少超过 GB/T 9846—2015 中 Ⅰ 类人造板用胶黏剂标准，因此和工业化实际应用还有不小的距离。

1.1.2　研究意义

我国木材胶黏剂成为高技术产品的核心是绿色化（greenization），就是说，要使木材胶黏剂成为环境材料（environment-conscious materials）或生态材料（ecological materials），即人类在主动考虑材料对生态影响的基础上开发的材料[3]。

遵循绿色化学原则，效法自然，最大限度地利用天然高分子自身的潜能开发高性能天然高分子木材胶黏剂，尽可能摆脱对有害石化原料的依赖，并使其最终具备在产品适用性、环保性、可持续发展性、生产成本等所有方面替代有害的脲醛树脂胶，具有非常重要的社会、经济和生态意义。

淀粉是相对容易分离纯化、可以大规模集约生产的生物质原料之一。研究表明，淀粉本身具有成为高分子胶黏剂主要成分的化学基础，从理论上探讨用更有效的化学变性手段来提高淀粉的化学反应活性，使其成为高性能的木材胶黏剂主体的可行性具有非常重要的理论价值。

本书对淀粉与聚二苯基甲烷二异氰酸酯（P-MDI）动力学反应、淀粉基 API（水性高分子-异氰酸酯）胶的固化反应及其与木材之间的胶接反应，以及胶膜的加速老化等机理方面进行了较为系统的研究，得出的结论完善了淀粉基 API 木材胶黏剂（以下简称淀粉基 API）理论的同时，对此类胶黏剂理化性能的完善具有进一步指导作用。所研制的淀粉基 API 的各项理化性能指标接近或优于国外以石化产品为原料制造的同类产品，在对人居环境的环保安全性能方面是国外同类产品所无法比拟的，其胶合制品甚至可满足儿童玩具、食品包装等高卫生标准的需求。不同配方的 I 型淀粉基 API 可用于结构与非结构胶合木的制造；不同配方的 II 型淀粉基 API 可用于生产 I、II 类人造板，其木（竹）材胶合制品无挥发性有机物（VOC）释放，甲醛释放量远低于国际最高要求的 E0 或 F****级水平。

1.2　淀粉基胶黏剂研究进展

1.2.1　API 胶黏剂发展与应用

1. 化学组成

1）主剂

水基乳液是 API 胶黏剂的主要成分。一般来说，API 胶黏剂包括水、聚乙烯醇（PVA）、一种或更多水基乳液、填料和其他的添加剂如消泡剂、分散剂和抗菌剂。大多数 API 胶黏剂包括可溶于水的聚乙烯醇。聚乙烯醇[4, 5]有几种作用：固化过程与异氰酸酯反应、调整胶黏剂的黏度和预防填料沉淀。尽管聚乙烯醇是最常用的增稠剂，但是其他的羟基官能聚合物如羟乙基聚合物和淀粉也可以用作增稠剂。不同类型的 API 胶黏剂所用的水基乳液是不同的，最常用的有聚乙酸乙烯（PVAc）乳液和 SBR 胶乳或是这些乳液的改性剂。乳液的选择在很大程度上影响着胶黏剂的性质，如固化时间、胶接质量、耐热性和耐水性[5]。API 胶黏剂体系是非常复杂的，总体构成和组分之间的相互反应将决定胶黏剂的性质。详细地描述一种乳液的选择对另外一种的影响是很难的。填料主要作用是降低胶黏剂的成本、增加胶黏剂的固含量和改善固化后胶层的耐热性。最常用的填料是碳酸钙粉末。低硬度的碳酸钙粉末不含有硬度高的杂物，使用时对刀具的磨损小，且价格比较低[6]。另外，填料还有其他有机和无机填料，如木材纤维、壳粉、滑石、云母和泥土。在储存期间填料的颗粒尺寸对阻止填料沉淀和确保固化后胶层有好的质量非常重要[7]。

2）交联剂

以异氰酸酯作为交联剂，是 API 胶黏剂的主要特点。理论上任何含有两个或更多—NCO 基团的异氰酸酯都是合适的。实际上对于异氰酸酯的选择依据是两个主要的参数：异氰酸酯的挥发性和反应活性[8]。二苯基甲烷二异氰酸酯（MDI）是在酸性催化剂作用下由苯胺和甲醛反应生成的，存在形式是纯 MDI 和聚合 MDI（P-MDI），其结构形式见图 1-1 和图 1-2[9]。纯 MDI 的操作性不佳，在 API 胶黏剂中 MDI 最常用的形式是 P-MDI。P-MDI 特别是纯 MDI 中—NCO 基团可能经历自身缩合反应形成碳二亚胺和尿酮亚胺，反应式见式（1-1），这降低了异氰酸酯的功能性。MDI 和多元醇聚合可以用作 API 胶黏剂的交联剂，反应式见式(1-2)。商用的 P-MDI 在室温下稳定，且通过调节—NCO 含量和异构体间的比例，可实现不同等级的功能性利用[10]。P-MDI 易和水反应，因此交联剂应该在干燥状态下储存，不能和湿空气或水接触。

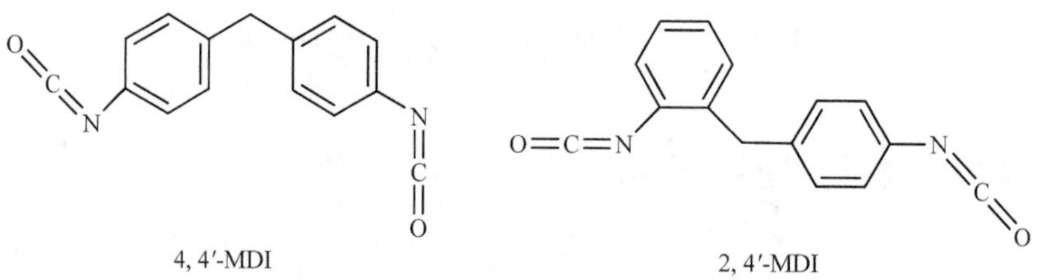

4, 4′-MDI　　　　　　　　　　2, 4′-MDI

图 1-1　MDI 的 4, 4′和 2, 4′异构体结构

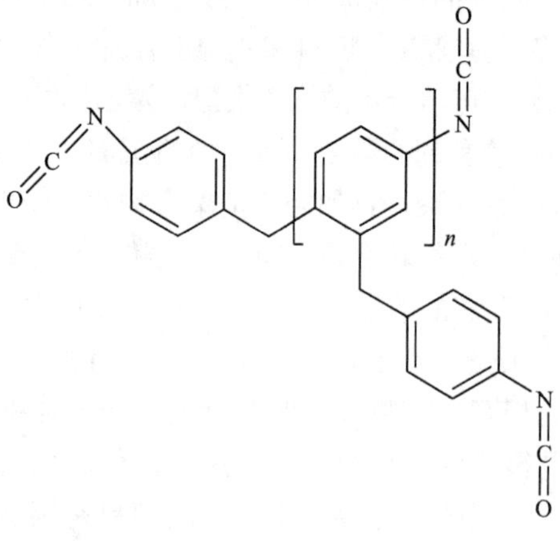

图 1-2　P-MDI 结构

$$\begin{array}{c} R \\ | \\ N=C=O \\ + \\ R \\ | \\ N=C=O \end{array} \longrightarrow \begin{array}{c} R \quad R \\ | \quad | \\ N=C=N \\ + \\ CO_2(g) \\ \text{碳二亚胺} \end{array} \rightleftharpoons \quad \text{尿酮亚胺} \qquad (1\text{-}1)$$

$$nR(NCO)_2 + nHOC_2H_4OH \longrightarrow \left[CONHRNHCOOC_2H_4O \right]_n \qquad (1\text{-}2)$$

2. API 胶黏剂特点

API 胶黏剂的性质在本质上取决于异氰酸酯基团的反应活性, 交联时产生的氨基甲酸乙酯是一种强化学结合, 该胶黏剂具有以下特点[11, 12]。

优点: ①常温固化: 在室温下即可固化, 获得较高的耐水胶接强度, 也可在加热条件下固化, 兼具热固性和热塑性树脂的特点; ②能胶接多种材料: 如木材之间胶接, 木材与金属和塑料等材料的胶接; ③不含有甲醛、苯酚等有害物质, 属于绿色环保产品; ④可根据胶接材料的需要, 调整主剂的组成、交联剂的添加量; ⑤胶黏剂 pH 接近中性, 不会污染被胶接材料。

缺点: ①活性期短, 主剂与交联剂调制后使用时间受限制; ②调制后易发泡。

3. 分类、理化性能及胶接性能指标

中国参照日本工业标准 JIS K 6806—2003 制定了适用于木材的 API 胶黏剂的标准 LY/T 1601—2011。对水性高分子异氰酸酯木材胶黏剂进行了分类, 并对理化性能和胶接性能有了一些规定性要求, 具体如表 1-1~表 1-3 所示。

表 1-1 API 木材胶黏剂的分类

类型		用途
Ⅰ型 (常温固化型)	Ⅰ类	主要用于室内结构集成材、承重板等
	Ⅱ类	主要用于室内非结构集成材、家具和一般木工制品
Ⅱ型 (加热固化型)	Ⅰ类	主要用于室内结构胶合板等
	Ⅱ类	主要用于室内装饰板、普通胶合板等

表 1-2 API 木材胶黏剂的理化性能指标

项目	理化性能指标	
	主剂	交联剂
外观	无异物	均质液体
不挥发物含量/%	≥30.0	—

续表

项目	理化性能指标	
	主剂	交联剂
黏度/(Pa·s)	≥0.1	0.01~3.5
pH	3.5~8.5	—
水混合性/倍	≥2	—
储存稳定性/h	≥15	—
异氰酸酯基质量分数/%	—	≥10

表 1-3　API 木材胶黏剂的胶接性能指标

试验项目		性能			
		Ⅰ型		Ⅱ型	
		Ⅰ类	Ⅱ类	Ⅰ类	Ⅱ类
压缩剪切强度/MPa	常态	≥9.8	≥9.8	—	—
	耐温水	—	≥5.9	—	—
	煮沸干燥循环	≥5.9	—	—	—
拉伸剪切强度/MPa	常态	—	—	≥1.2	≥1.2
	耐温水	—	—	—	≥1.0
	煮沸干燥循环	—	—	≥1.0	—
适用期/min		≥10		≥60	

4. API 胶黏剂的化学反应

不同异氰酸酯的反应活性差别很大,大多数有反应活性的—NCO 基团都能和含有活性氢的混合物反应。亲核基团的反应活性也存在不同[13-16]。

(1)异氰酸酯和 API 配方中的水反应形成胺,之后再继续反应生成脲。从反应机理能看出 CO_2 是反应的副产物。反应式如下:

$$R—NCO + H_2O \longrightarrow R—NHCOOH \longrightarrow R—NH_2 + CO_2(g) \qquad (1-3)$$

(2)异氰酸酯也能与 API 胶黏剂中的羟基基团发生化学反应,转变为立体结构,形成强力胶合。反应式如下:

$$R—NCO + R'—OH \longrightarrow R—NH—COO—R' \qquad (1-4)$$

(3)异氰酸酯与含有氨基化合物反应形成取代脲。反应式如下:

$$R—NCO + R'—NH_2 \longrightarrow R—NH—CO—NH—R' \qquad (1-5)$$

(4)异氰酸酯与取代脲反应生成缩二脲。反应式如下:

$$R\text{—}NCO + R\text{—}NH\text{—}\overset{\overset{\displaystyle O}{\|}}{C}\text{—}NH\text{—}R' \longrightarrow R\text{—}N\begin{matrix} \overset{\overset{\displaystyle O}{\|}}{C}\text{—}\overset{\displaystyle H}{N}\text{—}R \\ \overset{\displaystyle C}{\underset{\overset{\displaystyle H}{N}\text{—}R'}{\|}}\text{—} \end{matrix} \qquad (1\text{-}6)$$

（5）另外异氰酸酯还能与木材中的羟基在一定程度上发生反应，其反应式如下：

P—OH + OCN—R—NCO + HO—W ⟶ P—OCONH—R—NHCOO—W

主剂　　　　　异氰酸酯　　　木材　　　　　　　　　聚氨酯
聚合物

$$(1\text{-}7)$$

异氰酸酯和羟基反应生成氨基甲酸乙酯，是一种强化学交联结构。这也是 API 胶黏剂的特点所在，在有水存在的情况下，异氰酸酯与主剂的成分发生化学反应。主剂中羟基基团主要来自 PVA，PVA 与—NCO 反应产生的交联结构可以从弹性率增加（200℃高温区域）得到证实[17]。在 API 胶黏剂混合物中发生的反应大多数都是不可逆的。

利用拉曼光谱研究 API 胶黏剂中异氰酸酯的反应机理，结果表明其和水的反应形成脲是最主要的反应。另外缩二脲和氨基甲酸乙酯的量比预期的要多。通过红外光谱分析反应速率。在反应的最初 12h 内生成大量的脲和缩二脲，在此阶段胶黏剂中仍有足够的水确保水代替羟基和—NCO 反应。12h 后胶层呈固态并且样品质量恒定。监测反应表明—NCO 基团的数量在逐渐减少，异氰酸酯和羟基基团的反应形成氨基甲酸乙酯基团的程度在增加[18, 19]。

因为在组分不同的缩合反应之间存在着竞争反应，API 胶黏剂体系中不同的反应发生到什么程度是很难预测的。由于胶黏剂中有大量的水，很明显在异氰酸酯和水之间有大量的反应。

5. API 胶黏剂固化机理

当主剂与固化剂混合后，PVA 和异氰酸酯发生交联反应，主剂中的水也会与异氰酸酯发生反应形成取代脲，还有部分异氰酸酯未发生反应。当二者混合涂布在木材表面时，剩余的—NCO 基团和木材中的羟基反应，形成牢靠的黏接[20, 21]。固化机理如图 1-3 所示。

6. API 胶黏剂的胶接工艺和胶层性质

由于 API 胶黏剂是基于乳液与异氰酸酯交联，它们均具有热固性和热塑性胶黏剂的特点。API 胶黏剂是多相体系，含有乳液颗粒、聚合物溶液、交联剂液滴和填料颗粒。正如其他乳液胶黏剂，乳液颗粒在胶膜中的聚结和分布对胶接质量是很重要的[22, 23]。胶膜中交联对胶接质量、胶黏剂的耐热性和耐水性都很重要。

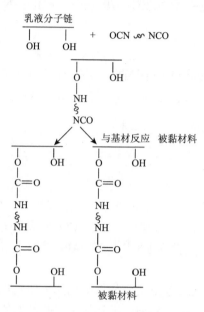

图 1-3　API 胶黏剂固化胶接示意图

　　API 胶黏剂胶接过程中存在许多可能同时发生的反应和流程。例如，①水从胶层中离开；②乳液颗粒的合成形成胶膜；③—NCO 基团和水的反应；④—NCO 基团之间的反应；⑤—NCO 基团和 PVA 中的羟基或其他的羟基在水相中的反应；⑥—NCO 基团和乳液聚合物中可利用的功能基团的反应；⑦—NCO 基团和木材细胞壁中的羟基的反应。

　　这些反应彼此以不同的速率平行发生。每个反应的速率和程度取决于 API 胶黏剂的组成和实际的胶接条件（温度、涂胶量和木材含水率等）。因此，在胶接过程期间准确地描述任何给定时间内是什么反应在发生实际上是不可能的。

7. API 胶黏剂的使用

　　当使用 API 胶黏剂时，考虑的因素和其他类型的胶黏剂是一样的，如活性期、陈化时间和固化时间。另外，在混合后反应产生的 CO_2 气泡也应该考虑。

1）活性期

　　活性期常用来描述双组分胶黏剂从两种组分混合直到胶黏剂黏度太大不能使用的时间。活性期通常由测量胶黏剂的黏度随时间的增加来确定[24]。然而，API 胶黏剂的活性期不太容易确定。异氰酸酯和水反应产生的 CO_2 会使胶黏剂混合物发泡而影响黏度的测定，实际上发泡也使混合物很难处理，可能引起胶黏剂不能在有限时间内使用[25]。水基胶黏剂和异氰酸酯的混合比例影响着胶黏剂混合物的许多性质，随交联剂量的增加，胶黏剂的黏度会增加得更快。如果大量的异氰酸酯被使用，则胶黏剂的活性期会更短。

2）陈化时间

在大多数胶接操作中，陈化时间是很重要的。陈化时间是指从胶黏剂使用到夹具施压的时间。超过最大的陈化时间会导致胶合减弱。如果 API 胶黏剂的乳液颗粒聚结远在压力施加之前，陈化时间会很长。因此不同的胶黏剂陈化时间是不同的，这取决于胶黏剂的构成。对于一个给定的胶黏剂，陈化时间取决于涂胶量、温度、木材含水率、空气的相对湿度和气流的速度。少量有机溶剂的添加能增加陈化时间。胶膜形成过程可能相似或稍微快一点，但是溶剂能保护异氰酸酯，导致异氰酸酯和水的即时反应会被延迟。更严重的是，这可能也会增加固化时间。

3）发泡和黏度增加

区分异氰酸酯胶黏剂和其他类型的木材胶黏剂的一个特点就是 CO_2 的释放，其是在异氰酸酯和水反应期间形成的。CO_2 的释放会使胶黏剂在一定时间内发泡。CO_2 释放量、形成速度和在胶黏剂中释放的程度取决于水基胶黏剂的组成配方和交联剂异氰酸酯的类型及数量。游离的异氰酸酯基越多，产生的气泡越多。另外，异氰酸酯的分布也会影响气泡的形成。异氰酸酯溶液分散得越好，异氰酸酯液滴的表面积越大，反应速率就越快，气泡形成得也就越多。据报道，含有聚乙酸乙烯酯（EVAc）的 API 胶黏剂在使用时产生的气泡比 SBR 乳液多[26]。配方中 EVAc 量的增加导致陈化时间减少，但是会增加发泡速度。他们也讨论过乙烯与乙酸乙烯酯的比例（E/VAc）对由异氰酸酯基团和水反应形成的气泡的影响。E/VAc 高导致 API 胶膜在固化过程中产生气泡减少，这表明 E/VAc 影响着最初的固化过程。然而，不同比例 E/VAc 的 API 胶黏剂在储存后的胶层有着相似的交联结构和使用性能。

4）固化时间——反应活性

API 胶黏剂的固化温度范围非常宽，这种胶黏剂最大的特点就是在室温下也能快速固化，热的条件会加速胶膜形成过程和胶层的化学反应。胶膜的形成和异氰酸酯的交联都不依赖 pH，不同树种木材的 pH 不影响胶黏剂的固化时间。随着水分从胶层中移出，乳液颗粒聚合形成连续均匀的胶膜。影响水分转移的因素将以同样的方式影响胶黏剂的固化时间，高密度的木材和吸水性差的材料比低密度木材和吸水性好的材料需要更长的时间固化，涂胶量大比涂胶量小的固化时间长[27]。

胶黏剂的组成也影响固化时间。当配方相似时，高固含量比低固含量的胶黏剂有更短的固化时间。胶黏剂中乳液的类型也影响固化时间。例如，配方中大量 PVAc 的使用通常导致胶黏剂快速固化，然而大量 SBR 或羧基化丁苯胶乳的使用会增加固化时间。胶混合物中异氰酸酯的用量也会影响固化时间。大量的交联剂会因为胶层形成慢而增加固化时间。

　　8. API 胶黏剂在不同木制品中的应用

　　在木材加工行业中使用的传统胶黏剂主要如下：聚乙酸乙烯酯（PVAc）、脲醛树脂（UF）、三聚氰胺甲醛树脂（MF）、酚醛树脂（PF）和间苯二酚甲醛树脂（RF）等。

　　在国外，异氰酸酯胶黏剂应用在木材加工行业的时间不长。20 世纪 80 年代，J. B. Wilson 对该胶黏剂生产的人造板的性能进行了系统深入的研究，此时异氰酸酯胶黏剂才在木材行业中密度纤维板（MDF）、刨花板（OSB 和防水板材）、复合材和层积材等生产中得到应用[28, 29]。随着研究水平的提高，对异氰酸酯胶黏剂进行改性，逐渐研制出新的 API 胶黏剂。异氰酸酯具有很高的反应活性，适合用作 API 胶黏剂的交联剂，对木材有很好的黏接性能，能应用在不同的木制品或胶接木材与复合材料。

图 1-4　层压实木板

　　1）层压实木板

　　层压实木板（图 1-4）是由胶黏剂胶接木材薄片制造的。该板材用于不同类型的产品，如桌面、家具和楼梯等。API 胶黏剂价格太贵，不能和由 PVAc 和 UF 生产的对耐水性要求不高的产品相竞争[30]。

　　2）窗框

　　由于窗框暴露在各种天气条件下，因此生产时必须用耐高温和耐湿的胶黏剂。虽然 MUF 胶黏剂在某些使用环境下有较大优势，但是在欧洲市场主要还是用 API 胶黏剂及耐高温和耐湿的 PVAc 胶黏剂（根据 EN 204/205 胶黏剂列为 D4）。因为 API 胶黏剂比 D4PVAc 胶黏剂赋予胶层更高的耐热和耐湿性能，所以越来越多的窗框用 API 胶黏剂制作，并成为一种趋势[31]。

　　3）地板

　　API 胶黏剂在胶接地板胶接质量上能与 UF 胶黏剂竞争。关于热压时间，API 胶黏剂通常能与应用在单层或多层热压机具高和中反应活性的 UF 体系竞争。在欧洲用在地板生产上的 API 胶黏剂的量是很低的，其用量会随着无甲醛胶黏剂生产地板的需求的增加而增加。因为 API 胶黏剂比 PVAc 胶黏剂有更好的耐高温、高湿性能，特别适用于地热板[32]。三层实木复合地板如图 1-5 所示。

　　4）多层板

　　在欧洲，多层板包括用在建筑中结构部件的交叉层压板（图 1-6）和模板。这些类型的板材主要使用 MUF 胶黏剂生产，其需要相对长的热压时间和高温。聚氨酯（PUR）胶黏剂代替 MUF 胶黏剂使用在生产建筑组成部分，然而 API 胶黏剂在引入阶段使用，因为建筑组成部分需要胶层耐水。交叉层压板很大而且包含很多层木材，因此，需要更多能耗来热压生产这些构件。交叉层压板在使用 MUF 胶黏剂生产时使用大量的胶黏剂，因此甲醛释放量必须考虑，而使用 API 和 PUR 胶黏剂则不用担心这方面。用 API 胶黏剂生产建筑构件可以提供一个比使用 MUF 胶黏剂更加简单和便宜的工艺，因为其固化可以不加热。用 API 胶黏剂生产建筑构件还有价格优势，这是由于其在大气环境下可以快速热压，因此其是 MUF 胶黏剂的一个很好替代。API 胶黏剂获得的弹性胶层对于建筑构件更有利[33]。

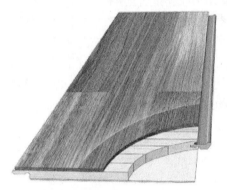

图 1-5 三层实木复合地板

图 1-6 交叉层压板

5）指接材

API 胶黏剂非常适合指接材。API 胶黏剂体系有短的热压时间和高的胶合强度。API 胶接指接材的生产工艺很受欢迎，原因是其在低温下有好的胶接性能。图 1-7 说明了在不同温度下指接材从胶接到获得耐水胶层的时间，即 API 胶黏剂的固化时间，即使在 5℃也能获得很好的胶层[34]。

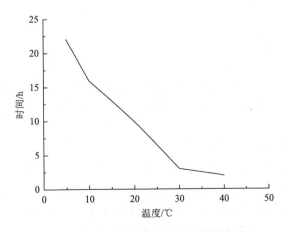

图 1-7 API 胶黏剂在不同温度下的固化时间

图 1-8　I 字梁

6）I 字梁

I 字梁（图 1-8）胶接类似于指接材，但是有不同的胶接侧面。I 字梁最上和最下面最常用的木材是云杉、单板层积材（LVL）和花旗松。最常见的中间部分是 OSB，它也可以用于生产中密度纤维板（MDF）。为了确保足够的耐火和耐热性能，I 字梁必须是绝缘的。在美国 API 胶黏剂、乳液胶黏剂以及 P-MDI 和聚氨酯乳液聚合物（PEPs）都可以用来生产 I 字梁。这些胶黏剂体系能满足结构性胶黏剂的所有需求[35]。

在国内，API 胶黏剂也主要是应用在木材行业，如木制品、人造板、家具和复合材料的黏接。东北林业大学顾继友教授和北华大学时君友教授等对木材加工现用的 API 胶黏剂进行了科学系统的研究，开发出一系列高性能 API 胶黏剂，使其在非木质材料如稻草、玉米秸和麦秸等材料制作人造板上的应用取得了很大的进步[36-39]。

1.2.2　淀粉基胶黏剂发展状况与应用

淀粉作为胶黏剂使用历史悠久，但淀粉基胶黏剂本身具有的耐水性差和黏接强度低等缺点使其应用受到限制，只能应用于纺织业、造纸业和瓦楞纸板等少数领域，用于木材加工行业上的则很少[40]。现在，人们的环保意识越来越强，淀粉胶黏剂因无甲醛等有害物质释放而逐渐替代甲醛类胶黏剂，使用量在快速增加。如何开发和有效利用淀粉资源制作胶黏剂或者用淀粉改性其他胶黏剂已成为国内外胶黏剂行业普遍关注的课题。

1. 早期的研究成果

1）在耐水性木材胶黏剂中的应用[41]

淀粉作为辅助成分来改性脲醛树脂和酚醛树脂。利用淀粉自身所具备的大分子特性，使其与氢键结合，增强木材胶黏剂的耐水性能。另外也可以代替一定量的酚醛树脂来生产胶合板，这样不仅可降低酚醛树脂胶黏剂的成本，同时胶合强度也能满足使用要求。

2）双醛淀粉尿素胶[42-47]

此类胶黏剂是近年来由可再生资源开发的新产品，是代替醛类胶黏剂的一个探索。利用高碘酸把淀粉中碳原子上的羟基氧化成醛基，得到双醛淀粉，继续和尿素在一定条件下作用制备出双醛淀粉尿素胶黏剂，它的胶合强度较好，但是仍有大量的游离羟甲基，耐水性较差，在木材行业中应用达不到耐水性的要求。另外由于高碘酸价格高，因此整个胶黏剂成本昂贵，目前正在研究新的氧化方法，使其价格降低，在木材行业能有一定的竞争力。

3）水性聚氨酯胶黏剂的研发[48, 49]

采用无机酸作为催化剂，使淀粉发生醇解反应，产生具有一定活性的羟基化合物，对木材加工行业用的水性聚氨酯胶黏剂进行研发。

2. 淀粉基胶黏剂的局限性

淀粉基胶黏剂的发展速度相对较慢，原因是淀粉基胶黏剂本身的缺陷限制了其使用范围。一是由于耐水性能差：主要是因为淀粉分子自身含有大量的羟基，羟基之间相互作用形成氢键，使淀粉基胶黏剂具备胶接性能，但是该胶黏剂与水接触后，羟基与水接触形成的分子间作用力大于羟基间的氢键结合力，使得胶接强度大幅降低，机理如图 1-9 所示[50]。二是由于淀粉基胶黏剂的流动性差：淀粉经过糊化改性处理后，淀粉颗粒的存在形式为直链淀粉，在降温过程中又以双螺旋形式相互缠绕，形成具有一定弹性和强度的半透明状凝胶，使淀粉胶黏剂的流动性变差[51]。三是由于淀粉胶黏剂稳定性弱：淀粉是一种糖类高分子化合物，制成淀粉基胶黏剂后为霉菌的生长提供了便利条件，易于发生霉变，影响淀粉基胶黏剂的使用寿命。

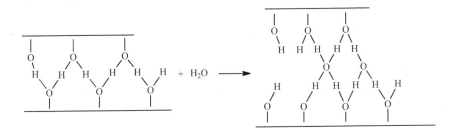

图 1-9 淀粉基胶黏剂胶接吸水破坏过程

3. 淀粉基胶黏剂的改性

现在学者们开始对淀粉基胶黏剂进行改性研究，主要是对淀粉上的羟基（亲水性基团）进行改性处理，减少羟基数目，或引入活性基团，这样可以在淀粉基胶黏剂的固化过程中发生交联反应，生成氨酯键、亚甲基键和脲键等耐水性能好的化学键，形成密实的网状结构，阻止水分子进入胶接接层破坏氢键结合，进而改善淀粉基胶黏剂的耐水性能，另外大量极性基团也增加了黏结强度。张鹏等[52]利用化学方法对淀粉改性，形成淀粉液，和 API 胶黏剂中主剂的主要成分搭配使用，研制出新的胶黏剂即淀粉基 API，弥补了淀粉胶黏剂的缺点，同时降低了纯

API 胶黏剂的成本，这样淀粉基 API 就能更加广泛地应用于木材加工行业中。对淀粉基胶黏剂进行化学改性主要有以下几种方法。

1）酯化

酯化淀粉是通过淀粉分子上的羟基与其他的物质之间发生酯化反应，在淀粉中引入新的官能团，最终改善淀粉基胶黏剂的性能。利用不同物质对淀粉进行酯化，制备出的淀粉基胶黏剂，具有不同的性质与应用[53]。

时君友和王淑敏先对玉米淀粉进行酯化反应生成淀粉乳液，再用淀粉乳液改性 API 胶黏剂。利用调配好的玉米淀粉基 API 制备三层胶合板，其理化性能指标均满足国家标准，而且制品无甲醛等有害物质释放，通过玉米淀粉的改性降低了 API 胶黏剂的成本，具有一定的环境效益和经济效益[54]。

谭海彦等利用有机酸对玉米淀粉进行酸解，制备酯化淀粉乳液，再用异氰酸酯对其进行改性。研究了反应条件、改性剂和胶的性能指标对所研制的淀粉基胶黏剂的黏接强度和耐水性的影响。优化了淀粉基胶黏剂的最佳合成工艺，加入少量异氰酸酯交联剂后，该胶黏剂的黏接强度和耐水性得到了明显改善，符合国家标准中 II 类胶合板理化性能指标的要求[55]。

时君友和李春风以玉米淀粉为原料制备淀粉悬浮液，加入水溶性聚合物、天然玉米淀粉、填料和乳化剂，制成淀粉基 API 主剂。用该主剂与交联剂异氰酸酯混合后调胶压制胶合板，其湿强度能够满足国家标准对 II 类胶合板性能指标的要求[56]。

2）氧化

氧化淀粉的制备主要是因为原淀粉中的羟甲基被氧化生成羧基，从而提高了淀粉基胶黏剂的稳定性；同时，降低了淀粉分子的羟基数目，所以分子结合受阻，削弱了分子间的结合力；此外在氧化反应过程中，糖苷键的断开导致大分子降解，进而使该胶黏剂的黏度下降并改善了其耐水性等性能，使它的实用性增强[57]。

王必囤等[58]采用化学氧化剂对玉米淀粉进行氧化处理，制备改性淀粉乳液，然后用异氰酸酯改性所制备的淀粉乳液。制备的改性淀粉基胶黏剂性能符合 II 类胶合板的使用要求。因为异氰酸酯的加入能与改性淀粉和木材上的活性羟基发生反应，所以改善了胶黏剂的胶接强度和耐水性等性能指标。

3）接枝共聚

接枝共聚是在玉米淀粉分子上，通过一定的作用形式，使其产生初级自由基，之后引入单体发生接枝共聚反应，使单体以一定的聚合度接枝共聚到淀粉大分子链上，从而赋予淀粉基胶黏剂以新的功能[59]。

韩美娜等[60]用过硫酸铵作为引发剂，在淀粉上引入烯类单体，发生接枝共聚反应，制备淀粉基胶黏剂，确定了最佳的工艺条件。按该方案制备的胶黏剂可直接黏接木材，其剪切强度满足国家标准中的要求。

李敏等[61]先用乙酸酐与玉米淀粉进行酯化反应，再与 PVA 混合，最后引入乙酸乙烯单体和引发剂完成接枝共聚反应。研究发现所制备的淀粉基胶黏剂的黏度随着酯化度的增加呈现降低的趋势，胶接强度则呈现先升高后下降的趋向。

1.3 胶黏剂的耐久性研究

胶黏剂不但要具有很好的力学性能与耐热性，而且要有非常好的耐久性，以确保黏接部件在储存过程中对可靠性能指标的要求。除考核剪切强度和浸渍剥离强度以外，耐热老化性能也是考核胶黏剂在一定温度下服役期的重要指标，而耐湿热老化性能是评价黏接接头在水分存在的苛刻条件下服役期的指标，也是评价胶黏剂耐久性能的重要指标之一[62]。胶黏剂湿热老化体现了水分在胶黏剂层内的吸附和扩散过程。水分差不多能渗透到全部聚合物中，首先水分会产生增塑作用，破坏聚合物之间的作用力，造成物理性能的下降，这种现象是可逆的，除去水分后性能即可恢复。其次，水解也是促使胶层老化的主要原因，主要是由于存在于胶层中的水会使水解程度增加，导致耐久性能下降。最后，水分当中的离子也会在接头过程中形成电位腐蚀，加强胶黏剂的水解和水分的渗透，对金属材料黏接接头的影响更大，而对于非金属材料，尤其是木质材料而言，电化学腐蚀很弱，甚至可以忽略不计[62-64]。

1.3.1 异氰酸酯木材胶黏剂耐久性研究

利用甲醛胶黏剂制作的木制品的甲醛释放已经成为公众关心的问题。因此，异氰酸酯胶黏剂代替甲醛胶黏剂的使用在增加[65]。木材复合制品的耐久性近些年已经变成热点话题。胶黏剂的耐久性决定了木制品的耐久性，而胶黏剂的热稳定性对耐久性则有非常重要的影响。有几种分析方法如傅里叶变换红外光谱（FTIR）、动态机械分析（DMA）、差示扫描量热分析（differential scanning calorimetry，DSC）和热重（TG）法可以用来研究胶黏剂的热稳定性。

Umemura 等[66]利用 DMA 和 FTIR 研究了水固化的异氰酸酯（IC）胶黏剂的热稳定性，同时研究了固化的酚醛树脂的热稳定性来作为对比试验。固化的 PF 比用水固化的 IC 有更好的热稳定性。加热不能提高水固化的 IC 树脂的热稳定性。

胶黏剂的耐久性极大地影响其胶接木质复合材料的耐老化性能。学者对于胶黏剂的耐久性做了很多钻研，然而对于含有 P-MDI 的异氰酸酯胶黏剂的耐久性的研究有限。通常，耐久性试验划分为加速试验和暴露试验。特别是加速老化试验对于揭示关于某一具体降解因素的耐老化性更有优势。

Umemura 等[66-68]通过加速试验，研究了以乙烯基异氰酸酯为主的异氰酸酯胶黏剂暴露在加热条件下的耐久性。借助热重分析研究树脂质量损失的动力学。通过恒定加热，评价了胶合强度的耐久性。其对胶层的质量损失和树脂的化学结构也进行了评估。研究结果表明：活化能随着质量损失的增加而增加，活化能的变化表明树脂的降解反应不是一个单一的基本过程。从质量损失角度考虑耐久性，在初始阶段加入多元醇优于只加水的异氰酸酯树脂。另外，酚醛树脂的耐久性次于加水的异氰酸酯胶黏剂。为了从胶合强度角度研究树脂的耐久性，对每种胶黏剂胶合试样进行了拉伸剪切胶合强度测试。从 120～180℃观察胶合强度的变化，并对胶合强度降解行为确定最合适的回归函数。最后通过红外光谱和热重分析得出异氰酸酯的质量损失对胶合强度减小有略微的影响。

关于木材胶黏剂的耐久性，影响其降解的两个重要因素是热和湿。在很多情况下，加热耐久性试验在温度 100℃以上进行，然而湿气试验在 100℃以下进行。因此，研究这些降解因素的相互作用是很难的。为了解决这个问题，采用高压蒸汽，研究 100℃以上湿气的影响是可行的[69]。

Umemura 等[70]研究了在恒定的湿气加热下加水和添加水与多元醇的乙烯基异氰酸酯的耐久性。用红外光谱和热重分析研究了树脂的降解特性，还说明了树脂的胶接耐久性。红外分析表明树脂的降解反应在 10h 以后才发生，然后速度比较快。在湿气加热期间树脂的质量呈现线性降低。热重分析表明，湿气加热树脂质量变化的初始温度不同，且随着加热时间增加，温度也发生变化。

1.3.2　其他类型胶黏剂与材料的耐久性研究

Bowditch 研究了表面处理对胶黏剂耐久性能的影响，结果表明，黏接接头的破坏集中在黏接界面，水分能沿黏接材料的表面逐渐渗透到全部的黏接界面，替代了胶黏剂分子与被黏接材料之间的吸附作用，进而造成黏接强度的降低。此作用主要是由于极性非常大的水分子和被黏接材料表面的吸附功大于胶黏剂与被黏接材料表面的吸附功，二者之间的差距越大，解吸附能力就越强[71]。Wylde 和 Spelt 利用元素分析方法计算环氧树脂黏接的金属接头在湿热老化条件下的水分扩散系数[72]。Knox 和 Cowling 则研究了黏接接头在长期的湿热老化后的微观形貌与界面化学键的变化行为，结果说明水分在胶黏剂中的扩散不止是物理作用，还有水解作用，促使其微观形貌和化学结构的变化[73]。Gillespie 等借助计算机图形技术研究了由丙烯酸酯胶黏剂制备的聚甲基丙烯酸甲酯搭接接头的老化问题，所用被黏物是透明的，因此可以观测老化作用[74]。De'Nève B 和 Shanahan 研究了钢/环氧黏接接头的老化模式，所采用的温度分别是 40℃、55℃、70℃，相对湿度为 98%左右。用 X 射线光电子能谱（XPS）研究湿热老化带来的变化，分析了 70℃、相对湿度 98%环境中镀锌与未镀锌钢板黏接接头的老化机制[75]。Khayankarn 等对湿热老化后环氧树脂/玻璃界面强度进行了研究[76]。

王超等[77]研究了碳/碳复合材料在湿热老化条件下的服役期与胶黏剂的玻璃化温度和吸水率之间的关系。唐一壬等[78]研究了碳纤维复合材料的抗湿热老化性能。时君友和王垚[79]利用现代仪器分析研究淀粉基 API 的老化机理，并解析了其内部的化学变化，压缩剪切强度随加速老化处理周期的增加而逐渐减小。王晓洁等[80]研究发现纤维/环氧复合材料在湿热老化条件下的玻璃化温度降低，湿热对复合材料有相互作用的效果，使复合材料的性能变化变得更加复杂。郑敏侠等[81]利用"在线检测平台"和红外光谱方法研究了聚氨酯胶黏剂的热老化动力学，结果表明聚氨酯胶黏剂的老化是固化反应的逆过程，只是所需活化能不一样。并通过红外分析了聚氨酯胶黏剂在老化过程中对应基团的变化。

1.4 木材表面处理

木制品的胶接强度与耐久性不但与胶黏剂的性质有关，而且和黏接材料的表面结构、表面能、表面活性、表面清洁度和表面形貌有着非常密切的关系[82]。

作为可再生的天然高分子材料——木质材料，由于其生理构造特征、化学成分变化、立地条件、加工工艺和储存条件等不同，产生胶接不良或胶接性能差异。

掌握被胶接物木材表面的实际情况和采取适当方法对木材的表面处理，提高其可粘性，已经成为提高胶接质量的重要方法。表面处理可能取得的效果见表 1-4。

表 1-4 表面处理方法及效果

表面处理方法	对表面可能产生的效果
力学方法	消除弱界面层（塑料、木材、金属及其氧化物） 增加表面粗糙度（塑料、木材、金属及其氧化物）
物理方法	改变表面结构（塑料、木材） 提高表面能，改善润湿性（塑料、木材）
溶剂处理	消除弱界面层（塑料、木材、金属） 利用增塑作用，弱化表面区（塑料） 增加表面粗糙度（塑料）
化学处理	消除弱界面层（塑料、木材、金属） 增加（或降低）表面粗糙度（塑料、金属） 改变润湿速率和润湿度（塑料、木材、金属）

目前，全球森林资源日益变少，高质量的天然大径材供应越来越紧张，低档木材和速生小径材已经作为木材加工行业的主要原材料。由于国民经济发展与人

民生活水平的提高，对木质材料的需求在不断增加，传统的木材加工方法已经不能适应新的原料结构，传统的木质产品已经不能满足经济日益快速发展的需求和人民生活水平质量的改善对木材胶接制品的高质量要求[83]。胶接技术为木材加工和木质材料的发展带来生机，利用胶接技术可以改变木材这种天然可再生物质材料的许多缺陷，制造出具有天然木材所不具备的优异性能的木材产品，如胶合板、单板层积材、集成材和细木工板等，并且将传统木材加工剩余物和速生小径材等利用胶接技术可加工成人造板与木质基复合材料，如刨花板、纤维板和模压制品等。

1.4.1　木材钝化的机制

木材在锯制后非常短的时间内，锯制材面的表面会发生被称为"钝化"的变化。钝化的速度与钝化程度取决于木材的树种和储存的温度。一般会有五种钝化机制同时存在于锯材的表面[84]。

1. 弱界面层的形成

在木材锯制的数小时后，亲油的和相对低分子量的物质将转移到木材表面形成"弱界面层"，再次分布涉及到表面的能量释放，这是木材钝化的主要原因[85, 86]。

2. 亲水的相对低分子量物质的迁移

亲水性的相对低分子量聚合物如低聚糖、酚类和单宁，在木材的干燥期间会在木材的表面进行传播，污染木材表面。当所使用的胶黏剂与这些物质产生化学反应时，胶接制品的黏接强度就会下降。

3. pH 发生变化

木材在存放过程中，其中的乙酰基会分解形成乙酸或甲酸，会使木材的 pH 下降，所以为了保证良好的胶接性能，所用的胶黏剂需要经过改性来中和木材 pH 的变化。

4. 低能量表面

木材表面木质素分子的重新排列也可能会形成低能量表面，与聚合物表面发生的变化相似。

5. 表面物理变化

在木材干燥和老化期间，木材表面会逐渐产生细小的裂纹，使胶接制品的胶接性能由于胶黏剂的大量渗透而下降，胶黏剂的使用量也会相应增加。

1.4.2　改善胶接性能的方法

在用胶黏剂胶接木材的过程中，为了减弱因木材表面产生的钝化作用对黏接性能的影响，常对基材表面采取改性处理，如机械处理和化学改性处理等。

1. 表面机械处理

在木材胶接之前快速去除其表面污染的一种方法就是对木材表面进行砂光处理[87]。

经砂纸打磨的木材表面润湿性明显提高，主要是因为表面积的增加、表面粗糙度的变化或消除了木材表面积累的浸提物而发生的变化。欧年华经研究发现，木材表面经砂纸打磨处理后会形成一定量的自由基，而且其中的一部分能与氧反应后产生含氧官能团（羰基为主），木材表面的自由基和含氧官能团数量的增加能够有效地改善木材表面的反应活性[87]。

2. 化学氧化处理

目前国内外常用的氧化处理剂有过氧化氢、硝酸和氢氧化钠，并经常与一些可再生材料如牛皮纸木质素结合使用[88]。

用氢氧化钠溶液或中性有机溶剂对木材表面进行化学改性，可以有效地去除木材表面污染物。学者曾研究用过氧化氢、硝酸和氢氧化钠溶液预处理硬木刨花，能显著改善 PF 胶接刨花板的静曲强度和弹性模量等性能指标[88]。

3. 放射性能量进行表面活化处理

用电晕方法处理含树脂的木材表面，可以提高木材黏合能力。这主要是因为电晕处理会改变木材中含有的部分抽提物，并且把其氧化而产生醛基，然而木材表面的主要化学成分几乎没有任何改变，试样对碱性颜料的着色程度是一样的。因此对木材表面进行电晕处理能够促进表面自由能的增长，从而能增加木材表面的润湿性[89-91]。

国内学者杜官本等[90]采用微波等离子体对木材表面进行改性处理，能够活化木材表面，并且形成大量的自由基。另外对杉木表面进行处理后，接触角下降，润湿性增加，这是产生了粗化表面的结果。他们还对改性后的木材表面进行接枝共聚反应，结果发现改性处理时间越长，接枝反应程度越高。王洪艳等选用冷等离子体气体改性处理了木材表面，结果表明木材表面上的氧/碳原子浓度比增大，对改善其黏接强度具有很好的效果，用不同的气体的处理效果也不同。欧阳吉庭等利用低温等离子体对木材表面进行放电处理，试验结果表明木材表面的结构和表面能发生了变化，提高了木材的胶接性能[92]。

4. 去除木材表面松脂

可以采用多种处理方法如物理法、化学法和综合法等去除木材表面松脂，对于不易黏接的木材如龙脑香属和柳桉等，用物理法能够去除其水溶性树胶成分[93]。李坚等[94]研究了落叶松原木进行薄木刨切的蒸煮处理工艺，主要是针对蒸煮过程中突出的问题如松脂的去除、减缓应力和软化材质来确定最佳的蒸煮工艺。

随着对木材胶接制品质量和性能要求的提高，以及被胶接原料种类的增加，木材表面处理技术的研究将会引起更多重视，也会在木材应用中起到重要的作用。

1.5 本书研究目的和意义

我国正以不及全球 5%的森林资源来供应占全球 22%人口对木质资源的需求，与此同时更要保证全球 7%耕地的生态问题，任务艰巨[95]。国家天然林保护政策的实施，有效地促进了中国林业产业的可持续发展，但是在国民经济建设和人们的日常生活中，对木材的需求不断增长，所以缓解木材供需矛盾是迫在眉睫的问题。使用速生材、小径材、低档木材和非木质材料，通过提高胶接工艺生产胶接木（如集成材）与木质复合材料［如 LVL、胶合木、聚丁烯（PB）、MDF、重组木、纤维增强塑料（FRP）等］是解决木材资源不足的有效方法，所有这些都是和胶黏剂与胶接技术的发展息息相关的[96]。如何有效延长木材胶合制品的使用寿命，核心问题就是胶合制品的耐老化性，木质材料的天然属性决定了其耐老化性主要是抗湿热老化。解决木质胶合制品的耐久性问题，就是要提高胶黏剂的抗湿热老化性能。提高木材胶黏剂的抗湿热老化性能，有效延长木材胶合制品使用寿命，是减少木材消耗、解决木材资源短缺和保护生态安全的最有效的途径之一。

淀粉是比较容易分离和纯化的生物材料，是可以进行大型集约化生产的材料之一。利用淀粉资源研发新材料和绿色化工产品，具有原料来源广泛和可持续发展的优势，是人类应对材料危机的一个主要的处理方式[67]。所研发的淀粉基 API 具有成本低和无挥发性有机化合物（VOC）释放等特点。但是关于胶接木材黏接接头的耐久性，尤其是淀粉基 API 抗湿热老化性能还没有进行深入研究。如能揭示淀粉基 API 抗湿热老化机理，对于此类生物质类胶黏剂的推广应用将产生巨大的推动作用。

因此，本书针对木材材料特性，结合所开发的淀粉基 API 的特性，借鉴王超对 C/C 非金属材料抗湿热老化性能的研究思路，提出了淀粉基 API 胶接木材的黏接接头的抗湿热老化的研究方法，研究湿热老化条件对淀粉基 API 及胶接制品的性能影响，揭示出水是木材黏接接头"内聚破坏或材料破坏转化为界面破坏"的内在原因。其结果对进一步增强这一环保型胶黏剂的耐老化性能，提高其胶合制品的耐久性具有重要的意义。

1.6　研　究　内　容

首先，针对玉米原淀粉颗粒较大、水溶性差、易凝沉老化的特性，研究将其作为水基型的木材胶黏剂主要原料时，在水中应具有良好的分散性与稳定性；制得的水乳液应有较高的固含量、较低的黏度；在胶接材料表面应具有较好的润湿性以及高于相关标准的胶接强度。通过单因素试验研究，对淀粉经酸解氧化、接枝共聚等进行复合变性处理，以变性淀粉的 Brabender 黏度、分子量分布、羧基含量等满足胶黏剂需要的理化特性为目标，研制淀粉基 API 用复合变性淀粉。

其次，以复合变性淀粉、乙二酸、聚乙烯醇和 P-MDI 为主要影响因素，以 JIS K 6806—2003 要求的剪切强度为目标，通过正交试验优化出满足不同耐水性需要的 I 型和 II 型淀粉基 API 的配方和制备工艺以及对胶黏剂的性能进行了系统的研究；并经验证性试验及生产性应用，获得最佳的淀粉基 API 的配方。

最后，为了揭示淀粉基 API 的固化反应机理，通过对不同含水率的玉米原淀粉、复合变性淀粉与 P-MDI 混合物的等速升温及等温扫描的 DSC 试验分析，得出反应机理及其机理函数、反应活化能及有关动力学参数；为揭示固化反应生成物的化学结构，通过对等温扫描的 DSC 试样的 FTIR 分析，定性得出生成物的官能团；通过化学分析电子能谱（ESCA）的分析，进一步证实不同含水率的玉米原淀粉、复合变性淀粉与 P-MDI 的化学反应规律。通过 FTIR、ESCA、DSC 分析淀粉基 API 固化反应时—NCO 的变化及活化能与胶接木材时的活化能变化，探索淀粉基 API 的胶接机理。

为准确探明内部发生的化学变化，通过对 I 型 I 类淀粉基 API 的胶膜进行多次反复煮沸-干燥加速老化处理，使胶膜加速老化，采用激光拉曼光谱、^{13}C 核磁共振（^{13}C-NMR）、凝胶渗透色谱（GPC）分析其胶膜的理化特性，以及煮沸后水可溶分，从这两方面研究胶膜的老化机理。

进一步地对玉米淀粉进行改性处理，再合成淀粉基 API 主剂，最后合成淀粉基 API。采用化学分析检测改性淀粉、主剂和淀粉基 API 的性能指标，同时借助扫描电子显微镜（SEM）、FTIR 和 DSC 分析淀粉基 API 的合成过程发生的变化。

制备淀粉基 API 胶膜，对其进行加速老化和湿热老化处理。利用 FTIR 分析处理后胶膜的化学结构变化；利用 TG 表征胶膜的热稳定性；利用 DSC 测定不同湿热老化处理下淀粉基 API 的玻璃化温度；利用 SEM 观察不同湿热老化下黏接接头的表面形貌的变化；利用 EDS 分析在不同湿热老化下淀粉基 API 中氧元素含量的变化，计算胶黏剂的吸水率。检测胶合木在不同老化处理条件下压缩剪切强度的变化。

采用不同的方法对桦木基材进行表面处理，优化表面处理方案。借助 SEM、XPS 和 FTIR 分析处理后基材的表面形貌、元素组成变化和结构变化；EDS 分析黏接接头中氧元素含量的变化和黏接接头的破坏形式。

研究水分在表面处理后的淀粉基 API 的黏接接头中扩散过程与扩散动力学；推导出湿热老化温度与黏接接头使用期限的关系式；推导出在不同湿热老化条件下黏接接头到达使用期限时，湿热老化温度与淀粉基 API 的玻璃化温度和黏接接头的吸水率的关系。

参 考 文 献

[1]　曲音波. 开发生物质资源实现可持续发展[J]. 国际技术经济研究，1999，（2）：29-34.

[2]　黄鉴宇. 玉米淀粉粘合剂生产原理及工艺研究[J]. 化学与粘合，1997，（3）：174-177.

[3]　颜镇. 加快绿色化，迎接新世纪[J]. 林产工业，1999，26（3）：7-10.

[4]　Yamada M，Taki K，Yoshida H，et al. Physical properties and wood bonding performance of polyvinyl acetate emulsion with acetoacetylated PVA as protective colloid[J]. Mokuzai Gakkaishi，2007，53：25-33.

[5]　Kaboorani A，Riedl B. Effects of adding nano-clay on performance of polyvinyl acetate（PVA）as a wood adhesive[J]. Composites Part A：Applied Science and Manufacturing，2011，42（8）：1031-1039.

[6]　顾继友. 胶黏剂与涂料[M]. 北京：中国林业出版社，1999：202-203.

[7]　Demjen Z，Pukánszky B，Földes E，et al. Interaction of silane coupling agents with CaCO₃[J]. Journal of Colloid and Interface Science，1997，190（2）：427-436.

[8]　Pagel H F，Luckman E R A. New isocyanate containing wood adhesive[J]. Journal of Applied Polymer Science，1984，40：191-202.

[9]　Zhenhua G，Dong L. Chemical modification of poplar wood with foaming polyurethane resins[J]. Journal of Applied Polymer Science，2007，104（5）：2980-2985.

[10]　Berta M，Lindsay C，Pans G，et al. Effect of chemical structure on combustion and thermal behaviour of polyurethane elastomer layered silicate nanocomposites[J]. Polymer Degradation and Stability，2006，91（5）：1179-1191.

[11]　杜洪双、黄琼涛、黄彦慧，等. API 胶黏剂粘贴单板防粘热压板工艺研究[J]. 木材加工机械，2016，27（3）：9-11.

[12]　Hu H，Liu H，Zhao J，et al. Investigation of adhesion performance of aqueous polymer latex modified by polymeric methylene diisocyanate[J]. The Journal of Adhesion，2006，82（1）：93-114.

[13]　Qiao L，Easteal A J，Bolt C J，et al. Improvement of the water resistance of poly（vinyl acetate）emulsion wood adhesive[J]. Pigment & Resin Technology，2000，29（3）：152-158.

[14]　胡修波、吴欣怡、吕鑫，等. 异氰酸酯胶黏剂的改性及研究进展[J]. 广州化工，2019，47（6）：14-15，24.

[15] Shima S, Kimura M. Water based polymer-isocyanate adhesives for wood[J]. Mokuzai Kogyo, 2004, 48: 539-544.

[16] Hori N. The chemical structure of water based polymer-isocyanate adhesives for wood[J]. Mokuzai Kogyo, 2006, 61: 190-194.

[17] 陈义桢, 陈婷婷, 曾雍, 等. 异氰酸酯改性大豆油基木材胶黏剂的制备与性能[J]. 农业工程学报, 2022, 38 (13): 313-318.

[18] 张二兵, 殷豪, 朱志强, 等. 大豆多糖-异氰酸酯微胶囊改性大豆基胶黏剂[J]. 森林与环境学报, 2020, 40 (6): 654-661.

[19] Prime R B. Thermosets[M]//Turi E A. Thermal Characterization of Polymeric Materials. San Diego: Academic Press, 1977.

[20] 张俊. API 胶黏剂固化反应机制的研究[D]. 哈尔滨: 东北林业大学, 2009.

[21] Chattopadhyay D K, Sreedhar B, Raju K. The phase mixing studies on moisture cured polyurethane-ureas during cure[J]. Polymer, 2006, 47 (11): 3814-3825.

[22] Urban D, Takamura K. Polymer Dispersions and Their Industrial Applications[M]. Weinheim: Wiley-VCH Verlag GmbH, 2002.

[23] Mototani Y, Nakano T, Hasegawa Y, et al. Adhesive properties of laminated woods composed of softwood and hardwood[J]. Journal of the Japan Wood Research Society, 1996, 42: 140-148.

[24] 胡宏玖, 赵俊瑾, 鲁红权. 水性聚合物乳液-异氰酸酯胶黏剂适用期测试方法研究[J]. 中国胶黏剂, 2005, 14 (8): 1-4.

[25] Krystofiak T, Lis B, Proszyk S. Studies on the adhesion of NC lacquers from recycling to some tropical wood species[J]. Annals of Warsaw Agricultural University Forestry & Wood Technology, 2003, (53): 209-213.

[26] Hori N, Asai K, Takemura A. Effect of the ethylene/vinyl acetate ratio of ethylene-vinyl acetate emulsion on the curing behavior of an emulsion polymer isocyanate adhesive for wood[J]. Journal of Wood Science, 2008, 54 (4): 294-299.

[27] 陈丽娟, 顾继友. 水性高分子异氰酸酯胶黏剂的改性研究[J]. 粘接, 2002, 22 (3): 9-10.

[28] Wilson J B. Isocyanate adhesives as binders for composition board[J]. Adhesives Age, 1981, 24: 41-44.

[29] 富田文一郎. イソツフネ一ト系接着剂[J]. 木材工业, 1981, 37: 16-17.

[30] 顾继友, 高振华, 李志国, 等. 木材加工用单组分室温固化异氰酸酯树脂的研制[J]. 中国胶黏剂, 2002, (11): 15-18.

[31] 唐朝发, 刘延龙. 低成本水性高分子异氰酸酯胶黏剂的研究[J]. 林产工业, 2003, 27 (3): 27-29.

[32] 时君友, 李海连. 实木复合地板用无醛胶黏剂研究[J]. 中国胶黏剂, 1998, (9): 21-25.

[33] 李夏, 郭雨, 朱丽滨, 等. 水性异氰酸酯胶黏剂的应用研究[J]. 森林工程, 2011, 27 (2): 35-38.

[34] Chen N, Wyrwicz A M. Removal of EPI Nyquist ghost artifacts with two-dimensional phase correction[J]. Magnetic Resonance in Medicine, 2004, 51 (6): 1247-1253.

[35] Bunker S P, Wool R P. Synthesis and characterization of monomers and polymers for adhesives from methyl oleate[J]. Journal of Polymer Science Part A: Polymer Chemistry, 2002, 40 (4): 451-458.

[36] 顾继友, 高振华. 异氰酸酯稻草刨花板制造工艺的研究[J]. 林产工业, 2000, 27 (3): 14-18.

[37] 陆仁书, 濮安彬. 异氰酸酯胶在刨花板中的应用[J]. 林产工业, 1997, 24 (4): 22-25.

[38] 徐信武, 周定国. 改性异氰酸酯胶黏剂稻秸秆刨花板的研究[J]. 南京林业大学学报, 2003, 5 (6): 26-28.

[39] 花军, 陆仁书, 凌楠. 异氰酸酯胶麦秆刨花板施胶量的研究[J]. 林产工业, 2001, 14 (6): 18-21.

[40] 李丽霞, 贾富国, 孙培灵, 等. 提高淀粉基木材胶粘耐水性的工艺优化[J]. 农业工程学报, 2009, (7): 299-303.

[41]　张开. 粘合与密封材料[M]. 北京：化学工业出版社，1996.

[42]　蓝平，廖安平. 双醛淀粉的制备及应用[J]. 广西民族学院学报：自然科学版，2002，8（3）：29-32.

[43]　戈进杰. 生物降解高分子材料及其应用[M]. 2 版. 北京：化学工业出版社，2003.

[44]　Veelaert S，Wit D D，Gotlieb K F，et al. The gelation of dialdehyde starch carbohydrate[J]. Polymers，1997，32：131-139.

[45]　Veelaert S，Wit D D，Gotlieb K F，et al. Chemical and physical transitions of periodate oxidized potato starch in water[J]. Carbohydrate Polymers，1997，33（2）：153-162.

[46]　王新波，吴佑实. 尿素-双醛淀粉胶黏剂的制备[J]. 精细与专用化学品，2003，11（13）：18-20.

[47]　张继武，朱友益. 玉米淀粉制备双醛淀粉的试验[J]. 农业工程学报，2002，18（3）：135-138.

[48]　惠斯特勒，贝密勒，帕斯卡尔，等. 淀粉的化学与工艺学[M]. 王雄文，等译. 北京：中国食品出版社，1988.

[49]　谢钧. 水性聚氨酯乳液合成的研究[J]. 企业科技与发展，2008，8（4）：82-84.

[50]　杜郫，王政，董全江，等. 淀粉胶黏剂的应用及改性研究进展[J]. 化学与黏合，2013，35（4）：67-71.

[51]　代永上，赵文元. 复合淀粉胶黏剂研究进展[J]. 化学与黏合，2011，33（5）：51-53.

[52]　张鹏，金贞玉，季清荣，等. 淀粉基木材胶黏剂的研究概况综述[J]. 科技创新导报，2013，（36）：24-26.

[53]　任树梅，李考真. 淀粉粘合剂改性途径的探讨[J]. 化学与黏合，1999，（4）：200-201.

[54]　时君友，王淑敏. 玉米淀粉改性 API 胶研究[J]. 中国胶黏剂，2006，15（1）：35-37.

[55]　谭海彦，左迎峰，张彦华，等. 淀粉基木材胶黏剂的耐水性改性及表征[J]. 中南林业科技大学学报，2012，32（7）：115-118.

[56]　时君友，李春风. 玉米淀粉为原料制备 API 胶主剂的研究[J]. 木材工业，2006，20（6）：8-11.

[57]　张毅，张立武. 不同氧化条件下氧化马铃薯淀粉胶黏剂影响因素的研究[J]. 包装工程，2008，29（1）：18-20.

[58]　王必囤，顾继友，左迎峰，等. 木材用淀粉基复合胶黏剂的制备与性能[J]. 东北林业大学学报，2012，40（2）：85-88.

[59]　吴溪，侯昭升，阚成友. 化学改性淀粉胶黏剂研究进展[J]. 化学与黏合，2009，31（5）：45-49.

[60]　韩美娜，吴艳波，吕成飞. 正交设计在淀粉基木材胶黏剂中的应用[J]. 化学与黏合，2007，29（2）：143-145.

[61]　李敏，苏涛，郭立强，等. 淀粉醋酸酯与醋酸乙烯接枝共聚制备白乳胶[J]. 中国胶黏剂，2005，14（10）：24-26.

[62]　李宏亮. 改性 SBS 装饰胶粘剂的研制[D]. 大庆：大庆石油学院，2009.

[63]　Gillespie R H，River B H. Durability of adhesives in plywood：Dry-heat effects by rate-process analysis[J]. Forest Products Journal，1975，25（7）：26-32.

[64]　赵福君，王超. 高性能胶黏剂[M]. 北京：化学工业出版社，2006.

[65]　曲音波. 开发生物质资源实现可持续发展[J]. 国际技术经济研究，1999，（2）：29-34.

[66]　Umemura K，Takahashi A，Kawai S. Durability of isocyanate resin adhesives for wood. Ⅰ：Thermal properties of isocyanate resin cured with water[J]. Journal of Wood Science，1998，44（3）：204-210.

[67]　Umemura K，Takahashi A，Kawai S. Durability of isocyanate resin adhesives for wood. Ⅱ：Effect of the addition of several polyols on the thermal properties[J]. Journal of Applied Polymer Science，1999，74（7）：1807-1814.

[68]　Umemura K，Takahashi A，Kawai S. Durability of isocyanate resin adhesives for wood. Ⅲ：Degradation under constant dry heating[J]. Journal of Wood Science，2002，48（5）：380-386.

[69]　Ling N，Hori N，Takemura A. Effect of postcure conditions on the dynamic mechanical behavior of water-based polymer-isocyanate adhesive for wood[J]. Journal of Wood Science，2008，54（5）：377-382.

[70]　Umemura K，Takahashi A，Kawai S. Durability of isocyanate resin adhesives for wood. Ⅳ：Degradation under constant steam heating[J]. Journal of Wood Science，2002，48（5）：387-393.

[71]　Bowditch M R. The durability of adhesive joints in the presence of water[J]. International Journal of Adhesion and

Adhesives，1996，16（2）：73-79.

[72] Wylde J W，Spelt J K. Measurement of adhesive joint fracture properties as a function of environmental degradation[J]. International Journal of Adhesion and Adhesives，1998，18（4）：237-246.

[73] Knox E M，Cowling M J. Durability aspects of adhesively bonded thick adherend lap shear joints[J]. International Journal of Adhesion and Adhesives，2000，20（4）：323-331.

[74] Gillespie R H. Parameters for determining heat and moisture resistance of a urea-resin in plywood joints[J]. Forest Products Journal，1968，18（8）：35-41.

[75] De'Nève B，Shanahan M E R. Water absorption by an epoxy resin and its effect on the mechanical properties and infra-red spectra[J]. Polymer，1993，34（24）：5099-5105.

[76] Khayankarn O，Pearson R A，Verghese N，et al. Strength of epoxy/glass interfaces after hygrothermal aging[J]. The Journal of Adhesion，2005，81（9）：941-961.

[77] 王超，黄玉东，刘文彬. 胶黏剂服役期与玻璃化温度以及吸水率关系的预测[J]. 材料科学与工艺，2008，16（1）：139-141.

[78] 唐一壬，刘丽，王晓明，等. 耐湿热老化三元复合材料 OMMT/EP/CF 的制备研究[J]. 材料科学与工艺，2011，19（2）：70-74.

[79] 时君友，王垚. 淀粉基水性异氰酸酯木材胶黏剂老化机理研究[J]. 南京林业大学学报. 2010，34（2）：81-84.

[80] 王晓洁，梁国正，张伟. 湿热老化对高性能复合材料性能的影响[J]. 固体火箭技术，2006，29（4）：301-304.

[81] 郑敏侠，钟发春，王蔺，等. 聚氨酯胶黏剂降解行为的在线红外表征[J]. 化学推进剂与高分子材料，2009，7（6）：64-67.

[82] 顾继友. 胶接理论与胶接基础[M]. 北京：科学出版社，2003.

[83] 陆林森. 木材胶黏剂现状与发展趋势[J]. 家具，2013，34（4）：11-15.

[84] Ernst L B. Oxidative activation of wood surfaces for glue bonding[J]. Forest Products Journal，1991，41（2）：30-36.

[85] Nussbaum R M. Natural surface inactivation of Scots pine and Norway spruce evaluated by contact angle measurements[J]. European Journal of Wood and Wood Products，1999，57（6）：419-424.

[86] Nussbaum R M. The critical time limit to avoid natural inactivation of spruce surfaces（*Picea übles*）intended for painting or gluing[J]. European Journal of Wood and Wood Products，1996，54（1）：26-26.

[87] Liptakova E. Influence of mechanical surface treatment of wood on the wetting process[J]. Holzforschung，1995，49（4）：369-375.

[88] Garder. Bonding surface activated hardwood flake-board with PF resin：physical and mechanical properties[J]. Holzforschung，1990，44（3）：201-206.

[89] Sakata I. Increase in bonding ability by corona discharge treatment[J]. Journal of Polymer Science，1993，49（7）：1251-1258.

[90] 杜官本，华毓坤，王真. 微波等离子体处理对杉木表面性能的影响[J]. 木材工业，1998，12（6）：17-20.

[91] 艾军. 麦秸纤维特性及脲醛树脂麦秸纤维板工艺研究[D]. 哈尔滨：东北林业大学，2001：10-11.

[92] 陈红. 难胶合木材的胶合方法[J]. 林业科技通讯，1999，8：37-37.

[93] 程瑞香，顾继友. 改善难胶合材胶合性能的方法[J]. 木材加工机械，2001，12（3）：2-4.

[94] 李坚，许秀雯，陆文达. 落叶松刨切薄木用材的改性与蒸煮工艺的研究[J]. 木材工业，1991，5（4）：17-20.

[95] 周定国，张洋. 我国农作物秸秆材料产业的形成与发展[J]. 木材工业，2007，121（1）：2-8.

[96] 张晓峰. 木材干燥质量对集成材胶接性能的影响[D]. 哈尔滨：东北林业大学，2002.

第2章　试验原料与研究方法

2.1　主要试验仪器设备及原料

2.1.1　试验仪器及设备

试验中使用的主要仪器设备见表 2-1。

表 2-1　主要仪器设备

名称	型号
恒温水浴	2219 Multitemp II 型
恒温水浴	Polystat 12101-05 型
扫描电子显微镜	Quanta200
傅里叶变换红外光谱仪	Magna IR560 型
傅里叶变换拉曼光谱仪	FT-Raman960
激光拉曼光谱仪	T64000
差示扫描量热仪	PE-DSC7 型
X 射线光电子能谱仪	Thermo ESCALAB250
微粒球磨机	WL-1 型
核磁共振仪	AV400 ^{13}C CP/MAS-NMR
凝胶色谱仪	Waters410GPC
真空系统	2BV-2061
强力搅拌器	6511 型
电子天平	MP200-1
pH 值测定仪	PHS-2C 型
旋转黏度测定仪	NDJ-1 型
电热鼓风恒温干燥箱	103-3 型
真空加热干燥机	WRH-100T
单层试验热压机	QD100
液压式木材万能力学试验机	MWE-40A

名称	型号
手动进料木工圆锯机	MI104
自动水分测定仪	ZSD-2 型
强力搅拌器	6511 型
Brabender 糊化仪	803201 型

此外，还有实验室常规化学仪器及玻璃器皿。

2.1.2　主要试验原料

试验中使用的主要原料列于表 2-2。

表 2-2　主要化学试剂与原料

名称	分子式	分子量	备注
过硫酸铵	$(NH_4)_2S_2O_8$	228.2	分析纯
37%盐酸	HCl	36.5	分析纯
丙烯酰胺	C_3H_5NO	71.8	化学纯
VAE 乳液	$(C_2H_4)_n(C_4H_6O_2)_m$	$28n + 86m$	工业级
P-MDI	$C_{14}H_8N_2O_2(C_9H_9NO)_n$	$236.2 + 147.2n$	工业级 5091 型
丙酮	CH_3COCH_3	58.08	分析纯
十二烷基磺酸钠	$CH_3(CH_2)_{11}SO_3Na$	272.38	化学纯
辛酸亚锡	$C_{16}H_{30}O_4Sn$	392.49	化学纯
聚乙烯醇	$-(CH_2-CHOH)_n$	$44n$	工业级 2099 型
三氯甲烷	$CHCl_3$	119.5	分析纯
二甲基亚砜	C_2H_6SO	78	分析纯
冰醋酸	CH_3COOH	60	分析纯
氢氧化钠	$NaOH$	40	分析纯
玉米淀粉	$(C_6H_{10}O_3)_n$	$130n$	食品级

2.2　主要研究方法

2.2.1　单因素分析与正交设计试验结合研究淀粉基 API

1. 酸解氧化接枝淀粉的研究

以玉米淀粉为原料，通过对淀粉进行酸解、氧化、接枝共聚等多重变性，生成了一种复合变性淀粉。采用单因素分析的方法，以满足木材胶黏剂需要的高浓低黏、低凝沉性、良好的储存稳定性等为目标，对淀粉的酸解、氧化和接枝共聚反应进行研究，得出满足淀粉基 API 主剂需要的复合变性淀粉的配方与工艺。

2. 淀粉基 API 木材胶黏剂的制备

采用正交设计试验的方法，以复合变性玉米淀粉为主要原料优化出淀粉基 API 的最佳配方与合成工艺。

2.2.2　化学分析法

1. 淀粉基 API 体系异氰酸酯质量分数的测试（二正丁胺回滴法）

二正丁胺回滴法[1]测定异氰酸酯基的原理：二正丁胺能迅速与—NCO 反应，可用作异氰酸酯反应的终止剂，因此常用于测定异氰酸酯基的含量，测定所用的溶剂一般为低极性溶剂，如甲苯。异氰酸酯与二正丁胺反应生成取代脲，过量的二正丁胺用标准盐酸滴定。

分析使用试剂：约 2mol/L 的二正丁胺-甲苯溶液，制备方法为量取 250mL 重蒸无水二正丁胺，用无水甲苯稀释至 1000mL；0.5mol/L 左右的标准盐酸-乙醇溶液；1%溴甲酚绿-乙醇指示剂；无水甲苯；无水乙醇。

—NCO 分析操作：向淀粉基 API 的试样中加入 50mL 无水乙醇及 10 滴 0.1%溴甲酚绿指示剂，以 0.5mol/L 盐酸标准溶液滴定，当样品溶液蓝色消失、出现黄色，并保持 15s 不变，即为终点。用同样的方法，不加异氰酸酯交联剂，做空白试验。

异氰酸酯基百分含量由下式计算：

$$W_{—NCO} = \frac{(V_o - V_s) \times C \times 0.04202}{W} \times 100\% \qquad (2-1)$$

式中：V_o 与 V_s 分别为空白试验和样品滴定消耗盐酸溶液的体积（mL）；C 为标准盐酸溶液的浓度（mol/L）；W 为异氰酸酯单体样品的取样量（0.0001g）。

二正丁胺的取量决定反应的空白值V_o，为了降低测量误差，应使V_s为V_o的 1/2 左右，因此，按下式估取

$$V_o = \frac{W_g}{950W_{-NCO}} \qquad (2\text{-}2)$$

式中：W_g 为量取的异氰酸酯单体的质量（g）；V_o 为空白试验滴定消耗盐酸溶液的体积（mL）；W_{-NCO} 为反应物游离异氰酸酯基百分含量估计值。

2. 羧基含量测定[2]

称取 5.000g（干基质量为 m_1）水洗后的样品于 150mL 烧杯中，加 25mL 0.1mol/L 的盐酸溶液，混合物在振荡器中振荡 30min，然后用砂芯漏斗抽滤，用无氨蒸馏水洗至无氯离子为止。将洗净后的淀粉转移至 600mL 烧杯中，加 300mL 蒸馏水，加热煮沸，保温 5～7min，趁热以酚酞作指示剂，用 0.1mol/L（记为 c）的氢氧化钠标准溶液滴定至终点，消耗的体积记为 V_1。以原淀粉为空白，原淀粉（干基质量为 m_2）消耗的体积记为 V_2。用以下公式进行计算：

$$\text{羧基含量（\%）} = 2\left(\frac{V_1}{m_1} - \frac{V_2}{m_2}\right) \times c \times 0.045 \times 100 \qquad (2\text{-}3)$$

3. 沉降体积的测定[2]

在烧杯中，准确配制干基浓度为 1.0% 的淀粉 100mL，置于沸水浴中加热、搅拌 15min，然后倒入 100mL 具塞量筒中，冷却至 25℃后定容至 100mL，振荡均匀，静置 24h，沉降物所占的体积即为沉降体积（mL/100mL）。

4. 黏度曲线测定法[3]

称取一定量的样品，加入 Brabender 糊化仪的回转杯中，加入 100mL 蒸馏水，配成 10%［w/w,db（干基）］的淀粉乳，设置扭矩为 700cm·g，回转杯的转速为 250r/min，淀粉乳从 30℃开始升温，以 1.5℃/min 速度升温至 95℃，保温 30min 后，以 1.5℃/min 的速度降温至 50℃，保温 30min，在整个过程中连续记录淀粉乳或淀粉糊黏度的变化，得到 Brabender 黏度曲线。在曲线上选取 6 个关键点：A-成糊温度（最初达到 10BU 时的温度），℃；B-峰值黏度，即升温期间淀粉糊化时达到的最高黏度值，BU；C-升温到 95℃时的黏度，BU；D-淀粉糊在 95℃保温 30min 的黏度值，BU；E-淀粉糊冷却到 50℃时的黏度值，BU；F-淀粉糊在 50℃保温 30min 后的黏度值，BU；其中：B–D 称为降落值或破损值，表示黏度的热稳定性，降落值越小，热稳定性越好；E–D 反映淀粉糊的老化或回生的程度，也可表示冷却时形成产物凝胶性的强弱，差值大则凝胶性强，易于老化；E–F 反映淀粉糊的冷稳定性，差值大则稳定性差。

5. 淀粉特性黏度的测定[4]

操作：准确称取 0.4g 绝干的淀粉样品于烧杯中，加入 60mL 二甲基亚砜（DMSO）溶解，转移至 100mL 容量瓶中，用二甲基亚砜定容至刻度，摇匀。过滤后放在（25±1）℃的恒温槽中恒温，备用。

将旋转黏度测定仪洗净后吹干，垂直放置于已恒温至（25±1）℃的恒温槽中，水面应超过缓冲球 2cm，并在黏度计测量毛细管和气悬管管口接上乳胶管。

用移液管吸取 10mL 试样溶液，由注液管加入到旋转黏度测定仪中。用夹子夹紧管上的乳胶管，使其不通气。将测量毛细管的乳胶管连上抽气，至溶液上升至缓冲球一半时，打开气悬管上乳胶管的夹子，使测量毛细管和气悬管通大气，此时缓冲球中的液面逐渐下降。当液面降至定量球的上刻度线时，按下秒表计时。当液面降至定量球的下刻度线时，停止秒表，记录时间，此为初始浓度的试样溶液的流出时间 t_1。

用移液管吸取 5mL 已恒温的二甲基亚砜，由注液管加入黏度计。紧闭气悬管上的乳胶管，使之与原来的 10mL 溶液混合均匀，此时溶液的浓度为所取 10mL 溶液浓度的 2/3，按上述步骤测得溶液的流经时间 t_2。再分别逐次加入 5mL、10mL、10mL 二甲基亚砜，分别测得浓度为所取 10mL 溶液浓度的 1/2、1/3、1/4 溶液的流经时间 t_3、t_4、t_5。

倒出溶液，用水洗净黏度计，干燥后用二甲基亚砜冲洗几次，加入 10~15mL 二甲基亚砜，按上述步骤测定溶剂流出时间 t_0。

计算：

$$\eta_r = \frac{t}{t_0} \qquad\qquad (2\text{-}4)$$

式中：η_r 为相对黏度；t 为试样溶液的流经时间（s）；t_0 为溶剂二甲基亚砜的流经时间（s）。

再按下式计算试样溶液的增比黏度 η_{sp}：

$$\eta_{sp} = \frac{t - t_0}{t_0} = \eta_r - 1 \qquad\qquad (2\text{-}5)$$

按以上方法分别计算出 t_0、t_1、t_2、t_3、t_4 和 t_5 时的 η_r 和 η_{sp}。

以 C_r 值（各点的实际浓度与初始浓度 C_0 的比值）为横坐标，分别以 η_{sp}/C_r 和 $\ln\eta_r/C_r$ 为纵坐标。通过两组点作直线，外推至 $C_r = 0$，求得截距 H，并求特性黏度[η]。

$$[\eta] = \frac{H}{C_0} \qquad\qquad (2\text{-}6)$$

式中：[η] 为特性黏度（mL/g）；C_0 为试样溶液的初始浓度（mL/g）。

2.2.3　傅里叶变换红外光谱分析

傅里叶变换红外光谱[5-6]（Fourier transform infrared spectroscopy）仪是 20 世纪 70 年代出现的红外光谱测量技术所用仪器。它没有色散元件，主要由光源、迈克耳孙（Michelson）干涉仪、探测器和计算机组成。其工作原理是光源发出的红外辐射，经干涉仪转变成干涉图，再通过试样后得到含试样信息的干涉图，由电子计算机采集，并经过快速傅里叶变换，得到吸收强度或透光率随频率或波数变化的红外光谱图。

傅里叶变换红外光谱最广泛的应用在于对有机化合物中的官能团进行定性或定量分析。根据光谱中吸收峰的位置和形状来推断未知物结构，依照特征吸收峰的强度来测定混合物中各组分的含量，同时具有快速、高灵敏度、测试样品量少、能分析各种状态的试样等特点，因此，它已成为现代结构化学、分析化学最常用和不可缺少的工具之一。

傅里叶变换红外光谱分析制样方法除了常用的溴化钾压片法、液膜法、吸收池法、薄膜法、糊状法等外，还有显微测量方法。显微测量方法是分析固体试样表面和微区状况的有效分析方法，近年来微区测量工作都转向红外显微镜。

1. 基本原理

物质总是处于不停的运动状态之中，当分子经光照射吸收了光能后，运动状态将从基态跃迁到高能量的激发态。分子运动的能量是量子化的，被分子吸收的光子，其能量必须等于分子动能的两个能级之差，否则不能被吸收。当一定频率的红外光照射分子时，如果分子中某个基团的振动频率与它一样，二者就会产生共振，此时光的能量通过分子偶极矩的变化而传递给分子，这个基团就吸收一定频率的红外光，产生振动跃迁；如果红外光的振动频率和分子中各基团的频率不符合，该部分的红外光就不会被吸收。因此，若用连续改变频率的红外光照射某试样，根据试样对不同频率的红外光的吸收与否，通过试样后的红外光在一些波长范围内被吸收而变弱，在另一些范围内则较强（不吸收）。用仪器记录分子吸收红外光的情况，就得到该试样的红外光谱图。

2. 红外光谱提供的主要信息

在红外光谱中含有许多吸收峰（也称谱带），它们分别对应于分子中某个或某些官能团的吸收，因而红外光谱主要提供了官能团的信息。在获得一个红外光谱图后，首先要审查谱带位置，其次是谱带强度（吸收峰高度或面积），然后是谱带形状。这三方面都能提供分子结构的信息。

　　谱带位置、基团或化学键的特征吸收频率是红外光谱的最重要的数据，是定性和定量分析结构的依据。以 1300cm^{-1} 为界分成官能团区和指纹区。在 4000～1300cm^{-1} 的官能团区，一般是由—OH、—NH、C—H、苯环、—NCO、—CN、C＝O、C＝C 等官能团或化学键产生，每个峰基本上可得到较确切的归属，由此给出化合物的特征官能团和结构类型的重要信息。1300～400cm^{-1} 区域通常称为指纹区，主要由不含氢的单键官能团伸缩振动和双键、叁键的变角振动引起的，各种振动的频率差别较小，数目较多，相互重叠偶合，谱图变化较多，大部分峰找不到准确归属，但综合起来可作为化合物的具体特征指纹区。玉米淀粉和异氰酸酯中涉及的常见红外谱图吸收峰[7-10]位置如表 2-3 和表 2-4 所示。

表 2-3　玉米淀粉的红外吸收峰位

波数/cm^{-1}	谱带归属	振动类型
3348～3426	—OH（缔合态）	O—H 伸缩振动
2902～2921	—CH$_2$	C—H 伸缩振动
926～1082	伯醇、仲醇	C—O 伸缩振动
834、769、573	—CH$_2$（玉米淀粉特征峰）	C—H 摇摆振动

表 2-4　异氰酸酯胶黏剂中常用的红外吸收峰位

波数/cm^{-1}	谱带归属	振动类型
3580～3670	游离—OH	伸缩振动
3230～3550	缔合—OH	伸缩振动
3401～3497	游离—NH	伸缩振动
3195～3401	缔合—NH	伸缩振动
3100～2740	C—H	伸缩振动
2242～2273	—NCO	反对称伸缩振动
1715～1751	酯基中的 C＝O	伸缩振动
1631～1669	取代脲中的 C＝O	伸缩振动
1653～1709	缩二脲中的 C＝O	伸缩振动
1700～1739	氨基甲酸酯中的 C＝O	伸缩振动
1695～1721	脲基甲酸酯中的 C＝O	伸缩振动
1520～1560	—NH 和 C—N 反对称	伸缩振动
856～845	C—N—C	伸缩振动

　　谱带强度常用来做定量分析，有时也可用来指示某个官能团存在的量。谱带

强度与分子振动的对称性有关，对称性越高，振动中分子偶极矩变化越小，谱带强度也就越弱。谱带吸收峰的形状也是一个重要信息。例如，缔合的羟基，其吸收峰皆在 3300～3600cm^{-1} 附近，但氢键化羟基峰圆而钝，游离羟基为尖峰。

　3. 红外光谱的定性分析

　研究中，液体试样的官能团定性分析利用溴化钾压膜透射，固体试样的官能团定性分析利用溴化钾压片透射。测试得到的红外吸收光谱按照表 2-3 和表 2-4 的吸收峰和结构确定。

2.2.4　拉曼光谱分析

　拉曼光谱[11]是基于物质对光的散射现象而建立的，是一种散射光谱。1928 年，印度物理学家拉曼发现散射光中除有与入射光频率相同的散射线外，还有频率大于或小于入射光频率的散射线存在，这种散射现象称为拉曼散射。利用拉曼效应研究分子，特别是有机化合物分子结构的方法称为拉曼光谱法，分为激光拉曼与傅里叶拉曼两种。

　1. 红外光谱与拉曼光谱的比较

　红外光谱与拉曼光谱同属于振动光谱，所测定的吸收波数范围也相同。多数情况下，红外光谱能测得的信息，在拉曼光谱中同样也能得到，但这两种光谱分析的机理不同，提供的信息也有差异。有些振动模式仅仅呈现红外活性，而另一些振动模式只有在拉曼光谱中才能测到。在聚合物结构分析中，红外光谱更适合于高分子端基和侧基，特别适合于一些极性基团的测定；而拉曼光谱对研究高聚物的骨架特征特别有效。例如，对链状聚合物，红外光谱可检测出碳链上的取代基，而碳链的振动用拉曼光谱表征更方便。在聚合物对称性研究方面，分子的对称性越高，红外与拉曼光谱的区别就越大；具有对称中心的非对称振动是红外活性而非拉曼活性，反之亦然。例如，多数情况下，C＝C 伸缩振动的拉曼谱带比相应的红外吸收强烈，而 C＝O 伸缩振动的红外谱带比拉曼谱带更强。红外测定受水干扰较大，样品需要干燥无水，而拉曼光谱却能在水溶液中测定。

　因此，红外光谱与拉曼光谱具有互补性，二者结合起来，为聚合物的结构研究提供了更多的信息。

　拉曼光谱分为激光拉曼与傅里叶拉曼两种，对于水溶性试样，因傅里叶拉曼光谱受荧光干扰无法获得需要的光谱信息，而激光拉曼光谱不受此限制，但激光拉曼受有机溶剂试样的限制。本书采用这两种拉曼光谱进行试样结构分析。

2. 聚合物拉曼光谱的特征谱带

拉曼光谱的谱带频率与官能团之间的关系与红外光谱基本一致。但是，由于拉曼光谱和红外光谱的工作机制不同，有些官能团的振动在红外光谱中能观测到，在拉曼光谱中很弱甚至不出现，而另一些基团正相反。表 2-5 列出了聚合物中常用有机基团的拉曼特征谱带及强度[12]。

表 2-5　聚合物中常见有机基团的拉曼特征吸收

振动形式	频率/cm^{-1}	强度		振动形式	频率/cm^{-1}	强度	
		拉曼	红外			拉曼	红外
$v_{O—H}$	3650～3000	w	s	$v_{C—C}$	1600～1580	s-m	
$v_{N—H}$	3500～3300	m	m	$v_{as,C—O—C}$	1150～1060	w	
$v_{≡C—H}$	3300	w	s	$v_{s,C—O—C}$	970～800	s-m	
$v_{=C—H}$	3100～3000	s	s	$v_{as,Si—O—Si}$	1110～1000	w	
$v_{—C—H}$	3000～2800	s	s	$v_{Si—O—Si}$	550～450	s	
$v_{—S—H}$	2600～2550	s	s	$v_{O—O}$	900～840	s	
$v_{C≡N}$	2255～2200	m-s	s	$v_{S—S}$	550～430	s	
$v_{C≡C}$	2250～2100	vs	m-w	$v_{C—F}$	1400～1000	s	
$v_{C=O}$	1520～1680	s-w	s	$v_{C—Cl}$	800～550	s	
$v_{C=C}$	2250～2100	vs-m		$v_{C—Br}$	700～500	s	
$v_{C=S}$	1250～1000	s		$v_{C—I}$	660～480	s	
δ_{CH_2}	14170～1400	m		$v_{C—Si}$	1300～1200	s	
δ_{CH_3}				$v_{C—C}$	1500～1400	m-w	

注：w 表示弱，m 表示中等，s 表示强，vs 表示很强。

2.2.5　差示扫描量热分析

按照国际热分析协会（ICTA）的定义，差示扫描量热分析[13-15]（differential scanning calorimetry，DSC）是指在程序温度控制下，测量被测物质和参比物的温度差与温度或时间之间关系的一种技术。DSC 是由 Watson 等在 1964 年首次提出，并随后发展起来的一种热分析技术。

1. DSC 原理

按照 DSC 的定义，在一定程序温度控制下，测量物质和参比物之间温度差与温度或时间的关系可用数学式表示为

$$\Delta T = T_s - T_c = f(T,t) \qquad (2\text{-}7)$$

式中：T_s 和 T_c 分别为试样和参比物的温度；$f(T,t)$ 为温度与时间的函数关系式。

式（2-7）中的温度可正可负。在整个分析测试过程中，不管试样吸热还是放热，仪器都会使试样和参比物温度尽量处于动态零位，即 $\Delta T \to 0$。因此，当试样吸热时，补偿加热器增加热量平衡，使试样和参比物之间保持相同的温度；当试样放热时，则减少热量。然后，将测试过程中补偿功率记录，所补偿的功率可换算为试样吸收或放出的热量，由此可以记录热流对温度的关系曲线。

2. DSC 分析谱图的处理

典型的热分析谱图如图 2-1（a）所示。为了实现利用 DSC 分析法进行动力学研究，要将谱图按照图 2-1（b）进行分割处理。图中，T_0 指峰起点温度，T_p 指峰顶温度，T_e 指峰的终点温度，$\mathrm{d}H/\mathrm{d}T$ 表示热流。H 指整个峰的峰面积，表示所有的热效应；H_i 表示 T_i 时刻到 T_0 时刻的分面积，表示 $T_i \sim T_0$ 间隔内的热效应；α 指反应物转化率。

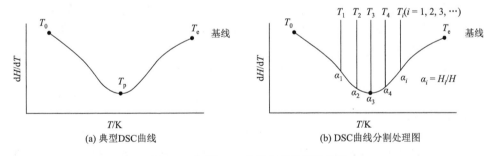

(a) 典型DSC曲线　　　　　　　　　(b) DSC曲线分割处理图

图 2-1　典型 DSC 曲线和其分割处理图

DSC 分析中，峰总面积大小表示反应总的热效应，任意时刻内，体系的热效应就表示反应进行的量，所以，在 T_i 时间内，反应物的转化率就是 T_i 时间内的热效应 H_i 与总热效应 H 的比值。对 DSC 曲线进行分割就是为了求得不同时期体系的转化率，以便进一步分析数据。一般地，为了求解动力学参数，要求分割区间大于 10，最好在 15～20 之间，区间尽量按照等面积分割。

3. DSC 动力学分析

DSC 动力学研究能用于所有有热效应的反应，尤其适用于固体-固体、液体-

固体,以及一般方法难以测量的液体-液体之间的反应,或者是在较低温度下反应比较慢,而在较高温度下又不易于测试的情形。树脂的固化反应很适于 DSC 动力学分析,目前已取得了较广泛的应用[16-21]。

DSC 动力学方程的推导研究都是基于阿伦尼乌斯所提出的速率常数-温度关系式:

$$k = A\exp(-E/RT) \tag{2-8}$$

式中:k 为速率常数;A 为指前因子;E 为活化能;R 为摩尔气体常量;T 为热力学温度。

由式(2-8)结合 DSC 分析和反应体系的本质特点,可以推导出 DSC 动力学方程的微分式:

$$d\alpha/dt = kf(\alpha) = A\exp(-E/RT)f(\alpha) \tag{2-9}$$
$$d\alpha/dT = (A/\beta)\exp(-E/RT)f(\alpha) \tag{2-10}$$

式(2-9)用以描述定温非均相体系的反应动力学,t 为时间;式(2-10)用以描述非定温非均相体系在升温速率为 β 时的反应动力学。由此就可以求解描述某反应的动力学三因子(kinetic triplet):E、A 和 $f(\alpha)$。$f(\alpha)$ 为动力学机理函数,表示物质反应速率与转化率 α 之间所遵循的某种函数关系,代表了反应机理。陈密峰等[22]列出了 45 种常用的机理函数,并对各种机理函数的解法作了详尽的阐述,此处不再重述。

无论是等温情况还是非等温情况,都要对 DSC 试验结果进行动力学分析,都需找到或推导出其动力学机理函数 $f(\alpha)$。对于等温固体反应,人们通常使用 $\ln\ln$ 分析法判断机理函数。表示为

$$\ln[-\ln(1-\alpha)] = \ln k + m\ln t \tag{2-11}$$

式中:α 为在时间 t 时的转化率;m 为反应动力学参数,与反应机理有关;k 为反应速率常数。

由 $\ln[-\ln(1-\alpha)]$ 对 $\ln t$ 作图,其斜率即为 m 值,其截距为速率常数对数 $\ln k$。按照表 2-6 求得的 m 值可确定反应机理,进而求得机理函数界定范围。例如,高岭土在 42.7℃下真空脱水反应的 m 值为 0.56,介于 0.54~0.57 之间,因此属于扩散反应。

表 2-6　常见固体反应的 m 值与反应机理

控制反应速率过程	机理函数	m 值
一维扩散	$\alpha^2 = kt$	0.62
二维扩散,圆柱型对称	$(1-\alpha)\ln(1-\alpha) + \alpha = kt$	0.57
三维扩散,球型对称	$[1-(1-\alpha)^{1/3}]^2 = kt$	0.54

续表

控制反应速率过程	机理函数	m 值
三维扩散，柱型对称	$(1-2\alpha/3)-(1-\alpha)^{2/3}=kt$	0.57
无规成核，Avrami 方程 I	$[-\ln(1-\alpha)^{1/2}]=kt$	2.00
无规成核，Avrami 方程 II	$[-\ln(1-\alpha)^{1/3}]=kt$	3.00
相界面反应，圆柱型对称	$1-(1-\alpha)^{1/2}=kt$	1.11
相界面反应，球型对称	$1-(1-\alpha)^{1/3}=kt$	1.07

对于非等温情况，人们一般使用等速率升温程序研究 DSC 反应动力学。对方程（2-10）进行积分有

$$G(\alpha)=\int_0^a \frac{\mathrm{d}\alpha}{f(\alpha)}=\frac{A(T-T_0)}{\beta}\mathrm{e}^{-E/RT} \qquad (2\text{-}12)$$

对式（2-12）两边取对数并重排有

$$\ln\frac{G(\alpha)}{T-T_0}=\ln\frac{A}{\beta}-E/RT \qquad (2\text{-}13)$$

因此，对于合适的机理函数，以 $\ln[G(\alpha)/(T-T_0)]$ 对 $1/T$ 作图，应得到一条直线，其斜率为 $-E/R$，截距为 $\ln A/\beta$，因此动力学三要素得以求解。

2.2.6　光电子能谱分析

1954 年 Siegbahn 教授等观测光峰现象时，发现原子内层电子能级的化学位移效应，于是提出化学分析电子能谱（electron spectroscopy for chemical analysis，ESCA）这一概念，又称 X 射线光电子能谱（X-ray photoelectron spectroscopy，XPS）。最初的 ESCA 技术用于金属及其化合物的表面分析，D. T. Clark 教授等自 19 世纪 70 年代开始，将 ESCA 应用于聚合物表面分析并取得成功，继而 ESCA 就成为聚合物表面研究的主要手段之一。

1. 原理概述[23]

元素的原子结构是由原子核和核外电子构成的，电子分布于各个轨道上，除氢、氦以外的元素中，距离原子核最近的轨道称为内壳层，上面的电子称为内层电子；而构成化合价的外壳层电子，则被称为价电子。样品在具有足够能量的 X 射线照射下，原子内层电子会被激发并以一定动能逸出，产生光电子，过程服从爱因斯坦光电方程，通过能量分析仪器分析光电子动能和数目，获得样品中有关元素组成和化学键状态的信息。

　　不同元素的内层电子所释放的光电子能量不同，由此元素的光电子能量成为其指纹特征，人们更常用电子结合能描述，电子结合能是轨道电子的标识性参数，二者都可用作元素种类的鉴定。另外，内层电子的结合能还会受到核外电子分布的影响，任何影响这些电荷分布的因素都有可能引起内层电子结合能的变化，在光电子能谱上可以看到光电子谱峰的位移，这被称为电子结合能位移。由元素处于不同化学环境而引起的结合能位移称为化学位移，这是利用光电子能谱鉴定物质表面化学结构的理论依据。

　　2. ESCA 所提供的主要信息[24-27]

　　（1）元素组成：ESCA 谱图一般是以电子结合能为横坐标，以单位时间内所接受光电子数目为纵坐标。因此谱图中每条谱线表示对应元素的电子结合能和数目，谱峰的面积代表元素的含量。而 ESCA 全程扫描谱图可以提供样品除氢和氦以外所有元素的电子结合能，故 ESCA 可用于样品元素组成分析（除氢和氦外）。

　　（2）ESCA 谱图峰强度与元素含量：理想材料的光电子能谱峰面积与材料中对应元素的含量相关，光电子的数目决定了谱峰强度，它与对应元素在分析表面的浓度成正比，这是 ESCA 定量分析的基础。ESCA 定量分析有多种方法，目前人们常用的定量分析方法是灵敏度因子法。

$$n_x = \frac{I_x / S_x}{\sum I_i / S_i} \qquad (2\text{-}14)$$

式中：I_x 为元素 x 的峰面积；S_x 为元素 x 的灵敏度因子；n_x 为元素 x 在样品中原子个数分数。C、N 和 O 元素的灵敏度因子分别为 0.25、0.42 和 0.66。

　　（3）化学位移与化学结构：原子处于不同的化学环境中，与其相连接的另一原子的电负性和原子的价态可以引起电子结合能发生化学位移，外层电子密度减小时，屏蔽作用减弱，电子结合能降低；氧化态越高，化学位移就越大，而且化学位移对化学环境也具有标识性，这是利用 ESCA 分析化学结构的基础。

　　聚合物 ESCA 能够精确地测量元素的化学位移，对于聚氨酯胶接木材常遇见的元素主要是 C、N 和 O 元素。与碳成键的氮化物的 N 1s 结合能主要在 399～400.5eV 之间，包括胺、酰胺、腈、尿素、氨基甲酸酯等和芳环中的氮，对结构分析不能提供有益的信息。C1s 能提供丰富的结构信息，氧能提供一定的结构信息，在常见的化学环境中，C1s 的化学位移如表 2-7 所示，O1s 的电子结合能如表 2-8 所示。

表 2-7　常见基团结构中的 C1s 与其化学位移[28]

基团结构	化学位移/ppm	基团结构	化学位移/ppm
C—C 或 C—H	0	O—C＝O	4.32
C—O—C	1.45	O＝C—O—C＝O	4.41
C—OH	1.55	C—N	0.94
C*—O—C＝O	1.64	N—C—O	2.78
C＝O	2.90	N—C＝O	3.11
O—C—O	2.93	O＝C—N—C＝O	3.55
O—C—C*＝O	3.99	N—CO—O	3.84
O＝C—OH	4.26	N—CO—N	4.60

注：以饱和碳氢的 C 1s 结合能为 285.0eV 为基准；C* 指基团中测量的碳原子。

表 2-8　常见基团结构中的 O1s 与其电子结合能[28]

基团结构	电子结合能/eV	基团结构	电子结合能/eV
C—O—C（脂肪族）	523.64	C—CO*—O	532.21
C—O—C（芳香族）	533.25	C—CO—O*（脂肪族）	533.29
C—OH（脂肪族）	532.89	Ar—CO*—O	531.65
C—OH（芳香族）	533.64	Ar—CO—O*	533.14
O—C—O	533.15	*O＝C—O—C＝O*	532.64
C＝O（脂肪族）	532.33	O＝C—O*—C＝O	533.91
C＝O（芳香族）	531.25		

注：O* 表示基团中测量的氧原子。

　　（4）深度剖析：为了分析了解次表面甚至本体的结构信息及元素组成，人们通常采用深度剖析。经典的深度剖析方法主要有机械法、化学法、电化学法等，这些方法的共同缺点是难以控制处理时在分析表面上所发生的反应。采用离子溅射深度剖析却能够弥补这一不足，因此其成为深度剖析有效和应用广泛的处理方法，它是一种破坏性处理方法。离子溅射深度剖析使用的离子枪主要是 Ar 离子源，通常离子束能量大于 100eV，典型值是 0.5～5eV。轰击样品时，以小部分能量传给表面上的原子，使表面层原子溅射离开表面，将次表面或本体结构暴露出来，继而进行"新表面"分析，因此离子溅射处理也被称作氩刻蚀处理。通过对试样进行多次"刻蚀—'新表面'"分析，即实现深度分析。

2.2.7　核磁共振技术

　　核磁共振（NMR）谱与红外光谱、紫外-可见吸收光谱一样，实际上都是吸收光谱，它的频率范围是兆周（MC）或兆赫（MHz），属于无线电波范围。红外光谱来源于分子振动-转动能级间的跃迁，紫外-可见吸收光谱来源于分子的电子能级间的跃迁。在 NMR 中电磁辐射的频率为兆赫数量级，属于射频区，但是射频辐射只有置于强磁场的原子核才会发生能级间的跃迁，即发生能级裂分。当吸收的辐射能量与核能级差相等时，就发生能级跃迁，从而产生核磁共振信号。

核磁共振谱常按测定的核分类，测定氢核的称为核磁共振氢谱（^{1}H-NMR）；测定碳-13 的称为核磁共振碳谱（^{13}C-NMR）。核磁共振谱不仅给出基团的种类，而且能提供基团在分子中的位置。在定量分析中 NMR 也相当可靠。高分辨 ^{1}H-NMR 还能根据磁耦合规律确定核及电子所处环境的细小差别，成为研究高分子构型和共聚序列分布等结构问题的有力手段。而 ^{13}C-NMR 主要提供高分子碳-碳骨架的结构信息。

本书利用 ^{13}C-CP/MAS-NMR 对固化淀粉基 API 结构及其胶膜老化机理进行研究。

1. 核磁共振仪

通常核磁共振仪由五部分组成。

（1）磁铁：磁铁是核磁共振仪中最贵重的部件，能形成高匀场强，同时要求磁场均匀性和稳定性好，其性能决定了仪器的灵敏度和分辨率。

（2）扫描发生器：沿着外磁场的方向绕上扫描线圈，它可以在小范围内精确地、连续地调节外加磁场强度进行扫描，扫描速度不可太快，每分钟 3~10mGs（$1Gs = 10^{-4}T$）。

（3）射频接收器和检测器：沿着样品管轴绕上接收线圈，通过射频接收线圈接收共振信号，经放大记录下来，纵坐标是共振峰的强度，横坐标是磁场强度（或共振频率）。

（4）射频振荡器：在样品管外与扫描线圈和接收线圈相垂直的方向上绕上射频发射线圈，它可以发射频率与磁场强度相适应的无线电波。

（5）样品支架：支架装在磁场间的一个探头上。用压缩空气使支架连同样品管旋转，目的是提高作用在其上的磁场的均匀性。

2. ^{13}C-CP/MAS-NMR 光谱

高分辨率固体样品核磁共振技术是当前 ^{13}C-NMR 的主要研究方向之一。该技术是目前研究固体聚合物结构的最有效、最先进的方法。

常规 ^{13}C-NMR 技术只能分析液体样品，这对淀粉基 API 结构研究远远不够，无法得到有关固化淀粉基 API 的结构信息，而固化后淀粉基 API 结构对胶接制品的性能有着决定性的影响。为了得到具有精细结构的高分辨率固体样品核磁共振谱图，必须对样品实施高速旋转处理，也称魔角变换或魔角旋转（magic angle spinning，MAS），并配以交叉极化（cross polarization，CP）和偶极去偶（dipolar decoupling，DD），由 Schaefer 等发展的 ^{13}C-CP/MAS-NMR 技术在树脂结构测定中已得到应用。有关 ^{13}C-CP/MAS-NMR 法的原理及检测方法的详细内容见参考文献[29]～[32]。

　　3. 核磁共振技术在胶膜老化机理中的应用

　　检测试样配制应尽量均一，旋转制成微粉末。有关固体试样的微粉末制备方法见参考文献[33]和[34]。以淀粉基 API 的固化物为例，制成 60～100 目粉末进行检测。

　　固体状态下，立体结构被固定，在溶液中等价的碳核变为不等价的。对一般的 ^{13}C-CP/MAS-NMR 法测得吸收峰的归属与溶液法测得光谱的吸收峰进行比较，将酰化反应吸收强度变化的吸收峰与新出现的吸收峰及其化学位移理论计算值进行比较。

　　固化树脂一般含有树脂/改性剂/加速固化剂/填充材料等多种成分，很难对溶液进行不溶不熔的定性分析、组成分析等。以前，关于标准试料，需要通过热分析 IR、热裂解气相色谱（Py-GC）、热裂解气相色谱-质谱（Py-GC-MS）进行分析探讨。CP/MAS 方法的出现一定程度解决了此问题。但在实际的多组分固化树脂体系中，要充分考虑共存成分的相互影响。

　　利用固体高分辨性 ^{13}C-CP/MAS-NMR 对不溶于溶剂的热固性树脂固化物的化学构造分析、组成分析、固化反应追踪、热分解机理分析与 FTIR 相同，不过是更为有力的研究手段，今后将获得更加广泛的应用。

2.2.8　凝胶渗透色谱法

　　凝胶渗透色谱法[35]（GPC）就是让试料通过具有三维网孔构造的多孔性粒子填充的柱管，由于试料中物质的分子量或亲和性的不同而分离并进行成分分析。空隙比大的分子会迅速溶出，空隙比小的分子移动速度会变慢。

　　1. GPC 的特点

　　GPC 的特点是对于高分子物质的分离效果好，特别是试样成分的分子量差别大时容易分离，能够知道合成高分子的分子量分布。反过来，根据分子量的大小能够预测其保持时间，是最稳定的分离方法，但对于所含成分大小类似或复杂的试样分离困难。

2. 固定相（凝胶）

因为凝胶可分离出的成分的分子量不同，所以柱管的选择很重要。即使使用溶媒介质，选择柱管也很必要。在实际试验中，因为试样的分子量范围很广，可以多次选择多根柱管。

3. 移动相（洗提液）

溶媒可使凝胶充分润胀，在低黏度条件下，可将试样充分溶解的溶媒是最好的。有机类溶媒常用的有甲苯、氯仿、四氢呋喃、二甲基甲酰胺等。水系溶媒用盐水。

2.3　本　章　小　结

本章简要介绍了研究中涉及的主要试验原料及仪器设备，重点讨论常规化学分析法的原理，以及 FTIR 分析、DSC 分析、拉曼光谱分析、^{13}C-CP/MAS-NMR、GPC 等现代分析方法所用仪器的工作原理、谱图解析方法及在本书机理分析中的应用。

参 考 文 献

[1] 顾继友，高振华，艾军，等. 木材加工用异氰酸酯胶粘剂研究报告[C]. 国家"九五"科技攻关项目验收会，南京，2000：8.

[2] 克奥，顾正彪. 次氯酸钠、过硫酸钾氧化淀粉效果的比较[J]. 无锡轻工大学学报，2003，22（2）：88-92.

[3] 王良东，顾正彪. 小麦 B 淀粉的性质[J]. 无锡轻工大学学报，2003，22（6）：5-8.

[4] 张燕萍. 变性淀粉制造与应用[M]. 北京：化学工业出版社，2001.

[5] 吴瑾光. 近代傅立叶变换红外光谱技术及应用（上卷）[M]. 北京：科学技术文献出版社，1994.

[6] 柯以侃，董慧茹. 化学分析手册-光谱分册[M]. 北京：化学工业出版社，1998.

[7] 山西省化工研究所. 聚氨酯弹性体手册[M]. 北京：化学工业出版社，2001.

[8] Han Q W，Urban M W. Surface/interfacial changes during polyurethane crosslinking: aspectroscopic study[J]. Journal of Applied Polymer Science，2001，81：2045-2054.

[9] Kaminski A M，Urban M W. Interfacial studies of crosslinked polyurethanes[J]. Coating Technology，1997，69：55-66.

[10] Umemura K，Takahashi A，Kawai S. Durability of isocyanate resin adhesives for wood（Ⅱ）[J]. Journal of Applied Polymer Science，1999，74：1807-1814.

[11] 朱诚身. 聚合物结构分析[M]. 北京：科学出版社，2004.

[12] Kranes A，Large A，Ezna M. Plastic Guide[M]. New York：Hanser Pubishers，1983：25-28.

[13] 陈泓，李传儒. 热分析及其应用[M]. 北京：科学出版社，1985.

[14] 柯以侃，董慧茹. 化学分析手册-热分析分册[M]. 北京：化学工业出版社，1998.

[15] 胡荣祖，史启桢. 热分析动力学[M]. 北京：科技出版社，2001.

[16] Lavric J，Sebenik A，Osredkar U. Kinetics of crosslinking of poly（hydroxyethyl acrylate）with isocyanates[J]. Journal of Coatings Technology，1991，63（795）：29-32.

[17] Shuyan L，Vuorimaa E，Lemmetyinen H. Application of isothermal and model-free isoconversional modes in DSC measurement for the curing process of the PU system[J]. Applied Polymer Science，2001，81：1474-1480.

[18] Sarrionandia M，Mondragon I，Moschiar S M，et al. Analysis of kinetic parameters of an urethane-acrylate resin for pultrusion process[J]. Applied Polyer Science，2000，77：355-362.

[19] Thakur A，Banihia A K，Maiti B R. Studies on the kinetics of free-radical bulk polymerization of multifunctional acrylates by DSC[J]. Applied Polyer Science，1995，58：959-966.

[20] Han J L，Chern Y C，Hsieh K H，et al. Kinetics of curing reaction of urethane function on base-catalyzed epoxy reaction[J]. Journal of Applied Polymer Science，1998，68：121-127.

[21] 万勇军，顾宜，谢美丽，等. 聚氨酯/乙烯基酯树脂顺序互穿聚合物网络形成反应动力学的研究[J]. 四川大学学报（工程科学版），2001，33：69-72.

[22] 陈密峰，朱琳晖，吉彦. 引发剂在淀粉接枝反应中的研究与应用[J]. 化学世界，2001，（3）：153-156.

[23] 朱诚身. 聚合物结构分析. [M]. 2 版. 北京：科学出版社，2016.

[24] 潘承璜，赵良仲. 电子能谱基础[M]. 北京：科学出版社，1981.

[25] 王建祺，吴建辉，冯大明. 电子能谱学引论[M]. 北京：国防工业出版社，1992.

[26] 张开. 高分子界面科学[M]. 北京：中国石化出版社，1997.

[27] 布里格斯. 聚合物表面分析[M]. 北京：化学工业出版社，2001.

[28] Whistler R L，Bemiller J N，Paschall E F. Starch：Chemistry and Technology[M]. 2nd ed. New York：Academic Press，1984：535.

[29] 张树华. 端异氰酸酯丁羟预聚物合成研究[J]. 黎明化工，1988，（3）：20-23.

[30] 吕以学，陆仁书. 落叶松胶合板生产技术可行性研究[J]. 东北林业大学学报，1989，（6）：93-98.

[31] 今成司. でんぷん系接着剤に対する過硫安モニウムの酸化作用の研究[C]. 高分子可能性講座[高分子ほどてまびゎかるか.キセラクタゼ—ショソの最前線]講演要旨集，1988：40.

[32] 島田一夫，石田英之，石谷炯. でんぷん接着剤の改変研究[C]. 第 36 回熱硬化性樹脂講演討論会講演要旨集，1986：103.

[33] 张勤丽. 日本刨花板在建筑上应用的概况[J]. 建筑人造板，1989，（3）：1-8.

[34] 酒井腾寿，村井孝明，渡边正治. 接着剤は指接材の力学的強度の研究に用いられる[C]. 第 38 回熱硬化性樹脂講演討論会講演要旨集，1988：54.

[35] 张新申. 高效液相色谱分析[M]. 北京：科学出版社，1985.

第3章 复合变性玉米淀粉乳液的研究

3.1 引　言

本章主要以玉米淀粉为原料，通过对淀粉进行酸解、氧化、接枝共聚等多重变性，生成一种复合变性淀粉。

首先借鉴顾正彪[1]采用生物化学发光测量仪的方法，分析过硫酸铵在水溶液中进行热分解生成初始自由基的影响因素，对过硫酸铵的氧化和引发机理进行了分析论证。研究发现，过硫酸铵能对淀粉产生一定的氧化作用；过硫酸铵在水溶液中分解生成初始自由基的多少与过硫酸根离子浓度呈线性关系，浓度越大，生成初始自由基的量越多；在低 pH（pH＝3～4）下，过硫酸铵在相等时间里生成初始自由基的量最多；随着温度的升高，过硫酸铵在热分解过程中生成初始自由基的量显著增加。

对酸解氧化淀粉的制备及其性质进行了研究。采用盐酸为酸解催化剂、过硫酸铵为氧化剂，在较短时间里得到一种黏度较低并具有一定氧化程度的酸解氧化淀粉。通过单因素试验分析，优化出最佳的酸解氧化工艺条件。

接枝共聚是聚合物材料改性的一种化学方法，由于接枝共聚物中共价键的约束作用，其混合构型熵显著减小，产生相分离所需的各组分的分子量大为提高[2]。换言之，接枝共聚物中的共价键会显著地改进不相似聚合物间的机械相容性，所以在众多领域中，接枝材料通常优于同等数量的共混材料。

淀粉资源丰富、成本低廉、与环境相容性好，但天然淀粉由于受性能的限制已越来越不适应各种工业应用的要求，需要对其进行改性处理[3, 4]。其中，淀粉接枝共聚就是淀粉改性的一种新型而且非常重要的方法[3]，通过淀粉分子上的羟基与单体上的基团发生接枝共聚反应，形成一种新的共聚物，该共聚物既保留了淀粉自身的特性，又具有合成高分子的特性，从而使淀粉具有更好的使用性能，其在农林园艺、生理卫生、环境保护、化学化工、轻工纺织、建材及食品等领域有着广阔的应用前景[5-7]，而接枝淀粉类超强吸水剂、增稠剂、絮凝剂、胶黏剂及接枝淀粉浆料等产品的开发，都是利用接枝共聚原理对淀粉进行化学改性的成功例证[8, 9]。与原淀粉相比，这种预处理的淀粉能改善接枝效果，有利于生物降解；另外，酸解氧化淀粉的接枝共聚物具有很好的黏接性能，且在糊化状态下具有较低的黏度，可以配制较高浓度的乳液，有利于其在胶黏剂行业的应用。

以过硫酸铵为引发剂，合成了酸解氧化淀粉接枝丙烯酰胺共聚物，并对其进行表征，通过红外光谱、X 射线衍射、扫描电子显微镜等分析手段，验证接枝共聚反应的发生。

酸解氧化淀粉的性质优于酸解淀粉，复合变性淀粉的性质满足了 API 木材胶黏剂主剂制作的要求。

3.2　过硫酸铵氧化玉米淀粉的机理

3.2.1　过硫酸铵在水溶液中的热分解机理

过硫酸铵属于热分解引发剂，它在受热时可直接分解出具有引发活性的初始自由基，其特征键为过氧键—O：O—，过氧键遇热进行均裂而生成自由基。如果体系中没有可消除 $SO_4^- \cdot$ 自由基的其他物质存在，那么过硫酸铵在碱性、中性或酸性不大的溶液中进行热分解时，其主要反应历程[10-12]可表示为

$$S_2O_8^{2-} \longrightarrow 2SO_4^- \cdot$$
$$SO_4^- \cdot + H_2O \longrightarrow HSO_4^- \cdot + \cdot OH$$
$$2 \cdot OH \longrightarrow H_2O_2$$
$$H_2O_2 + \cdot OH \longrightarrow \cdot OOH + H_2O$$
$$\cdot OOH + S_2O_8^{2-} \longrightarrow O_2 + HSO_4^- + SO_4^- \cdot$$

其总反应可写成：

$$(NH_4)_2S_2O_8 + H_2O \longrightarrow 2NH_4HSO_4 + 1/2O_2$$

曹同玉等[13]对溶解在水中的过硫酸铵热分解动力学进行了研究。他们证实了过硫酸根离子浓度、pH、温度以及离子强度等因素都会影响过硫酸铵在水溶液中进行热分解时的反应速率。尤其是温度和 pH 对过硫酸铵在水溶液中的分解反应有很大的影响。温度越高，pH 越低，反应速率越快，因此，当温度较低或 pH 较高时，过硫酸铵的分解速率相当低，释放活性氧的量非常少，对淀粉的氧化作用较弱；随着反应温度的升高或 pH 的降低，过硫酸铵的分解速率加快，能在短时间内释放出较多的活性氧，从而对淀粉进行氧化。

3.2.2　过硫酸铵对玉米淀粉的氧化机理

淀粉分子中有三种类型的基团可以被氧化成醛基、羧基或羰基，即还原端的醛基、C6 碳原子上的伯醇羟基和 C2、C3 碳原子上的仲醇羟基[14-15]。从上述热分解机理可以看出，过硫酸铵在热分解过程中释放出活性氧，活性氧具有强氧化性，它可使淀粉糖苷键发生断裂，并能使淀粉分子上的基团发生氧化。研究发现，过

硫酸铵氧化淀粉的选择性较差，很难断定首先在哪个部位发生氧化，并且糖苷键的断裂也未发现规律。据估计，过硫酸铵可以在不同部位氧化淀粉的多种基团，可将 C6 碳原子上的伯醇羟基氧化成醛基或羧基 [图 3-1（a）]，C2、C3 碳原子上的仲醇羟基氧化成羰基或羧基，同时使环状结构开裂 [图 3-1（b）]，还能使淀粉分子链还原端的葡萄糖单位的环状结构在 C1 位的氧原子处开环断裂，在 C1 位上形成一个醛基，继而被氧化成羧基 [图 3-1（c）]。过硫酸铵氧化淀粉的反应机理相当复杂，有些机理仍有待于进一步的研究。

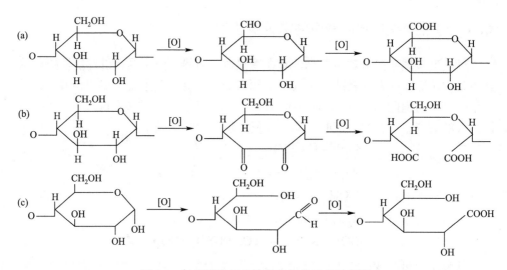

图 3-1 过硫酸铵氧化淀粉的氧化反应示意图

1. 过硫酸铵引发淀粉产生自由基的机理

在过硫酸铵热分解过程中，不同条件下的反应历程是不同的，因此会生成不同形式的自由基，这些自由基有的可以引发聚合，有的则无引发活性。资料显示[10]，过硫酸铵在热分解过程中所生成的硫酸根离子自由基 $SO_4^-\cdot$ 和羟基自由基 $\cdot OH$ 具有引发活性，这两种自由基能引发淀粉产生自由基，使其成为反应的活化中心，然后淀粉再与烯类单体接枝共聚，反应式如下：

$$\cdot OH + St\text{-}OH \longrightarrow St\text{-}O\cdot + H_2O$$
$$\quad\quad 淀粉 \quad\quad 淀粉自由基$$
$$SO_4^- \cdot + St\text{-}OH \longrightarrow St\text{-}O\cdot + HSO_4^-$$
$$\quad\quad 淀粉 \quad\quad 淀粉自由基$$

2. 过硫酸铵热分解生成初始自由基的影响因素

研究证明，过硫酸根离子浓度、pH、温度等因素都会影响过硫酸铵在水溶液中进行热分解时的反应速率，同时也会影响热分解过程中生成初始自由基的多少、快慢以及种类。

（1）过硫酸根离子浓度的影响：过硫酸铵在水溶液中分解生成初始自由基的量随过硫酸根离子浓度的增大而增加。

（2）pH 的影响：根据过硫酸铵在水溶液中的热分解机理可知，pH 不同，过硫酸铵的热分解方式也有所差异，因此生成初始自由基的量和种类也存在差别[16]。当溶液的 pH 较低（pH = 3~4）时，过硫酸铵在相等时间里分解生成初始自由基的量最多；在弱碱性条件下（pH = 9 左右），过硫酸铵也能分解生成较多的初始自由基；而在中性、强酸性和强碱性条件下，初始自由基的生成受到抑制。

（3）温度的影响：温度对过硫酸铵在水溶液中的分解反应有很大影响。随着温度的升高，过硫酸铵在热分解过程中生成初始自由基的量显著增加，而且溶液中过硫酸根离子浓度越大，初始自由基的量随温度的升高增加得越快。

3.3　酸解氧化玉米淀粉

酸解淀粉是指在糊化温度以下将天然淀粉用无机酸进行处理，改变其性质而得到的一类变性淀粉[1, 17]。该类淀粉黏度低，能配制高浓度乳液，黏合能力较强，干燥速度较快，适合于要求高浓低黏的胶黏剂行业。酸解淀粉在胶黏剂行业用量很大，但是，以玉米、小麦等谷物类淀粉作为原料生产的酸解淀粉凝沉性较强，黏度稳定性较差，糊液冷却后形成强度高的凝胶，影响淀粉乳液的流动性[18]。因此，这些性质限制了酸解淀粉在胶黏剂行业中的应用。相反，淀粉的氧化能提高糊的黏度稳定性，减弱糊的凝沉性，并能降低糊的冷黏度，增加糊的渗透性和流动性[19, 20]；另外，淀粉的氧化还能使淀粉带有极性的醛基、酮基或羧基，这些能增强与纤维类物质的黏合力[21, 22]，因此，氧化淀粉能较好地应用于胶黏剂行业。工业上使用的氧化淀粉氧化程度一般比较低，不适合配制高浓度的糊液；但如果要得到氧化程度非常高、黏度比较低的氧化淀粉，则需要较长的反应时间和较多的氧化剂用量，这也限制了其在胶黏剂行业上的应用。为了克服酸解淀粉和氧化淀粉各自固有的缺陷，可以将酸解和氧化结合起来，在酸解的同时加入一定量的氧化剂对淀粉进行氧化，在较短的时间里制备一种复合变性淀粉，从而提高淀粉的黏度稳定性、抗凝沉性和黏结性，并能满足高浓低黏的胶黏剂要求。

酸在淀粉酸解过程中作为催化剂，并不参与反应，很多无机酸均可用作催化剂，但不同的酸的催化能力不同，盐酸最强，其次是硫酸和硝酸[4]。可用于生产氧化淀粉的氧化剂很多，目前用得最多的是次氯酸钠、过氧化氢和高锰酸钾[23]，但均不适合在强酸环境下进行氧化；研究表明：过硫酸铵也能对淀粉产生氧化作用，并且在强酸条件下氧化效果更好；另外，在氧化的同时，过硫酸铵主要还能引发淀粉产生自由基，达到预引发的效果，从而有利于后续接枝共聚反应的进行。

　　本章以玉米淀粉为原料，盐酸为酸解催化剂，过硫酸铵为氧化剂，采用酸解和氧化同时进行的工艺，制备了酸解氧化淀粉，并对酸解氧化淀粉的性质进行了分析。该酸解氧化淀粉可以作为接枝共聚的原料，与丙烯酰胺单体发生接枝共聚，从而得到一种新型的改性淀粉接枝共聚物，能很好地用于淀粉基 API 主剂的制备。

3.3.1　酸解氧化玉米淀粉的制备

　　将玉米淀粉与盐酸溶液配制成一定浓度的淀粉乳，再在淀粉乳中加入一定量的过硫酸铵，搅拌均匀，在一定温度下反应一段时间后，中和后即可得到成品。如果不加过硫酸铵制备的样品即为酸解淀粉。

3.3.2　影响酸解氧化玉米淀粉质量的因素

　　1. 反应时间

　　固定其他反应条件为：淀粉乳浓度为 35%（ w/w,db ），盐酸浓度为 0.5mol/L，反应温度为 55℃，过硫酸铵用量为淀粉干基质量的 2.25%。

　　从图 3-2 可以看出，随着反应时间的延长，淀粉的黏度在开始阶段下降得很快，当反应时间达到 60min 以后，黏度值下降缓慢，继续延长反应时间，黏度值下降很少；同时，随着反应时间的延长，淀粉中羧基含量有所增加（图 3-3），开始增加较快，而后趋于平缓。

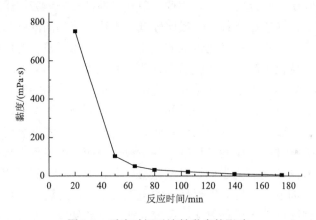

图 3-2　反应时间对淀粉黏度的影响

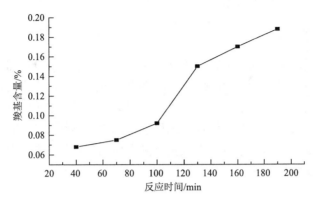

图 3-3　反应时间对淀粉氧化的影响

由图 3-4 和表 3-1 可以看出，随着反应时间的延长，在各个温度段的黏度值均有所下降，而成糊温度却有所提高，其降落值有一定程度的下降，说明淀粉的热糊稳定性和冷糊稳定性均有所增加，凝沉性减弱。但是，当反应时间超过 60min 以后，这种变化较小。

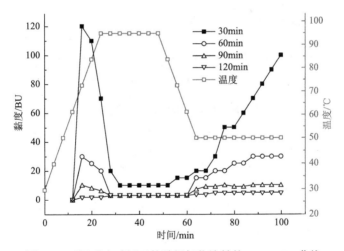

图 3-4　不同反应时间下的酸解氧化淀粉的 Brabender 曲线

表 3-1　不同反应时间下的酸解氧化淀粉的 Brabender 数据

反应时间/min	成糊温度/℃	Brabender 黏度/BU		
		降落值 $B\text{–}D$	回生值 $E\text{–}D$	冷糊黏度上升值 $E\text{–}F$
30	70.6	107	30	70.6
60	72.3	27	60	72.3
90	75.1	10	90	75.1
120	76.0	4	120	76.0

2. 盐酸浓度

固定其他反应条件为：淀粉乳浓度为 35%（w/w,db），反应时间为 60min，反应温度为 55℃，过硫酸铵用量为淀粉干基质量的 2.25%。从图 3-5 可以看出，随着盐酸浓度的增加，淀粉的黏度在开始阶段下降得很快；当盐酸浓度达到 0.5mol/L 以后，继续加大盐酸浓度，黏度值下降得非常缓慢；同时，如图 3-6 所示，随着盐酸浓度的增加，淀粉中羧基含量有所增加，这可能与氢离子催化过硫酸铵分解释放活性氧有关。

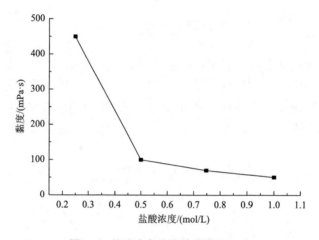

图 3-5　盐酸浓度对淀粉黏度的影响

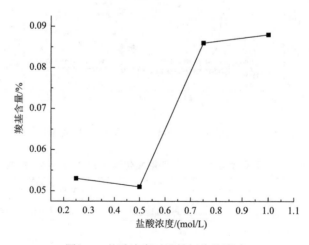

图 3-6　盐酸浓度对淀粉氧化的影响

由图 3-7、表 3-2 可以发现，随着盐酸浓度的增加，在各个温度段的黏度值均有所下降，当盐酸浓度达到 0.75mol/L 时，几乎没有黏度；淀粉的成糊温度有所提高，其降落值、回生值和冷糊黏度上升值均有较大程度的下降，说明淀粉的热糊稳定性和冷糊稳定性增加，凝沉性减弱；但是，当盐酸浓度超过 0.5mol/L 后，这种变化较小，并且黏度过小，无法满足涂胶工艺需要。

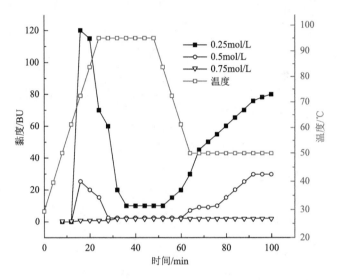

图 3-7　不同盐酸浓度的酸解氧化淀粉的 Brabender 曲线

表 3-2　不同盐酸浓度下的酸解氧化淀粉的 Brabender 数据

盐酸浓度/(mol/L)	成糊温度 A/℃	Brabender 黏度/BU		
		降落值 B–D	回生值 E–D	冷糊黏度上升值 E–F
0.25	71.0	106	24	40
0.5	72.6	19	12	14
0.75	—	1	1	2

3. 反应温度

固定其他反应条件为：淀粉乳浓度为 35%（w/w,db），反应时间为 60min，盐酸浓度为 0.5mol/L，过硫酸铵用量为淀粉干基质量的 2.25%。从图 3-8 可以看出，随着反应温度的升高，淀粉的黏度在开始阶段下降得很快，当温度达到 60℃以后，继续升高反应温度，黏度值下降缓慢；同时，如图 3-9 所示，随着温度的升高，淀粉中羧基含量有所增加，这主要是由过硫酸铵在温度较高时分解速率加快引起的。由图 3-10、表 3-3 可以发现，随着温度的升高，在各个温度段的黏度值均有所下降，当温度达到 65℃时，几乎没有黏度；淀粉的成糊温度

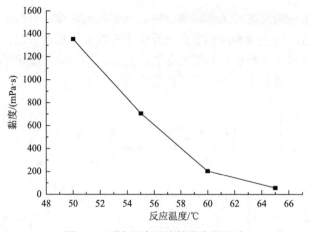

图 3-8　反应温度对淀粉黏度的影响

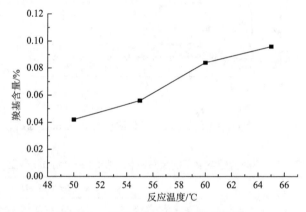

图 3-9　反应温度对淀粉氧化的影响

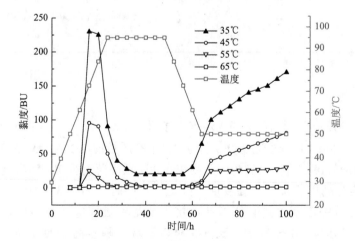

图 3-10　不同反应温度下的酸解氧化淀粉的 Brabender 曲线

有所提高，其降落值、回生值和冷糊黏度上升值均有很大程度的下降，说明淀粉的热糊稳定性和冷糊稳定性增加，凝沉性减弱。但是，当温度增加到 55℃ 后，这种变化较小。

表 3-3　不同反应温度下的酸解氧化淀粉的 Brabender 数据

反应时间/min	成糊温度/℃	Brabender 黏度/BU		
		降落值 *B–D*	回生值 *E–D*	冷糊黏度上升值 *E–F*
50	70.4	205	58	79
55	70.8	85	23	43
60	72.6	19	12	14
65	—	2	1	2

4. 过硫酸铵用量

固定其他反应条件为：淀粉乳浓度为 35%（*w/w*,db），反应时间为 60min，盐酸浓度为 0.5mol/L，反应温度为 55℃。从图 3-11 可以看出，随着过硫酸铵用量的增加，淀粉的黏度缓慢下降；同时，如图 3-12 所示，随着过硫酸铵用量的增加，淀粉中羧基含量呈直线上升。研究发现，过硫酸铵的加入能改善淀粉的热糊稳定性、冷糊稳定性以及凝沉性，但由于氧化程度较低，改善作用不太明显。另外，酸解氧化淀粉的制备还与淀粉乳浓度有关，但研究发现，当淀粉乳浓度在 20%～40% 时，淀粉乳浓度对淀粉的酸解氧化影响很小，可以根据实际需要选择适当的淀粉乳浓度。

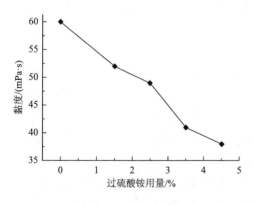

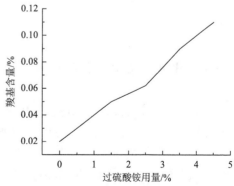

图 3-11　过硫酸铵用量对淀粉黏度的影响　　图 3-12　过硫酸铵用量对淀粉氧化的影响

3.3.3　较优方案的选择

根据以上对反应时间、盐酸浓度、反应温度、过硫酸铵用量和淀粉乳浓度等因素对淀粉酸解氧化的影响进行的分析,为了制备一种满足高浓低黏要求的酸解氧化淀粉,使其能很好地应用于化工行业,特别是胶黏剂行业,我们选择表 3-4 中方案制备酸解氧化淀粉。后续的研究发现,该淀粉具有合适的黏度和抗凝沉性,能很好地应用于胶黏剂行业。

表 3-4　酸解氧化淀粉制备的试验方案

因素	方案
淀粉种类	玉米淀粉
反应时间	60min
盐酸浓度	0.5mol/L
反应温度	55℃
过硫酸铵用量	2.25%（占淀粉干基百分数）

3.4　酸解氧化玉米淀粉接枝丙烯酰胺

以过硫酸铵为引发剂,丙烯酰胺为单体,对 3.3.1 节所制备的酸解氧化淀粉进行接枝共聚。和原淀粉相比,这种预处理的淀粉能改善接枝效果,有利于淀粉抗凝沉性的提高;另外,酸解氧化淀粉的接枝共聚物具有很好的黏接性能,且在糊化状态下具有较低的黏度,可以配制较高浓度的糊液,有利于其在胶黏剂行业的应用。

3.4.1　酸解氧化玉米淀粉接枝丙烯酰胺共聚物的合成

酸解氧化淀粉接枝丙烯酰胺的合成[24, 25]:在装有搅拌器、回流冷凝器的四颈烧瓶中,加入一定量的玉米淀粉和过硫酸铵,再加入 100mL 0.5mol/L 的盐酸溶液,配成一定浓度的淀粉乳,在 55℃下酸解氧化,同时预引发一段时间,然后调节接枝反应温度和 pH,稳定 10min 后在 30min 内缓慢加入丙烯酰胺,每隔一定时间加入一定比例的过硫酸铵,反应一段时间后结束。本试验的过硫酸铵采用分两次添加的方式,第一次添加在淀粉酸解开始时,第二次添加在接枝反应 1.5h 后。

3.4.2　玉米淀粉接枝共聚物各参数的计算

根据共聚物的处理和分离结果，按以下各式[4, 26-28]计算各接枝参数。
接枝率：

$$G = \frac{W_3}{W_2} \times 100\% \tag{3-1}$$

接枝效率：

$$GE = \frac{W_3}{W_3 + W_4} \times 100\% \tag{3-2}$$

单体总转化率：

$$CE = \frac{W_3 + W_4}{W_1} \times 100\% \tag{3-3}$$

式中：W_1 为单体质量；W_2 为淀粉接枝共聚物绝干质量；W_3 为接枝支链绝干质量；W_4 为均聚物绝干质量。

3.4.3　影响接枝反应的因素分析

经大量试验探索，确定采用过硫酸铵为引发剂，分两次加入的方式引发丙烯酰胺与玉米淀粉的接枝共聚反应。采用单因素分析法，对预引发时间、酸解预处理时间、淀粉乳浓度、丙烯酰胺单体与淀粉质量比、pH、反应温度、反应时间对接枝共聚反应的影响分别进行了试验研究，得出优化的接枝共聚反应方案。

1. 预引发时间

预引发是将引发剂加入具有一定温度和 pH 的淀粉乳中混合一段时间后，再加入单体进行接枝的反应过程[29]。预引发对接枝共聚反应具有很大的影响，因为在预引发过程中引发剂能反应生成初始自由基，在适当的预引发时间内，初始自由基进攻淀粉大分子链形成接枝活性中心，随着预引发时间的延长，生成的初始自由基和接枝活性中心都增加，使其与接枝单体进行接枝共聚的程度增大。当然，预引发的时间不宜太长，当预引发时间太长时，自由基之间的终止反应占主导地位，初始自由基和接枝活性中心减少，从而不利于接枝共聚，故预引发时间应控制在适宜的范围内。

丙烯酰胺与淀粉体系的其他反应条件为：淀粉乳浓度为35%，单体用量为40g，单体加入时间为1.5h，过硫酸铵用量为1.2g，分两次加入，两次加入量之比为5∶1，酸解预引发 1h 后调节 pH 为 5.5，接枝反应过程中不充氮气，接枝反应温度为55℃，接枝反应时间为 3h。考察预引发时间对接枝共聚反应的影响,结果见表 3-5。为了简化工艺并缩短反应时间,本研究采用在淀粉酸解的同时加入过硫酸铵的方式,从而达到在强酸性条件下对淀粉进行氧化和预引发的双重目的。引发剂分别在酸解开始时、酸解开始 0.5h 后、酸解结束后加入,其对应的预引发时间分别为 1.0h、0.5h、0.0h。

表 3-5　预引发时间对接枝共聚反应的影响

预引发时间/h	G/%	GE/%	CE/%
0.0	2.17	3.53	32.13
0.5	3.08	3.82	36.61
1.0	6.72	9.12	52.45

由表 3-5 可以看出:随着预引发时间的延长,接枝参数 G、GE 和 CE 均有明显的增加。这主要是由于在预引发过程中,过硫酸铵在强酸性条件下能反应生成硫酸根离子自由基 $SO_4^- \cdot$ 和羟基自由基 $\cdot OH$。这些初始自由基进攻淀粉大分子链形成接枝活性中心,随着预引发时间的延长,生成的初始自由基和接枝活性中心都增加,使其与接枝单体进行接枝共聚的程度增大[30]。另外,由于过硫酸铵在强酸性条件下具有较强的氧化性,因此过硫酸铵在预引发过程中对淀粉具有一定的氧化作用,而淀粉的氧化有利于接枝共聚反应的发生[31],这是因为淀粉经氧化处理后,在淀粉分子的 C2、C3 和 C6 位上生成一定数量的醛基或羧基,它们的存在有利于淀粉分子与引发剂作用生成更多自由基。因此,本研究采用预引发时间为 1.0h,即在淀粉酸解开始时加入过硫酸铵的方式。

2. 酸解时间对接枝共聚反应的影响

淀粉体系的其他反应条件为:淀粉乳浓度为 35%,单体用量为 40g,单体加入时间为 1.5h,酸解开始时加入 1.0g 过硫酸铵,接枝反应进行 1.5h 后再加入 0.2g 过硫酸铵,酸解预引发一定时间后调节 pH 至 5.5,接枝反应温度为 55℃,接枝反应时间为 3h。考察酸解时间对接枝共聚反应的影响,结果见表 3-6 和图 3-13。

表 3-6　酸解时间对接枝共聚反应的影响

酸解时间/h	G/%	GE/%	CE/%
0.0	1.25	2.31	42.1
0.5	3.04	5.12	77.8
1.0	5.89	9.36	89.2
1.5	4.02	7.28	53.9

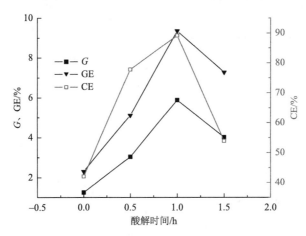

图 3-13　酸解时间对接枝共聚反应的影响

由表 3-6 和图 3-13 可以看出：淀粉酸解预处理对接枝共聚反应影响很大，随着酸解时间的延长，接枝共聚反应的接枝参数 G、GE 先增大后减小。当酸解预引发时间为 1h 时，接枝参数 G、GE 均最大；酸解时间继续延长，接枝参数 G、GE 有所下降。这说明一定程度的酸解有利于淀粉接枝共聚反应的发生。这主要是由于淀粉经酸解后由大分子变成小分子，在水中的热运动加快，空间位阻变小，与单体、引发剂接触的机会增多；另外，过硫酸铵在酸解开始时加入，不但起到氧化的作用，还达到了预引发的目的，因而有利于接枝共聚反应。但是，如果酸解程度过高，淀粉分子太小，则分子热运动太快，不易与单体结合，因此不利于淀粉接枝共聚反应的进行，反应过程中生成的均聚物较多。同时，根据 3.3 节的研究可知，淀粉酸解氧化 1h 能制备一种满足高浓低黏要求的酸解氧化淀粉，该淀粉能很好地应用于胶黏剂行业，因此，本研究采用淀粉在接枝共聚反应前先酸解氧化 1h 的工艺。对淀粉进行适当的酸解处理不仅有利于接枝共聚反应，还能更好地满足其应用于胶黏剂行业的要求。

3. 淀粉乳浓度对接枝共聚反应的影响

淀粉体系的其他反应条件为：单体用量为 40g，单体加入时间为 1.5h，酸解开始时加入 1.0g 过硫酸铵，接枝反应进行 1.5h 后再加入 0.2g 过硫酸铵，酸解预引发 1h 后调节 pH 至 5.5，接枝反应温度为 55℃，接枝反应时间为 3h。考察淀粉乳浓度对接枝共聚反应的影响，结果见表 3-7 和图 3-14。

表 3-7　淀粉乳浓度对接枝共聚反应的影响

淀粉乳浓度/%	G/%	GE/%	CE/%
20	36.62	40.93	85.43

续表

淀粉乳浓度/%	G/%	GE/%	CE/%
25	21.45	21.72	85.79
30	10.83	20.10	88.41
35	9.67	15.32	86.23

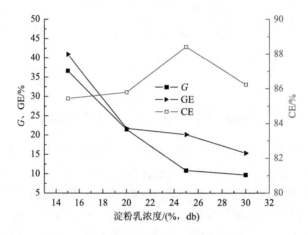

图 3-14　淀粉乳浓度对接枝共聚反应的影响

由表 3-7 和图 3-14 可以看出：接枝参数 G、GE 随着淀粉乳浓度的增加均呈现明显的下降趋势，这可能是由于随淀粉含量的增加，与单位质量的淀粉发生接触的单体数量下降；另外，淀粉乳浓度过大会导致反应体系黏度增加，阻碍了单体向淀粉分子上的活性点的扩散，因此，淀粉乳浓度增大不利于接枝共聚反应的进行。但是，为了满足胶黏剂中固含量的要求，本研究采用的淀粉乳浓度为 35%（db）。

4. 单体与淀粉质量比对接枝共聚反应的影响

丙烯酰胺与淀粉体系的其他反应条件为：淀粉乳浓度为 35%，单体滴加时间为 1.5h，酸解开始时加入 1.0g 过硫酸铵，接枝反应进行 1.5h 后再加入 0.2g 过硫酸铵，酸解预引发 1h 调节 pH 至 5.5，接枝反应温度为 55℃，接枝反应时间为 3h。考察单体与淀粉质量比对接枝共聚反应的影响，结果见表 3-8 和图 3-15。

表 3-8　单体与淀粉质量比对接枝共聚反应的影响

单体与淀粉的质量比	G/%	GE/%	CE/%
0.4	4.51	13.28	73.88
0.6	6.82	13.59	80.03

续表

单体与淀粉的质量比	G/%	GE/%	CE/%
0.8	11.78	17.38	85.96
1.0	13.06	15.83	85.56
1.2	14.17	16.08	76.02

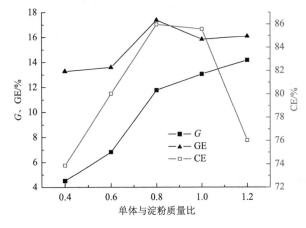

图 3-15　单体与淀粉质量比对接枝共聚反应的影响

由表 3-8 和图 3-15 可以看出：随着单体用量的增加，起始阶段接枝参数 G、GE 和 CE 均有所增加。这主要是由以下原因引起：在一定范围内增加单体浓度，每个自由基平均引发接枝的单体数目增多；单体浓度提高，增加了单体向活性链的扩散速率。随着单体用量的继续增加，GE 和 CE 均有所下降，而 G 一直明显增加，说明随着单体浓度的进一步升高，对接枝共聚反应产生不利影响，原因主要是：单体浓度过高，与接枝反应竞争的均聚反应、链转移反应的反应速率提高；单体浓度过高，过多的均聚物使体系黏度增大，阻碍了单体向淀粉分子上活性点的扩散；单体在水中的溶解度有限，进一步提高单体浓度，对接枝反应速率影响不大。因此，单体用量不宜过大。考虑到胶黏剂应用和成本方面的要求，单体与淀粉质量比为 0.8 左右为宜，同时可以根据应用需要进行改变。

5. pH 对接枝共聚反应的影响

丙烯酰胺与淀粉体系的其他反应条件为：淀粉乳浓度为 35%，单体用量为 40g，单体加入时间为 1.5h，酸解开始时加入 1.0g 过硫酸铵，接枝反应进行 1.5h 后再加入 0.2g 过硫酸铵，酸解预引发 1h 后调节 pH，接枝反应温度为 55℃，接枝反应时间为 3h。考察 pH 对接枝共聚反应的影响，结果见表 3-9 和图 3-16。

表 3-9　pH 对接枝共聚反应的影响

pH	G/%	GE/%	CE/%
2.5	7.68	12.35	78.89
3.0	10.79	15.83	86.73
3.5	16.95	28.92	89.08
4.0	15.36	24.42	90.32
4.5	14.21	22.73	87.62
5.0	12.10	18.67	86.05
5.5	11.13	17.13	85.97
6.0	5.87	7.98	81.29
6.5	5.42	8.15	81.39
7.0	4.25	6.56	80.21
7.5	2.53	4.05	80.03
8.0	2.12	7.13	37.54
8.5	6.18	10.95	66.97
9.0	3.67	9.21	38.87

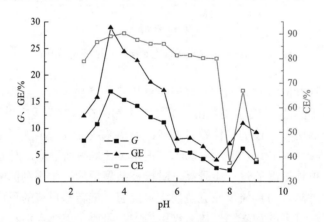

图 3-16　pH 对淀粉接枝共聚反应的影响

　　由表 3-9 和图 3-16 可以看出：pH 对接枝共聚反应影响非常大，在酸性条件下，随着接枝反应过程中 pH 的下降，接枝共聚反应的接枝参数 G、GE 和 CE 均逐渐增大，并在 pH 为 3.5 左右时出现极大值；随着 pH 的进一步下降，G、GE 和 CE 均出现下降的趋势。这主要是由于以下原因[32-34]：①酸促进淀粉颗粒的溶胀，使淀粉链变得松散，从而使单体更易接近淀粉分子活性点；②在较低 pH 下，过硫酸铵的分解速率较快，能生成大量的初始自由基，有利于接枝共聚反应的进行；③酸性环境中，可以减小氧化终止反应的发生概率；pH 太低，淀粉链、均聚物链、接枝支链易被酸解，而且 H^+ 又会充当自由基的终止剂，因而使接枝参数值降低。

另外，在碱性条件下，接枝参数 G、GE 和 CE 均较小，在 pH 为 8.0 左右时达到极小值，说明碱性环境对淀粉的接枝有一定的抑制作用；当 pH 大于 8 时，各接枝参数均有所上升而后又下降，在 pH 为 8.5 左右时达到较大值，这说明过硫酸铵在此 pH 下也能分解生成较多的初始自由基，这与 3.1 节研究的结论基本吻合。但总的来说，在酸性条件下的接枝效果明显好于在碱性条件下。因此，选择在酸性条件下（pH 为 3~4 之间）进行接枝共聚反应比较合适。

6. 接枝反应温度对接枝共聚反应的影响

丙烯酰胺与淀粉体系的其他反应条件为：淀粉乳浓度为 35%，单体用量为 40g，单体加入时间为 1.5h，酸解开始时加入 1.0g 过硫酸铵，接枝反应进行 1.5h 后再加入 0.2g 过硫酸铵，酸解预引发 1h 后调节 pH 至 5.5，接枝反应时间为 3h。考察接枝反应温度对接枝共聚反应的影响，结果见表 3-10 和图 3-17。

表 3-10　接枝反应温度对接枝共聚反应的影响

温度/℃	G/%	GE/%	CE/%
40	0.45	6.34	7.72
45	0.87	7.80	8.43
50	10.73	15.25	85.96
55	15.32	18.35	86.51
60	17.12	20.12	84.69
65	17.53	24.75	85.22
70	25.12	34.67	87.63
75	27.93	38.41	84.50

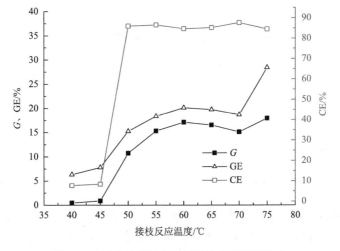

图 3-17　接枝反应温度对接枝共聚反应的影响

从趋势图中可以看到，当温度大于 60℃时，G 和 GE 均有所下降，这主要是由于淀粉开始糊化，黏度显著增大，引发剂和单体的扩散受阻，并且均聚反应速率增大，引发剂与活性链的终止概率增加[34,35]；但是，当接枝反应温度继续增大而超过 70℃时，G 和 GE 又有较大程度的升高，这主要是由于继续升高温度，反应体系的黏度有所下降，引发剂和单体的扩散加剧，有利于接枝共聚反应的进行。但温度过高会使反应条件过于苛刻，因此，接枝反应温度宜控制在糊化温度以下，即 55℃左右。

由表 3-10 和图 3-17 可以看出，随着接枝反应温度的升高，开始阶段接枝参数 G 和 GE 均明显增大；当接枝反应温度超过糊化温度后，G 和 GE 有所下降，而后又升高。这是由于温度升高，有利于淀粉分子的溶胀，膨胀后淀粉颗粒的表面积增大，增加了与单体发生接触的概率；同时提高了单体在水中的溶解度，使其较易扩散到淀粉分子周围而参加接枝共聚反应；而且根据 3.1 节研究发现，随着温度的升高，过硫酸铵在热分解过程中生成初始自由基的量显著增加，引发产生的淀粉自由基浓度增大，使链引发和链增长反应加快，促进淀粉与单体接枝，因而接枝反应温度在糊化温度以下时，G 和 GE 均有大幅度的提高，说明提高接枝反应温度对接枝共聚反应非常有利。

7. 接枝反应时间对接枝共聚反应的影响

丙烯酰胺与淀粉体系的其他反应条件为：淀粉乳浓度为 35%，单体用量为 40g，单体加入时间为 1.5h，酸解开始时加入 1.0g 过硫酸铵，接枝反应进行 1.5h 后再加入 0.2g 过硫酸铵，酸解预引发 1h 后调节 pH 至 5.5，接枝反应温度 55℃。考察接枝反应时间对接枝共聚反应的影响，结果见表 3-11 和图 3-18。

表 3-11　接枝反应时间对接枝共聚反应的影响

接枝反应时间/h	G/%	GE/%	CE/%
2.0	4.09	7.95	57.00
2.5	5.23	7.89	77.33
3.0	11.77	16.38	85.96
3.5	13.03	18.18	87.54
4.0	13.35	19.50	88.35

由表 3-11 和图 3-18 可以看出：接枝反应时间在 4h 以内，随着接枝反应时间的延长，接枝参数 G、GE 和 CE 开始阶段呈快速递增趋势，3h 以后 G、GE 和 CE 的增长速率缓慢。这主要是由于反应开始时，接枝共聚物的浓度较小，单体和引

发剂浓度相对较大，反应速率较快，因而 G、GE 和 CE 均随反应时间的增加而快速增大；当反应进行一段时间后，接枝共聚物的浓度增大，单体和引发剂浓度逐渐减少，反应速率明显减慢；同时大部分引发剂已经与体系中的淀粉大分子链上的葡萄糖单元通过 C_2—C_3 形成络合物，均聚反应概率增加，且淀粉上的接枝点已大量减少，加之体系黏度较大，单体难于扩散到淀粉分子活性点附近进行接枝反应，因此 G、GE 和 CE 的增长速率明显放慢。从反应效率和成本方面考虑，接枝共聚反应的时间以 3h 左右为宜。

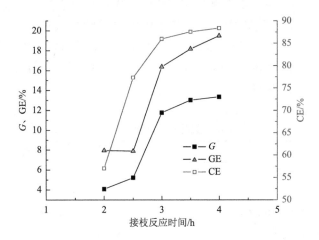

图 3-18　接枝反应时间对接枝共聚反应的影响

3.4.4　接枝共聚反应条件的优化方案

归纳 3.4.3 节单影响因素的分析，得出如表 3-12 所示的优化接枝共聚反应条件。

表 3-12　接枝共聚反应工艺的优化方案

因素	方案
预引发时间/h	1
酸解预处理时间/h	1
淀粉乳浓度/%	35
单体与淀粉质量比	0.8
pH	3.5
反应温度/℃	55
反应时间/h	3

3.5　复合变性淀粉的理化性质及结构分析与表征

3.5.1　理化性质分析

1. 羧基含量

由表 3-13 可知，酸解淀粉和酸解氧化淀粉均具有一定含量的羧基。在不加氧化剂的情况下，淀粉在酸解过程中与空气中的氧气接触，会产生很小的氧化作用；而在过硫酸铵的作用下，淀粉在酸解过程中能被较好地氧化，因此其羧基含量相对较高。氧化反应时间较短，并且过硫酸铵用量较少，说明过硫酸铵在强酸性条件下对淀粉的氧化效率较高。

表 3-13　酸解氧化淀粉的羧基含量

试样	羧基含量/%（占淀粉干基百分数）
玉米原淀粉	0.0000
酸解淀粉	0.0098
酸解氧化淀粉	0.0565
复合变性淀粉	0.0342

2. 体积

通过测定复合变性淀粉的沉淀体积，考察其凝沉性。由表 3-14 可见，酸解淀粉凝沉性甚至不如玉米原淀粉，这是由于酸解度较低，轻微降解后的淀粉分子更易于相互缔合。而酸解氧化淀粉由于增加了羧基含量，与水分子易于亲和，凝沉性明显提高。酸解氧化淀粉在与丙烯酰胺接枝共聚后，进一步提高了淀粉的支化度和水乳液的稳定性。

表 3-14　酸解氧化淀粉的沉淀体积

试样	沉淀体积/mL	现象
玉米原淀粉	28.6	分层，上层为透明液
酸解淀粉	22.8	分层，上层为透明液
酸解氧化淀粉	85.3	分层不显著，上层为不透明
复合变性淀粉	95.2	基本不分层

3. Brabender 黏度曲线

依据 2.2.2 节中 4 的方法对变性淀粉（浓度均为干基 10%）进行测定。结果见图 3-19 及表 3-15。

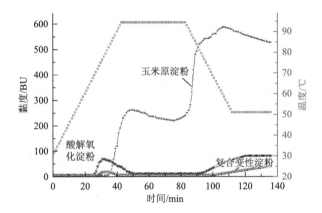

图 3-19　酸解氧化淀粉的 Brabender 曲线

表 3-15　酸解氧化淀粉的 Brabender 数据

试样	成糊温度 A/℃	冷热糊黏度比	降落值 $B-D$/BU	回生值 $E-D$/BU
玉米原淀粉	82.5	580	40	360
酸解氧化淀粉	70.0	50	60	50
复合变性淀粉	76.5	20	10	20

由图 3-19 和表 3-15 可以看到，酸解氧化淀粉的成糊温度略低于复合变性淀粉；在相同的质量分数下，复合变性淀粉和酸解氧化淀粉糊的黏度值远低于玉米原淀粉，这主要是由于淀粉在酸解、氧化和接枝共聚过程中，分子聚合度降低，产品黏度大大下降。相比于酸解氧化淀粉，复合变性淀粉具有较低的冷热糊黏度比，这说明接枝共聚能明显降低酸解淀粉的冷糊黏度，有利于室温下高浓低黏淀粉糊的配制；复合变性淀粉的热糊稳定性与酸解氧化淀粉比较接近，而凝沉性有了较大改善，说明复合变性淀粉不容易回生，有利于在胶黏剂中的应用。

4. 特性黏度的测定

分析变性淀粉分子量的变化，采用 2.2.2 节中 5 所述的方法，测定淀粉的特性黏度。从图 3-20 和图 3-21 及表 3-16 不难看出，复合变性淀粉分子量较原淀粉明显降低。

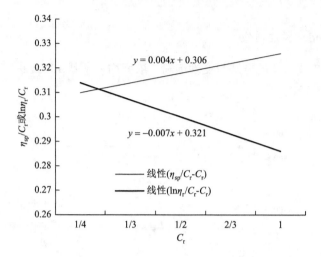

图 3-20　玉米原淀粉的 η_{sp}/C_r 和 $\ln\eta_r/C_r$ 与 C_r 的关系（$H = 0.3135$，$[\eta] = 628.26\text{mL/g}$）

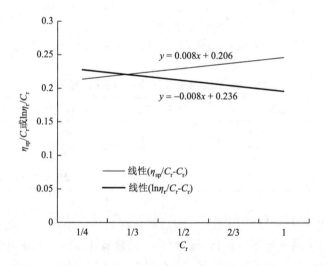

图 3-21　复合变性淀粉的 η_{sp}/C_r 和 $\ln\eta_r/C_r$ 与 C_r 的关系（$H = 0.221$，$[\eta] = 440.24\text{mL/g}$）

表 3-16　淀粉的特性黏度参数

试样	浓度/(g/mL)	流出时间/s	相对黏度	增比黏度
	C_0	78.57	1.33	0.33
玉米原淀粉	$2/3\,C_0$	71.46	1.21	0.21
$C_0 = 0.000499\text{g/mL}$	$1/2\,C_0$	68.46	1.16	0.16
质量 0.3895g	$1/3\,C_0$	65.24	1.1	0.1
	$1/4\,C_0$	63.75	1.08	0.08

试样	浓度/(g/mL)	流出时间/s	相对黏度	增比黏度
复合变性淀粉 $C_0 = 0.000502$ g/mL 质量 0.3921g	C_0	75.24	1.27	0.27
	2/3 C_0	68.16	1.15	0.15
	1/2 C_0	65.37	1.1	0.15
	1/3 C_0	63.15	1.07	0.07
	1/4 C_0	62.53	1.06	0.06

注：空白试验流出时间为 59.19s。

3.5.2　红外光谱分析

　　玉米原淀粉、酸解淀粉、酸解氧化淀粉和酸解氧化淀粉接枝丙烯酰胺共聚物的红外光谱图见图 3-22。各谱带的波数、强度、谱带归属、振动类型等谱图归属见表 2-5。

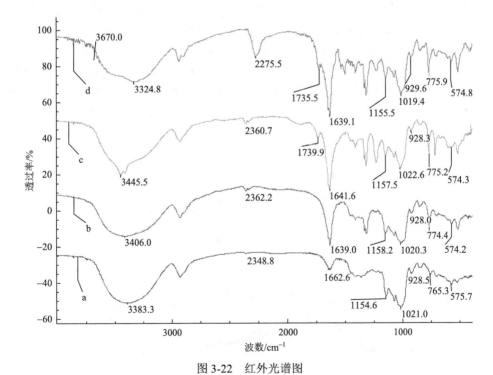

图 3-22　红外光谱图

a. 玉米原淀粉；b. 酸解淀粉；c. 酸解氧化淀粉；d. 酸解氧化淀粉接枝丙烯酰胺共聚物

　　从图 3-22 中曲线 a、b 可以看出，玉米原淀粉和酸解淀粉的红外光谱图基本一致。

根据文献[36]、[37]，从红外光谱图 3-22 曲线 c 可以看出，在 3445.5cm^{-1} 处，由于羧基和羟基缔合形成氢键，出现了较强和较宽的伸缩振动吸收峰，并伴有肩峰。谱图除了保持 574.3cm^{-1}、775.2cm^{-1}、928.3cm^{-1}、1022.6cm^{-1} 和 1157.5cm^{-1} 处淀粉特征吸收峰之外，在 1739.9cm^{-1} 出现一个新的吸收峰，该峰显然为接枝支链中 C $=$ O 的特征吸收峰，表明酸解氧化淀粉与丙烯酰胺发生了接枝共聚反应。

另外，谱图上在波数为 3670cm^{-1} 处出现微弱的吸收峰，该吸收峰主要是由淀粉分子中羟基（—OH）发生伸缩振动产生的，这可能是由于淀粉分子与丙烯酰胺的接枝点处的一个葡萄糖残基仍保留在接枝支链上。这一点也表明了酸解氧化淀粉与丙烯酰胺发生了接枝共聚反应。

3.5.3 X 射线衍射分析

淀粉颗粒是由结晶区和无定形区组成的一种半结晶结构，X 射线衍射分析可获得明显的 Devye-Scheme 氏图形，从而确定晶型细节[38-42]。对淀粉改性的反应是发生在结晶区还是无定形区，可以用 X 射线衍射分析方法，比较原淀粉和改性后淀粉的 X 射线衍射图，从而作出判断[42-45]。对玉米原淀粉和酸解氧化淀粉接枝丙烯酰胺共聚物进行 X 射线衍射分析，得到 X 射线衍射图，其试验结果如图 3-23 和表 3-17、表 3-18 所示。

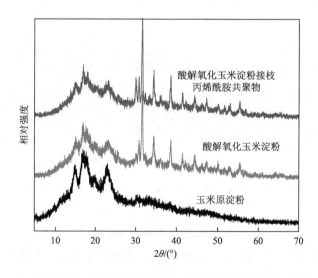

图 3-23　玉米淀粉和酸解氧化淀粉接枝丙烯酰胺共聚物的 X 射线衍射图

表 3-17　玉米淀粉的 X 射线衍射数据

特征峰	峰参数							
	$2\theta/(°)$	$D/\text{Å}$	BG	峰高	$I_1/\%$	峰积分面积	$I_2/\%$	FWHM
1	15.12	5.8549	4408	2204	100.0	96291	100.0	0.743
2	17.12	5.1754	6735	1334	60.5	49884	51.8	0.636
3	18.06	4.9075	6848	1142	51.8	36019	37.4	0.536
4	20.14	4.4052	4884	619	28.1	24429	25.4	0.671
5	23.28	3.8178	5110	1576	71.5	88587	92.0	0.956
6	26.56	3.3531	3281	287	13.0	8749	9.1	0.488
7	30.42	2.9360	3167	282	12.8	7310	7.6	0.415
8	33.24	2.6929	3132	137	6.2	5032	5.2	0.588

注：2θ 表示衍射角；D 表示晶面距离；BG 表示背底计数或强度；I_1 表示峰高百分比；I_2 表示峰面积百分比；FWHM 表示峰半宽度；下同。

表 3-18　酸解氧化淀粉接枝丙烯酰胺共聚物的 X 射线衍射数据

特征峰	峰参数							
	$2\theta/(°)$	$D/\text{Å}$	BG	峰高	$I_1/\%$	峰积分面积	$I_2/\%$	FWHM
1	14.98	5.9092	5168	1556	100.0	77029	100.0	0.836
2	17.09	5.1812	6267	1203	76.8	65792	85.5	0.930
3	17.92	4.9453	6724	589	37.6	13429	17.5	0.388
4	20.02	4.4318	5247	197	12.6	7107	9.3	0.577
5	22.80	3.8971	5319	1128	72.0	61159	79.4	0.922
6	26.16	3.4035	3419	179	11.4	8643	11.2	0.773
7	30.29	2.9494	2870	227	14.5	7013	9.1	0.494
8	38.36	2.3446	2156	177	11.5	9413	12.2	0.851

从图 3-23 和表 3-17 的数据可以看出，玉米淀粉在 2θ 为 15.12°、17.12°、18.06°、20.14°、23.28°、26.56°、30.42°、33.24°处分别有强峰吸收，这说明玉米淀粉的结晶型为 A 型。从图 3-23 和表 3-18 的数据可以看出，酸解氧化淀粉接枝丙烯酰胺共聚物在 2θ 为 14.98°、17.09°、17.92°、20.02°、22.80°、26.16°、30.29°、38.36°时呈现明显的吸收峰，其 X 射线衍射图样与玉米淀粉的特征谱线基本一致，表明其晶体结构是相同的。这说明酸解氧化淀粉接枝丙烯酰胺共聚物的晶型仍为 A 型，淀粉经过酸解氧化、接枝共聚变性后颗粒依然保持玉米原淀粉的结晶结构，由此推测，玉米淀粉的酸解氧化、接枝共聚反应主要发生在无定形区。

3.5.4　扫描电子显微镜分析

采用扫描电子显微镜观察了接枝共聚物的颗粒形貌特征，放大 2000 倍，其试验结果见图 3-24。

图 3-24　酸解氧化淀粉及其接枝共聚物的扫描电子显微镜图

（a）玉米淀粉（×2000）；（b）酸解氧化淀粉（×2000）；（c）接枝共聚物（×2000）

从图 3-24（a）可以看出，玉米淀粉颗粒呈圆形、椭圆形和多角形，表面较光滑完整、结构紧密。从图 3-24（b）可以看出，酸解氧化淀粉仍为颗粒状，且形状与玉米原淀粉非常相似，但是酸解氧化淀粉的一些颗粒出现破碎，说明酸解氧化没有破坏玉米淀粉颗粒的基本形貌，但是酸对淀粉颗粒有一定的侵蚀作用。

从图 3-24（c）可以看出，淀粉接枝共聚物的颗粒扭曲变形，表面粗糙且有一些空隙。SEM 照片说明淀粉与单体发生了接枝共聚反应，从而造成了淀粉颗粒表面的微观结构发生了显著变化；淀粉颗粒基本保持完整，颗粒表面粗糙且出现空隙。

3.6　本　章　小　结

（1）从过硫酸铵在水溶液中的热分解机理可以看出，过硫酸铵在热分解过程中能生成具有引发活性的硫酸根离子自由基 SO_4^-· 和羟基自由基·OH，这两种初始自由基能引发淀粉产生淀粉自由基，成为接枝反应的活化中心；过硫酸铵在热分解过程中能释放出活性氧，从而对淀粉产生一定的氧化作用。

（2）通过对过硫酸铵生成初始自由基的机理及影响因素进行研究，可以优化出过硫酸铵引发淀粉或单体进行接枝共聚的工艺参数。

（3）采用玉米淀粉为原料、盐酸为酸解催化剂、过硫酸铵为氧化剂可以在较短时间里制备一种黏度较低并具有一定氧化程度的酸解氧化淀粉。淀粉在酸解的同时进行氧化，可以缩短反应时间，提高反应效率。

（4）酸解氧化淀粉具有酸解淀粉和氧化淀粉的双重性质。和酸解淀粉相比，其冷糊黏度较低且抗凝沉性较好，具有黏度低、黏接性好、稳定性高等优点，能较好地应用于胶黏剂行业；有利于室温下高浓低黏淀粉乳液的配制。

（5）引发剂对淀粉接枝共聚反应的影响非常显著。控制反应条件和制备工艺，使引发剂的引发效果达到最好，对酸解氧化淀粉接枝丙烯酰胺共聚反应尤为关键。对于酸解氧化淀粉接枝丙烯酰胺体系，在浓度相同的情况下，过硫酸铵引发效果最佳；引发剂采取分阶段加入的方式有利于接枝共聚反应的进行，第一次在酸解开始时加入，第二次在接枝反应开始 1.5h 后加入，这样既可以达到预引发的目的，又能对淀粉起到一定的氧化作用。两次引发剂的最佳用量分别为淀粉干基质量的 2.25% 和 0.45%。

（6）其他反应条件如酸解氧化时间、淀粉乳的浓度、淀粉与单体质量比、pH、接枝反应温度和接枝反应时间等因素都对接枝共聚反应产生影响。调整接枝反应条件，可以控制接枝共聚物的组成或得到性能较优的淀粉接枝共聚物。通过单因素试验发现，当酸解氧化时间为 1h、淀粉乳浓度 35%、淀粉与单体质量比为 0.8、pH 为 3～4 之间、接枝反应温度在糊化温度以下，即 55℃左右、反应时间为 3h 左右时，接枝共聚反应的接枝参数 G 和 GE 最大。

（7）对变性玉米淀粉理化分析表明，酸解氧化接枝淀粉与玉米原淀粉相比：羧基含量增加；沉降体积增大；成糊温度降低、热糊稳定性提高、冷糊黏度明显降低；反映淀粉分子量大小的特性黏度降低。这些理化性能的改善均有利于木材胶黏剂的制造。

（8）FTIR 分析结果表明，酸解氧化淀粉接枝丙烯酰胺共聚物除了保持淀粉的特征吸收峰外，在 1739.1cm^{-1} 处出现一个新的吸收峰，该峰为接枝支链中 C＝O 的特征吸收峰，表明酸解氧化淀粉与丙烯酰胺发生了接枝共聚反应。

（9）X 射线衍射结果表明，酸解氧化淀粉接枝丙烯酰胺共聚物的晶型为 A 型，说明淀粉经过酸解氧化、接枝共聚变性后颗粒依然保持玉米原淀粉的结晶结构，由此推测，玉米淀粉的酸解氧化、接枝共聚反应主要发生在无定形区。

（10）SEM 扫描形貌说明：淀粉与单体发生了接枝共聚反应，从而造成淀粉颗粒表面的微观结构发生了显著变化；淀粉颗粒基本保持完整，颗粒表面粗糙且出现空隙。

参 考 文 献

[1] 顾正彪. 生物化学发光测量仪在淀粉接枝共聚反应中的应用[J]. 中国粮油学报，2002，17（2）：1-5.

[2] 泽田秀雄. 聚合反应热力学[M]. 北京：科学出版社，2002.

[3] 洪雁，顾正彪. 变性淀粉在食品工业中的应用[J]. 食品科技，2002，11：44-46.

[4] 张燕萍. 变性淀粉制造与应用[M]. 北京：化学工业出版社，2001.

[5] 尚小琴，梁红，郑成，等. Ce^{4+}引发体系对淀粉接枝共聚反应的影响研究[J]. 化学世界，2001，5：245-247.

[6] 陈密峰，李昕，张晶蓉. 化学引发合成淀粉接枝共聚物的研究进展[J]. 化学世界，2000，41（9）：451-454.

[7] 沈勇，张成林，夏远亮. 淀粉接枝丙烯酰胺聚合中几种引发剂的研究[J]. 黑龙江八一农垦大学学报，2002，14（4）：88-89.

[8] 孙载坚. 接枝共聚合[M]. 北京：化学工业出版社，1992.

[9] 李浪，周平，杜平定. 淀粉科学与技术[M]. 郑州：河南科学技术出版社，1994.

[10] 曹同玉. 聚合物乳液合成原理性能及应用[M]. 北京：化学工业出版社，1997.

[11] Athawale V D, Rathl S C. Graft polymerization: starch as a model substrate[J]. Journal of Macromolecular Science, Part C, 1999, 39（3）：445-480.

[12] 陈密峰，朱琳晖，吉彦. 引发剂在淀粉接枝反应中的研究与应用[J]. 化学世界，2001，（3）：153-156.

[13] Patil D R, Fanta G F. Graft copolymerization of starch with methyl acrylate: an examination of reaction variables[J]. Journal of Applied Polymer Science, 1993, 47（10）：1765-1772.

[14] 张友松. 变性淀粉生产与应用手册[M]. 北京：中国轻工业出版社，1999.

[15] Wurzburg O B. Modified starches[M]//Wurzburg O T. Food Science and Technology. New York: Marcel Dekker, 1995: 67.

[16] Blackley D C. Emulsion Polymerization: Theory and Practice[M]. London: Applied Science, 1975.

[17] Whistler R L, Bemiller J N, Paschall E F. Starch: Chemistry and Technology[M]. 2nd ed. New York: Academic Press, 1984: 535.

[18] 沈建福，吴晓琴，叶立扬，等. 马铃薯酸解淀粉的研究[J]. 浙江农业大学学报，1997，3（3）：297-300.

[19] Chattopadhyay S, Singhal R S, Kulkarni P R. Optimization of conditions of synthesis of oxidized starch from corn and amaranth for use in film-forming applications[J]. Carbohydrate Polymers, 1997, 34: 203-212.

[20] Wang Y J, Wang L F. Physicochemical properties of common and waxy corn starches oxidized by different levels of sodium hypochlorite[J]. Carbohydrate Polymers, 2003, 52: 207-217.

[21] 罗发兴，黄强，杨连生. 淀粉基胶粘剂研究进展[J]. 化学与粘合，2003，（2）：79-80.

[22]　崔中敏. 玉米淀粉粘合剂氧化反应探讨[J]. 粘接，1997，18（2）：9-11.

[23]　朱苓. 氧化淀粉的生产与应用[J]. 现代化工，1998，18（4）：41-42.

[24]　谢文磊，冯光炫，李和平，等. 粮油化工产品化学与工艺学[M]. 北京：科学出版社，1998.

[25]　Athawale V D，Rathi S C. Role and relevance of polarity and solubility of vinyl monomers in graft polymerization onto starch[J]. Reactive & Functional Polymers，1997，34：11-17.

[26]　李爱秀. 红外光谱法分析淀粉接枝聚丙烯酸共聚物的各级结构[J]. 光谱实验室，2003，20（4）：486-488.

[27]　Fanta G F，Burr R C，Doane W M. Polymerization of alkyl acrylates and alkyl methacrylates with starch[J]. Journal of Applied Polymer Science，1980，25：2285-2294.

[28]　Tucker P S，Millson B M，Dollberg D D. Determination of polyacrylate super absorbent polymers in air[J]. Analytical Letters，1993，26（5）：965-980.

[29]　喻发全，黄世英，刘艳萍，等. 紫外光引发淀粉接枝丙烯腈的研究[J]. 高分子材料科学与工程，1998，14（2）：31-33.

[30]　刘晓洪，崔卫纲，黄翠蓉. 聚丙烯纤维与丙烯酸接枝共聚反应的研究[J]. 合成纤维工业，2000，23（4）：19-21.

[31]　林本农，唐健玲，黄身歧，等. 新型高分子材料——淀粉接枝共聚物超吸水剂的研究[J]. 中国粮油学报，1995，10（3）：39-46.

[32]　Athawale V D，Lele V. Graft copolymerization onto starch. Ⅱ. Grafting of acrylic acid and preparation of its hydrogels[J]. Carbohydrate Polymers，1998，35：21-27.

[33]　Patil D R，Fanta G F. Graft copolymerization of starch with methyl acrylate：an examination of reaction variables[J]. Journal of Applied Polymer Science，1993，47（10）：1765-1772.

[34]　Athawale V D，Rathl S C. Graft polymerization：starch as a model substrate[J]. Journal of Macromolecular Science，Part C，1999，C39（3）：445-480.

[35]　Mishra B N，Dogra D R，Kaur I，et al. Grafting onto starch. Ⅱ. Graft copolymerization of vinyl acetate onto starch by radical initiator[J]. Journal of Polymer Science：Polymer Chemistry Edition，1980，13：341-344.

[36]　吴华平，饶瑾，杨秀树，刘庭菘，孙芳利. 甲基丙烯酸羟乙酯/甲基丙烯酸甲酯交联聚合物在木材中原位构建及对其尺寸稳定性影响[J]. 西北林学院学报，2018，33（04）：193-197.

[37]　Gao J P，Tian R C，Zhang L M. Graft copolymerization of vinyl monomers onto starch initiated by transition metal-thiourea redox systems[J]. Chinese Journal of Polymer Science，1996，14（2）：163-171.

[38]　Levail P，Bizot H，Buleon A. B-type to A-type phase transition in short amylose chains[J]. Carbohydrate Polymer，1993，21（2-3）：99.

[39]　Pérez S，Imberty A，Scaringe R P. Modeling of Interactions of Polysaccharide Chains[J]. ACS Symposium Series，1990：281-299.

[40]　lmberty A，Chanzy H，Perez S. New three-dimensional structure for A-type starch[J]. Macromolecules，1987，20：2634.

[41]　Hinrichs W，Buttner G，Steifa M，et al. An amylose antiparallel double helix at atomic resolution[J]. Science，1987，238：205.

[42]　Imberty A，Perez S. A revisit to the three-dimensional structure of B-type starch[J]. Biopolymers，1988，27：1205.

[43]　张力. 经丙烯酸共聚物改性的淀粉糊的流变性能的研究[J]. 食品科学，2000，21（7）：7-21.

[44]　周世英，吴嘉根，杨哲峰. 淀粉与丙烯酰胺接枝共聚物性质的研究[J]. 无锡轻工业学院学报，1992，11（3）：223-228.

[45]　杨铭铎，曲敏，姚伟艳. 氧化玉米淀粉磷酸酯的研究（Ⅱ）——基本性质的探讨[J]. 中国粮油学报，2001，16（5）：50-54.

第4章 利用复合变性淀粉制备淀粉基 API 的研究

向淀粉分子中引入适量高反应活性的—NCO，制备水性高分子-异氰酸酯（API）木材胶黏剂。既发挥了淀粉这一天然多元醇的巨型分子的作用，在大幅度地降低 API 木材胶黏剂的原料成本的同时，又进一步提高了传统 API 胶黏剂的绿色化程度。

根据 API 木材胶黏剂的组成，采用前面研制的酸解氧化接枝丙烯酰胺复合变性淀粉为 API 主剂的分散相，通过加入的二元酸对变性淀粉的部分酯化后，与 API 主剂中的连续相聚乙烯醇部分交联，以便实现胶黏剂主剂储存稳定、胶合强度高、与 P-MDI 固化反应充分的目的。

本项研究，通过调节复合变性淀粉乳液、二元酸、聚乙烯醇、P-MDI 不同的配比，以拉伸剪切强度或压缩剪切强度为评价目标，制备出满足日本 JIS K 6806—2003 指标要求的淀粉基 API。

因为淀粉基 API 主剂是水溶性的，而 P-MDI 是油溶性的低表面能的液体，只能溶于有机溶剂，简单的机械混合不能保证两者的均匀相混，易导致淀粉基 API 局部交联度过高，而乙酸部分交联度不足，这对胶合强度和耐水性都将产生不利的影响。PVA 与十二烷基磺酸钠的作用恰好能使亲油性的 P-MDI 很好地乳化，均匀分散于水溶性主剂中。

传统的 API 胶黏剂，一般采用对 P-MDI 中的—NCO 基团进行暂时封闭，当木材胶合制品在热压时，胶黏剂在高温下使封闭剂解离，又释放出—NCO，这时释放出的游离—NCO 再与淀粉基 API 主剂中的活性基团以及木材结构中的活性基团起交联反应，达到延长适用期的目的。但存在的问题是：①活性期延长幅度有限，容易造成一定数量的 P-MDI 损耗；②胶膜干燥速度快，易产生局部胶合不良的缺陷。

由于玉米淀粉富含大量羟基，而羟基之间易于形成大量氢键，在水溶液中与水分子形成缔合体。这一方面弥补了传统 API 胶膜易产生失水干燥的缺陷，另一方面由于淀粉中部分羟基与聚乙烯醇羟基通过二元酸形成酯键交联，改性后的淀粉基 API 主剂具有水胶体的性质，室温下与 P-MDI 直接混合后，胶黏剂具有较好的稳定性，适用期足以满足 I 型或 II 型胶接工艺的要求。经试验验证，采用淀粉基 API 的主剂，交联剂 P-MDI 不需封闭即可直接使用。

4.1 材料与方法

4.1.1 试验材料及设备

1. 复合变性的玉米淀粉

采用第 3 章研制的酸解氧化接枝丙烯酰胺复合变性的玉米淀粉,其质量指标如表 4-1 所示。

表 4-1 复合变性玉米淀粉质量指标

外观	不挥发物含量/%	黏度/(mPa·s)	pH	水混合性/倍	储存稳定性/h
乳白色	33.6~35.2	1000~1500	3.5~7.5	2~4	20~25

注:各指标的测定依据 LY/T 1601—2011 规定的方法进行。

2. 单板及木块

(1)试验用单板:取自敦化森泰木业有限责任公司,为杨木旋切单板,厚度为 1.5mm,含水率 8%~10%,密度 0.45~0.60g/cm³,预先裁剪成幅面 300mm×300mm。

(2)木块:木块采用长白山柞木,含水率 6%~12%,密度 0.67~0.77g/cm³,规格为 30mm×20mm×10mm。由敦化市金海木业有限公司提供。

3. 淀粉 API 主剂制造装置

实验室制胶装置结构如图 4-1 所示。其中三口烧瓶的温度计的插口在需要时可将内温温度计更换成加料漏斗等,作为投料时的加料口。

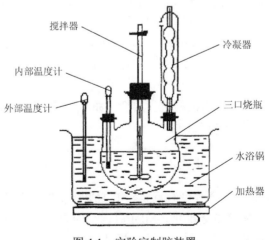

图 4-1 实验室制胶装置

4.1.2　试验方法

1. 酸解氧化接枝丙烯酰胺变性玉米淀粉制备

按第 3 章优化的复合变性玉米淀粉工艺制备：取浓度 0.5mol/L 盐酸溶液 100mL，加入 1000mL 的三口烧瓶中，开动搅拌器，均匀地加入 55g 玉米淀粉和 158g 自来水，升温至 55℃。再加入 1.0g 过硫酸铵，55℃保温 60min。然后用 30%的 NaOH 溶液调节 pH 至 5.5 后，在 1.5h 内均匀加入 40g 丙烯酰胺。55℃保温 1.5h 后，再次加入 0.2g 过硫酸铵。在 55℃继续保温 1.5h，加入适量 10%亚硫酸氢钠溶液，使剩余的氧化剂还原，终止反应。降温至室温放出，分析检测后备用。

2. 聚乙烯醇水溶液、乙二酸溶液的制备

取一定量聚乙烯醇以 12%、8%浓度分别加入适量水至 1000mL 三口烧瓶中，通过水浴升温至 95℃，保温 1h，待其完全溶解并降至室温后加入占聚乙烯醇量 0.1%的十二烷基磺酸钠和聚乙烯醇量 3%的羧甲基纤维素，充分搅拌 30min 后降至室温放出，分别制得两种 PVA 水溶液以分别用于 I 型和 II 型淀粉基 API。

取一定量乙二酸，按 30%的浓度加入适量水，在不停地搅拌下升温至 50℃，保温至乙二酸全部溶解。降至室温备用。

3. 淀粉基 API 主剂的制备

（1）取一定量上述 1 制备的复合变性淀粉加入到 1000mL 三口烧瓶中，开动搅拌器并加热升温至 45℃保温。

（2）依据正交试验表，补充应加入的玉米原淀粉量，以保证主剂不挥发物不低于 30%。用 3%的 NaOH 溶液调节 pH 至 8.5。

（3）在不停搅拌下，在 20min 内均匀导入聚乙烯醇水溶液；然后在 120min 内每隔 10min 交替加入碱液和乙二酸，即加入碱液使 pH 上升到 9，再加入乙二酸使 pH 降到 6，再次加入碱液、乙二酸。如此反复操作，直到乙二酸全部加完为止。

（4）最后，加入绝干玉米淀粉总量的 0.1%的苯甲酸钠，搅拌 30min 后，降至室温放出，即制得淀粉基 API 主剂。

4. 淀粉基 API 制备的试验设计

淀粉基 API 选定对胶合强度有重要影响的复合变性淀粉乳液（浓度 35%）、酯化剂二元酸、聚乙烯醇和交联剂 P-MDI 等四个因素作为影响变量，采用 $L_{16}(4^5)$ 正交试验表，安排试验。以压制三层胶合板或胶合木检测出的剪切强度值作为指标，冷压或热压的Ⅰ类高耐水剪切强度试验因素水平见表 4-2；冷压或热压的Ⅱ类耐水剪切强度试验因素水平见表 4-3。

表 4-2 Ⅰ型淀粉基 API 制胶正交试验因素水平表

水平	复合变性淀粉乳(A)/g	乙二酸(B)/g	聚乙烯醇溶液(12%)(C)/g	P-MDI(D)/%
1	50	6	15	20
2	55	8	20	15
3	60	10	25	10
4	65	12	30	5

表 4-3 Ⅱ型淀粉基 API 制胶正交试验因素水平表

水平	复合变性淀粉乳(A)/g	乙二酸(B)/g	聚乙烯醇溶液(C)(8%)/g	P-MDI(D)/%
1	55	10	15	15
2	60	15	20	12
3	65	20	25	8
4	70	25	30	6

通过大量的试验探索，确定二元酸选用乙二酸 30% 的水溶液，聚乙烯醇采用 1799 型 12%、8% 水溶液。由复合变性淀粉乳液（35%）、乙二酸（30%）、聚乙烯醇（12%、8%）组成的主剂非挥发物含量≥30%（若不足可通过加入适量的玉米原淀粉调整）。由此构成淀粉基 API 主剂，交联剂 P-MDI 加入量按 100 份主剂（不挥发物≥30%）加入 5～20 份计算。

5. 热压工艺的正交试验

探索应用已确定的最佳制胶工艺制得的淀粉基 API 压制胶合板的最佳热压工艺。采用前期正交试验确定的最佳制胶工艺配方，将最佳淀粉基 API 用于压板正交试验。选定热压温度、单位压力、热压时间作为影响因素，采用 $L_9(3^4)$ 正交试验表，安排试验，留出一列空白列作为误差项，各因素的不同水平如表 4-4 所示。将压制的三层胶合板用于检验Ⅰ、Ⅱ类耐水胶合强度，以确定适于该胶黏剂的最佳热压工艺。

表 4-4 热压工艺正交试验因素水平表

水平	温度(A)/℃	压力(B)/MPa	时间(C)/min
1	105	1.2	2.5
2	115	0.8	3.5
3	125	1.0	4.5

4.1.3　测定方法

1. 不挥发物的测定

按 GB/T 2793—1995 的规定进行。

2. 黏度的测定

按 GB/T 2794—2013 的规定进行。

3. 适用期的测定

按 GB/T 7123.1—2015 中规定的进行。按规定的时间测定胶黏剂的胶接强度，以胶接强度低于要求的规定值的时间作为胶黏剂的活性期。

4. 压缩剪切强度的测定

Ⅰ型Ⅰ类淀粉基 API 进行常态和反复煮沸试验。

Ⅰ型Ⅱ类淀粉基 API 进行常态和热水浸渍试验。

（1）试件：试件的尺寸为 30mm×25mm×10mm，如图 4-2（a）所示。胶接面加工平滑，主纤维方向与试片的轴相平行。试片从 3 个不同的木块上截取，每个木块制备 3 个试件并编为一组。

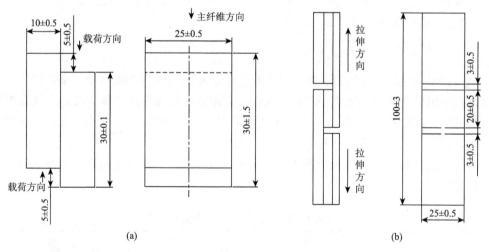

图 4-2　压缩剪切强度（a）和拉伸剪切强度（b）实验用试件的尺寸（单位：mm）

（2）试件的制作：试片称量后进行配对，以使相邻密度的试片作为一个试件。

将主剂与交联剂按一定比例混合均匀，分别涂在两块试片的胶接面上，涂胶量为
(125 ± 25) g/m^2。将两试片按同纤维方向层积成试件，陈放时间不超过 5min。在
20～25℃下以 1.0～1.5MPa 的压力加压 24h 后，解除压力，将试样在同样温度下
放置 72h。如此制作 12 个试件，分别测量其胶接面的长度和宽度。

（3）试件的处理：①常态：将试件置于温度（23±2）℃，相对湿度（50±5）%
的室内 48h 后进行。②热水浸渍：将试件置于（60±3）℃的热水中浸渍 3h，取
出后置于室温水中冷却 10min 后立即进行测试。试件浸渍时应将试件全部浸入热
水中并加盖。③反复煮沸：将试件置于沸水中煮 4h，然后在（60±30）℃的空气
对流干燥箱中干燥 20h，再在沸水中煮 4h，取出后于室温水中冷却 10min 后立即
进行测试。试件浸渍时应将试件全部浸入热水中并加盖。

（4）试验步骤：将试件置于压缩剪切强度试验用的夹持器中，使试件的剪切
面与荷重轴平行，开动试验机对试件连续施加压力。使试件受剪切力后在（60±20）s
内破坏，测定试件破坏时的最大荷重。

（5）试验结果：试件的压缩剪切强度按下式计算：

$$\sigma = \frac{p}{L_a \times L_b} \tag{4-1}$$

式中：σ 为压缩剪切强度（MPa）；p 为试件破坏时的最大荷重（N）；L_a 为试件
胶接部分的长度（mm）；L_b 为试件胶接部分的宽度（mm）。

5. 拉伸剪切强度的测定

Ⅱ型Ⅰ类淀粉基 API 进行常态和反复煮沸试验。

Ⅱ型Ⅱ类淀粉基 API 进行常态和热水浸渍试验。

（1）试件制作：将主剂与交联剂按比例混合均匀，分别涂在单板两面作为芯
板，涂胶量为（200±25）g/m^2。另取两块单板作为表板和背板，使其紧面分别
朝外且纤维方向与芯板垂直进行层积，陈放时间不超过 5min。在预压机中以
（1.0±0.1）MPa 的压力均匀加压 30min。然后，置于热压机中，以（0.8±0.1）MPa
的压力，于（115±3）℃的温度下均匀加压 3min，制作 3 张等厚的 3 层胶合板，
在室温下放置 24h，胶合后的试件按图 4-2（b）形状和尺寸制作。

（2）试件处理：与上述 4 中的处理方法相同。

（3）试验结果：试件的拉伸剪切强度按下式计算：

$$\chi = \frac{p}{L_a \times L_b} \tag{4-2}$$

式中：χ 为拉伸剪切强度（MPa）；p 为试件破坏时的最大荷重（N）；L_a 为试件
剪断面的长度（mm）；L_b 为试件剪断面的宽度（mm）。

4.1.4　试验结果与分析

1. Ⅰ型淀粉基 API 试验结果分析

按照Ⅰ型淀粉基 API 正交设计表进行试验，通过对Ⅰ型Ⅰ类胶黏剂在室温加压制作的胶合木进行常态和反复煮沸试验、Ⅰ型Ⅱ类胶黏剂在室温加压制作的胶合木进行常态和热水浸渍试验开展压缩剪切强度的测试，检测结果与极差分析见表 4-5；对试件Ⅰ型Ⅰ类和Ⅱ类淀粉基 API 常态试验的压缩剪切强度方差分析见表 4-6；对Ⅰ型Ⅱ类淀粉基 API 进行热水浸渍试验的压缩剪切强度方差分析见表 4-7；对Ⅰ型Ⅰ类淀粉基 API 进行反复煮沸试验的压缩剪切强度方差分析见表 4-8。各因素对Ⅰ、Ⅱ类常态、热水浸渍、反复煮沸的压缩剪切强度性能指标产生影响的直观分析如趋势图 4-3～图 4-6 所示。

表 4-5　Ⅰ型淀粉基 API 工艺试验结果与分析

序号		变性淀粉 (A)(35%)	乙二酸 (B)(30%)	聚乙烯醇 (C)(8%)	P-MDI(D)	空白	Ⅰ、Ⅱ类常态压缩剪切强度/MPa	Ⅱ类热水浸渍压缩剪切强度/MPa	Ⅰ类反复煮沸压缩剪切强度/MPa
			因素水平					试验指标	
1		1	1	1	1	1	9.95	8.04	6.28
2		1	2	2	2	2	10.51	6.87	5.83
3		1	3	3	3	3	11.24	6.33	5.26
4		1	4	4	4	4	11.87	6.01	4.87
5		2	1	2	3	4	11.55	7.08	5.99
6		2	2	1	4	3	10.72	7.56	5.73
7		2	3	4	1	2	12.06	8.52	6.48
8		2	4	3	2	1	12.28	8.15	6.02
9		3	1	3	4	2	11.41	5.84	5.15
10		3	2	4	3	1	11.02	6.75	5.59
11		3	3	1	2	4	10.06	7.69	5.84
12		3	4	2	1	3	10.15	8.22	6.11
13		4	1	4	2	3	10.44	6.98	4.98
14		4	2	3	1	4	10.86	7.06	5.82
15		4	3	2	4	1	10.22	5.71	4.55
16		4	4	1	3	2	10.09	6.29	4.78
Ⅰ、Ⅱ类常态压缩剪切强度	K_{1j}	43.47	43.35	40.82	42.82	43.47	$T = 174.43$ $\bar{y} = 10.9$	$T = 113.1$ $\bar{y} = 7.07$	$T = 89.28$ $\bar{y} = 5.58$
	K_{2j}	46.82	43.11	42.93	43.39	44.07			
	K_{3j}	42.54	43.58	45.14	43.95	42.55			

序号		因素水平					试验指标		
		变性淀粉(A)(35%)	乙二酸(B)(30%)	聚乙烯醇(C)(8%)	P-MDI(D)	空白	I、II类常态压缩剪切强度/MPa	II类热水浸渍压缩剪切强度/MPa	I类反复煮沸压缩剪切强度/MPa
I、II类常态压缩剪切强度	K_{4j}	41.61	44.39	45.49	44.32	44.34			
	$\bar{K}_{1j}$	10.87	10.84	10.21	10.71	10.87			
	$\bar{K}_{2j}$	11.71	10.78	10.73	10.85	11.02			
	$\bar{K}_{3j}$	10.64	10.9	11.29	10.99	10.64			
	$\bar{K}_{4j}$	10.4	11.1	11.37	11.08	11.09			
	R_j	5.21	1.28	4.67	1.5	0.79			
	因素主次	变性淀粉＞聚乙烯醇＞P-MDI＞乙二酸							
II类热水浸渍压缩剪切强度	K_{1j}	27.25	27.94	29.58	31.84	28.65			
	K_{2j}	31.31	28.24	27.88	29.69	27.52			
	K_{3j}	28.5	28.05	27.38	26.45	29.09			
	K_{4j}	26.04	28.67	28.26	25.12	27.84			
	$\bar{K}_{1j}$	6.81	6.99	7.4	7.96	7.16			
	$\bar{K}_{2j}$	7.83	7.06	6.97	7.42	6.88	$T=174.43$ $\bar{y}=10.9$	$T=113.1$ $\bar{y}=7.07$	$T=89.28$ $\bar{y}=5.58$
	$\bar{K}_{3j}$	7.12	7.01	6.85	6.61	7.27			
	$\bar{K}_{4j}$	6.51	7.16	7.07	6.28	6.96			
	R_j	5.27	0.73	2.2	6.72	0.57			
	因素主次	P-MDI＞变性淀粉＞聚乙烯醇＞乙二酸							
I类反复煮沸压缩剪切强度	K_{1j}	22.24	22.4	22.63	24.69	22.44			
	K_{2j}	24.22	22.97	22.48	22.67	22.24			
	K_{3j}	22.69	22.13	22.25	21.62	22.08			
	K_{4j}	20.13	21.78	21.92	20.3	22.52			
	$\bar{K}_{1j}$	5.56	5.6	5.66	6.17	5.61			
	$\bar{K}_{2j}$	6.05	5.74	5.62	5.66	5.56			
	$\bar{K}_{3j}$	5.67	5.53	5.56	5.41	5.52			
	$\bar{K}_{4j}$	5.03	5.45	5.48	5.08	5.63			
	R_j	4.09	1.27	0.71	4.39	0.44			
	因素主次	P-MDI＞变性淀粉＞乙二酸＞聚乙烯醇							

注：T 表示因素试验结果之和，$\bar{y}$ 表示因素试验结果均值。

表 4-6　淀粉基 API 制胶工艺 I、II 类常态压缩剪切强度方差分析

方差来源	偏差平方和 S	自由度 f	均方 $\bar{S}$	均方比 F	显著性
变性淀粉	4.09	3	1.36	11.3	**
乙二酸	0.24				
聚乙烯醇	2.44	3	0.81	6.75	**
P-MDI	1.42	3	0.47	3.92	*
误差	0.5	6	0.12		
总和	8.69	15			

注：$F_{0.01}(3, 6) = 9.78$；$F_{0.05}(3, 6) = 4.76$；$F_{0.1}(3, 6) = 3.29$。

表 4-7　淀粉基 API 制胶工艺 II 类热水浸渍压缩剪切强度方差分析

方差来源	偏差平方和 S	自由度 f	均方 $\bar{S}$	均方比 F	显著性
变性淀粉	3.82	3	1.27	15.86	**
乙二酸	0.06				
聚乙烯醇	0.66	3	0.22	2.75	
P-MDI	6.99	3	2.33	29.13	**
误差	0.42	6	0.08		
总和	11.43	15			

注：$F_{0.01}(3, 6) = 9.78$；$F_{0.05}(3, 6) = 4.76$；$F_{0.1}(3, 6) = 3.29$。

表 4-8　淀粉基 API 制胶工艺 I 类反复煮沸压缩剪切强度方差分析

方差来源	偏差平方和 S	自由度 f	均方 $\bar{S}$	均方比 F	显著性
变性淀粉	2.14	3	0.71	71	**
乙二酸	0.19	3	0.06	6	*
聚乙烯醇	0.07	3	0.02	2	
P-MDI	2.58	3	0.86	86	**
误差	0.03	3	0.01		
总和	5.01	15			

注：$F_{0.01}(3, 3) = 29.5$；$F_{0.05}(3, 3) = 9.23$；$F_{0.1}(3, 3) = 5.39$。

　　结果表明，对于 I 型 I 类和 II 类淀粉基 API 进行常态试验的压缩剪切强度测定，考虑到淀粉基 API 的原料成本，异氰酸酯的使用量固定在 10%。各因素的影响大小依次为：变性淀粉＞聚乙烯醇＞P-MDI＞乙二酸；最优水平组合为 $A_2B_4C_4D_3$，即变性淀粉（35%）55g、乙二酸（30%）12g、聚乙烯醇（12%）30g、P-MDI 10%。

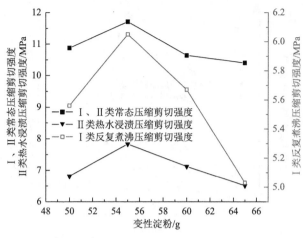

图 4-3 变性淀粉与压缩剪切强度的关系

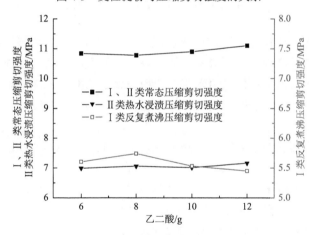

图 4-4 乙二酸与压缩剪切强度的关系

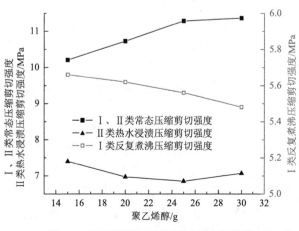

图 4-5 聚乙烯醇与压缩剪切强度的关系

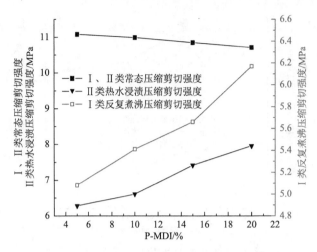

图 4-6　P-MDI 与压缩剪切强度的关系

对于Ⅰ型Ⅱ类淀粉基 API 进行热水浸渍试验的压缩剪切强度的测定,交联剂异氰酸酯影响显著,因要控制成本不能过高,异氰酸酯的使用量固定在 15%。各因素的影响大小依次为:P-MDI>变性淀粉>聚乙烯醇>乙二酸。最优水平组合为 $A_2B_4C_1D_2$,即变性淀粉(35%)55g、乙二酸(30%)12g、聚乙烯醇(12%)15g、P-MDI 15%。

对于Ⅰ型Ⅰ类淀粉基 API 进行反复煮沸试验的压缩剪切强度的测定,交联剂 P-MDI 的使用量影响程度高度显著。各因素的影响大小依次为:P-MDI>变性淀粉>乙二酸>聚乙烯醇;最优水平组合为 $A_2B_2C_1D_1$,即变性淀粉(35%)55g,乙二酸(30%)8g,聚乙烯醇(12%)15g,P-MDI 20%。

1)复合变性淀粉用量对各类压缩剪切强度的影响

从表 4-6~表 4-8 方差显著性分析可以看出,复合变性淀粉无论是对Ⅰ型Ⅰ类和Ⅱ类淀粉基 API 进行常态试验的压缩剪切强度、Ⅱ类的热水浸渍压缩剪切强度而言,还是对Ⅰ类的反复煮沸压缩剪切强度而言,其影响都是非常显著的。由图 4-3 可知,Ⅰ类和Ⅱ类常态压缩剪切强度、Ⅱ类的热水浸渍压缩剪切强度和Ⅰ类的反复煮沸压缩剪切强度都随着复合变性淀粉量的增加呈现先增加后降低的趋势。

复合变性淀粉替代的是传统 API 胶黏剂中的 SBR 或 EVA 合成乳液的成分,其含有大量羟基基团的复合变性淀粉分子,在连续相的聚乙烯醇水溶液中呈非连续相分散。因复合变性淀粉分子量高,又富含羟基、羧基、羰基、酰胺基等极性官能团,显著地制约着淀粉基 API 内聚强度、黏附强度、胶接强度的大小。所以在一定范围内,提高复合变性淀粉的含量,可明显地提高淀粉基 API 的干湿状剪切强度。复合变性淀粉在淀粉基 API 主剂中用量增加到一定量后,因亲水性官能团（如羟基）相对于异氰酸酯基过量，在胶黏剂固化反应后有所剩余，导致湿强度降低。

2）乙二酸用量对压缩剪切强度的影响

从表 4-6～表 4-8 方差显著性分析可以看出，乙二酸的用量对Ⅰ型的Ⅰ类、Ⅱ类的常态压缩剪切强度和Ⅰ类的反复煮沸压缩剪切强度的影响不显著，但是对Ⅱ类的热水浸渍压缩剪切强度而言，其影响是略显著的。由图 4-4 可以看出，随着乙二酸用量的增加，Ⅰ类、Ⅱ类的常态压缩剪切强度和Ⅱ类的热水浸渍压缩剪切强度呈现小幅度增加，而Ⅰ类的反复煮沸压缩剪切强度则是呈现先增加后降低的趋势。

乙二酸在淀粉基 API 中起到了酯化交联剂的作用，通过乙二酸上的两个羧基与复合变性玉米淀粉中的羟基、聚乙烯醇分子上的羟基、溶胀后的玉米原淀粉上大量的羟基的酯化反应，实现了部分交联。将分散相的复合变性淀粉、聚乙烯醇及玉米原淀粉交联成一定的三维结构，提高了淀粉基 API 的内聚强度。因酯化反应在碱性条件下易于进行，所以采用 3% 的 NaOH 与乙二酸交替加入到乳液中的办法，以实现复合变性淀粉与聚乙烯醇的酯化交联。

聚乙烯醇与复合变性淀粉发生部分酯化交联，破坏了聚乙烯醇分子内的氢键，导致聚乙烯醇与复合变性淀粉乳液混溶性提高，淀粉基 API 储存稳定性被改善。若干个膨胀的淀粉颗粒与聚乙烯醇分子连接在一起，在胶接脱水后，导致大量的羟基裸露出来，使淀粉基 API 更易于与木材上的羟基形成氢键或与异氰酸酯反应生成氨基甲酸酯键。

3）聚乙烯醇用量对压缩剪切强度的影响

从表 4-6～表 4-8 方差显著性分析可以看出，聚乙烯醇的用量对Ⅰ型的Ⅰ类、Ⅱ类的常态压缩剪切强度的影响是比较大的，而对Ⅱ类的热水浸渍压缩剪切强度和Ⅰ类的反复煮沸压缩剪切强度而言，其影响是不显著的。说明聚乙烯醇的用量是一个重要的工艺参数。由图 4-5 可以看出，随着聚乙烯醇用量的增加，Ⅰ类、Ⅱ类的常态压缩剪切强度是上升的。而Ⅱ类的热水浸渍压缩剪切强度先下降后上升，Ⅰ类的反复煮沸压缩剪切强度则呈现逐渐降低的趋势。

这是因为富含羟基的聚乙烯醇在木材界面上较易产生吸附作用，提高聚乙烯醇用量，常态压缩剪切强度也随之增加，但幅度不大；又因所产生的吸附力易被水分子解吸，导致热水浸渍压缩剪切强度、反复煮沸压缩剪切强度随聚乙烯醇用量的增加而降低。

从正交试验反映的结果可看出，在诸因素中聚乙烯醇的用量对常态压缩剪切强度的影响力最大，而对反复煮沸压缩剪切强度的影响则最弱。在选取的水平变动范围内，两种压缩剪切强度随聚乙烯醇用量的增加都有一个先降后升的变化趋势。

从理论上推测，随着接枝酯化反应的进行，羟基数目逐渐减少导致氢键结合数目下降，表现为常态压缩剪切强度降低；而且，随着聚乙烯醇用量的增大，胶液体系中共聚物分子量增大，胶液对木材的渗透作用减小，导致胶钉结合力下降，黏接强度降低。但随着聚乙烯醇用量的进一步加大，在胶黏剂体系中引入了大量未发生聚合反应的羟基（—OH）极性基团，增大了胶液对木材的吸附作用，从而提高了黏接强度。鉴于聚乙烯醇的用量仅对常态压缩剪切强度影响明显，而在正交试验选取的三个变动水平中，其反复煮沸压缩剪切强度的统计值相当，因本研究的主要目的是提高淀粉基 API 的耐水胶合强度，所以用于Ⅰ型Ⅰ类和Ⅱ类的常态胶接的淀粉基 API，聚乙烯醇量的最佳水平定为绝干淀粉量的 11.4%；用于Ⅰ型Ⅱ类热水浸渍胶接用的淀粉基 API，聚乙烯醇量的最佳水平定为绝干淀粉量的17.1%；用于Ⅰ型Ⅰ类反复煮沸胶接用的淀粉基 API，聚乙烯醇量的最佳水平定为绝干淀粉量的 14.2%。

4）异氰酸酯用量对压缩剪切强度的影响

正交试验采用 P-MDI 作为交联剂，其具有多个化学活性极强的异氰酸酯基，平均官能度为 2.7，能与淀粉基 API 主剂中的任何含活泼氢的活性基团发生加成聚合反应，形成网状结构的热固性树脂，达到增强胶接强度和提高耐水性的目的，是对淀粉胶黏剂进行改性的首要关键因素。异氰酸酯的使用量为淀粉基 API 主剂质量的 10%～20%。

从表 4-6～表 4-8 方差显著性分析可以看出，P-MDI 的用量对Ⅰ型的Ⅰ类、Ⅱ类的常态压缩剪切强度影响并不特别显著，但是对Ⅱ类的热水浸渍压缩剪切强度和Ⅰ类的反复煮沸压缩剪切强度而言，其影响力都是比较大的。由图 4-6 可以看出，随着 P-MDI 用量的增加，Ⅰ类、Ⅱ类的常态压缩剪切强度是有小幅度下降的。而Ⅱ类的热水浸渍压缩剪切强度和Ⅰ类的反复煮沸压缩剪切强度则呈现逐渐增加的趋势。

从正交试验方差分析和直观趋势图上可看出，异氰酸酯的用量越多，压缩剪切强度越高，其用量对反复煮沸压缩剪切强度的影响高度显著，但对常态压缩剪切强度的影响力则是诸因素中最弱的。这是因为淀粉胶黏剂的干状胶接强度已经通过氢键的结合而达到相当高的程度了，而交联剂 P-MDI 的加入，是以—NCO聚合反应产生的连接点替代等摩尔羟基（—OH）产生的氢键连接点，在干燥状态下并不能使胶合强度有明显的提高。而在湿状态下则不同，氢键连接点能轻易地被水破坏，但—NCO 的连接点在水分的作用下仍然保持很好的强度，成为保证被胶接材料具有较高耐水胶合强度的关键因素。因此，异氰酸酯的用量对耐水胶合强度的影响高度显著。

虽然Ⅱ类热水浸渍压缩剪切强度随 P-MDI 用量增加而增大，但由于 P-MDI价格昂贵，考虑到 P-MDI 的使用量达 15%水平时，压缩剪切强度的正交试验分析统计数据已经达标，所以将 P-MDI 用量的最佳工艺水平确定为淀粉基 API 主剂质量的 15%。

对于反复煮沸胶接的结构集成材，从正交试验表可见，P-MDI 的用量呈现突出的显著性。当 P-MDI 用量低于 15% 时，其压缩剪切强度在规定强度的边缘。为确保结构集成材的胶接质量，确定 P-MDI 加入量为淀粉基 API 主剂用量的 20%。

5）用于 I 型的淀粉基 API 最佳制胶配比基质量指标

依据正交试验优化的最佳配方合成出三种 I 型淀粉基 API 的各项理化性能检测结果见表 4-9。

表 4-9　I 型不同用途的淀粉基 API 的理化指标

项目	理化指标			
	主剂			交联剂
	I、II 类常态	II 类热水浸渍	I 类反复煮沸	
外观	乳白色、无异物			均质液体
不挥发物/%	32.5±0.5	36.5±0.5	44.5±0.5	—
黏度/(mPa·s)	1200±200	4000±200	12000±2000	300±50
pH	6.0±0.5	6.5±0.5	7.5±0.5	
水混合性/倍	2.8	2.5	2.0	
储存稳定性/h	37±0.5	26±0.5	18±0.5	
适用期/min	70±5	60±5	40±5	

2. II 型淀粉基 API 试验结果分析

按照 II 型淀粉基 API 正交设计表进行试验，采用热压工艺制作的杨木胶合板，通过对 II 型 I 类胶黏剂进行常态和反复煮沸试验、II 型 II 类胶黏剂进行常态和热水浸渍试验开展拉伸剪切强度的测试，检测结果与极差分析见表 4-10；对试件 II 型 I 类和 II 类淀粉基 API 常态试验的拉伸剪切强度方差分析如表 4-11 所示；对 II 型 II 类淀粉基 API 进行热水浸渍试验的拉伸剪切强度方差分析如表 4-12 所示；对 II 型 I 类淀粉基 API 进行反复煮沸试验的拉伸剪切强度方差分析如表 4-13 所示。各因素对 I、II 类常态、热水浸渍、反复煮沸的拉伸剪切强度性能指标产生影响的直观分析如图 4-7～图 4-10 所示。

表 4-10　II 型淀粉基 API 工艺试验结果与分析

序号	因素水平					试验指标		
	变性淀粉(35%)(A)	乙二酸(B)	聚乙烯醇(C)	P-MDI(D)	空白	I、II 类常态拉伸剪切强度/MPa	II 类热水浸渍拉伸剪切强度/MPa	I 类反复煮沸拉伸剪切强度/MPa
1	1	1	1	1	1	1.22	1.41	1.06
2	1	2	2	2	2	1.31	1.31	1.01
3	1	3	3	3	3	1.39	1.26	1.04
4	1	4	4	4	4	1.36	1.22	0.89

续表

序号	因素水平					试验指标		
	变性淀粉（35%)(A)	乙二酸(B)	聚乙烯醇(C)	P-MDI(D)	空白	I、II类常态拉伸剪切强度/MPa	II类热水浸渍拉伸剪切强度/MPa	I类反复煮沸拉伸剪切强度/MPa
5	2	1	2	3	4	1.46	1.15	1.02
6	2	2	1	4	3	1.41	1.09	0.95
7	2	3	4	1	2	1.52	1.32	1.21
8	2	4	3	2	1	1.56	1.24	1.14
9	3	1	3	4	2	1.47	1.13	0.92
10	3	2	4	3	1	1.43	1.18	0.97
11	3	3	1	2	4	1.34	1.23	1.12
12	3	4	2	1	3	1.39	1.28	1.05
13	4	1	4	2	3	1.38	1.16	1.04
14	4	2	3	1	4	1.44	1.21	1.01
15	4	3	2	4	1	1.32	1.07	0.96
16	4	4	1	3	2	1.37	1.11	0.93
	K_{1j}	5.28	5.53	5.34	5.57	5.53		
	K_{2j}	5.95	5.59	5.48	5.59	5.61		
	K_{3j}	5.63	5.57	5.86	5.65	5.57		
	K_{4j}	5.51	5.68	5.69	5.56	5.59		
I、II类常态拉伸剪切强度	$\bar{K}_{1j}$	1.32	1.38	1.34	1.39	1.38		
	$\bar{K}_{2j}$	1.49	1.40	1.37	1.40	1.40		
	$\bar{K}_{3j}$	1.41	1.39	1.47	1.41	1.39		
	$\bar{K}_{4j}$	1.38	1.42	1.42	1.39	1.40		
	R_j	0.67	0.15	0.52	0.09	0.08		
	因素主次	变性淀粉>聚乙烯醇>乙二酸>P-MDI				$T=22.37$ $\bar{y}=1.40$	$T=19.37$ $\bar{y}=1.21$	$T=16.32$ $\bar{y}=1.02$
	K_{1j}	5.20	4.85	4.84	5.22	4.83		
	K_{2j}	4.80	4.79	4.81	4.94	4.84		
	K_{3j}	4.82	4.88	4.84	4.7	4.79		
	K_{4j}	4.55	4.85	4.88	4.51	4.81		
II类热水浸渍拉伸剪切强度	$\bar{K}_{1j}$	1.30	1.21	1.21	1.31	1.21		
	$\bar{K}_{2j}$	1.20	1.20	1.20	1.24	1.21		
	$\bar{K}_{3j}$	1.21	1.22	1.21	1.18	1.20		
	$\bar{K}_{4j}$	1.14	1.21	1.22	1.13	1.20		
	R_j	0.65	0.09	0.07	0.71	0.05		
	因素主次	P-MDI>变性淀粉>乙二酸>聚乙烯醇						

续表

序号		因素水平					试验指标		
		变性淀粉 (35%)(A)	乙二酸 (B)	聚乙烯醇(C)	P-MDI(D)	空白	I、II类常态拉伸剪切强度/MPa	II类热水浸渍拉伸剪切强度/MPa	I类反复煮沸拉伸剪切强度/MPa
I 类反复煮沸拉伸剪切强度	K_{1j}	4.00	4.04	4.06	4.33	4.11			
	K_{2j}	4.32	3.94	4.04	4.24	4.07			
	K_{3j}	4.06	4.33	4.11	3.96	4.08			
	K_{4j}	3.94	4.01	4.16	3.72	4.05			
	$\bar{K}_{1j}$	1.00	1.01	1.02	1.08	1.03	$T=22.37$ $\bar{y}=1.40$	$T=19.37$ $\bar{y}=1.21$	$T=16.32$ $\bar{y}=1.02$
	$\bar{K}_{2j}$	1.08	0.99	1.01	1.06	1.02			
	$\bar{K}_{3j}$	1.02	1.08	1.03	0.99	1.02			
	$\bar{K}_{4j}$	0.99	1.00	1.04	0.93	1.01			
	R_j	0.38	0.39	0.07	0.61	0.06			
因素主次		P-MDI>变性淀粉>乙二酸>聚乙烯醇							

表 4-11　淀粉基 API 制胶工艺 I 、II 类常态拉伸剪切强度方差分析

方差来源	偏差平方和 S	自由度 f	均方 $\bar{S}$	均方比 F	显著性
变性淀粉	0.055	3	0.018	18	**
乙二酸	0.003				
聚乙烯醇	0.036	3	0.012	12	**
P-MDI	0.001				
误差	0.005	9	0.001		
总和	0.1	15			

注：$F_{0.01}(3, 9) = 6.99$；$F_{0.05}(3, 9) = 3.86$；$F_{0.1}(3, 9) = 2.81$。

表 4-12　淀粉基 API 制胶工艺 II 类热水浸渍拉伸剪切强度方差分析

方差来源	偏差平方和 S	自由度 f	均方 $\bar{S}$	均方比 F	显著性
变性淀粉	0.053	3	0.018	45	**
乙二酸	0.001				
聚乙烯醇	0.001				
P-MDI	0.071	3	0.024	60	**
误差	0.004	9	0.0004		
总和	0.128	15			

注：$F_{0.01}(3, 9) = 6.99$；$F_{0.05}(3, 9) = 3.86$；$F_{0.1}(3, 9) = 2.81$。

表 4-13 淀粉基 API 制胶工艺 I 类反复煮沸拉伸剪切强度方差分析

方差来源	偏差平方和 S	自由度 f	均方 $\bar{S}$	均方比 F	显著性
变性淀粉	0.021	3	0.007	2.33	
乙二酸	0.023	3	0.008	2.67	
聚乙烯醇	0.001				
P-MDI	0.065	3	0.022	7.33	*
误差	0.02	6	0.003		
总和	0.13				

注：$F_{0.01}(3, 6) = 9.78$；$F_{0.05}(3, 6) = 4.76$；$F_{0.1}(3, 6) = 3.29$。

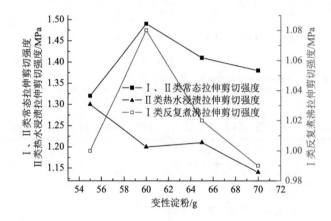

图 4-7 变性淀粉与拉伸剪切强度的关系

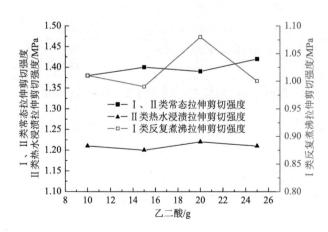

图 4-8 乙二酸与拉伸剪切强度的关系

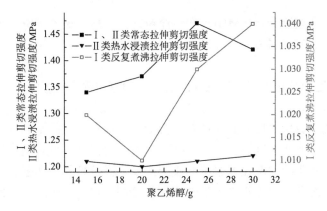

图 4-9　聚乙烯醇与拉伸剪切强度的关系

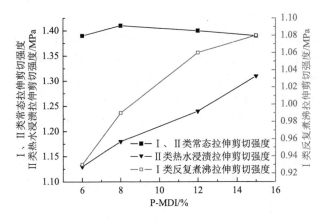

图 4-10　P-MDI 与拉伸剪切强度关系

结果表明，对于Ⅱ型Ⅰ类和Ⅱ类淀粉基 API 进行常态试验的拉伸剪切强度测定，各因素的影响程度比较均衡，无特别突出的显著影响因素；考虑到淀粉基 API 的原料成本，异氰酸酯的使用量固定在 8%。各因素的影响大小依次为：变性淀粉＞聚乙烯醇＞乙二酸＞P-MDI；最优水平组合为 $A_2B_4C_3D_3$，即变性淀粉（35%）60g，乙二酸（30%）25g，聚乙烯醇（8%）25g，P-MDI 8%。

对于Ⅱ型Ⅱ类淀粉基 API 进行热水浸渍试验的拉伸剪切强度测定，交联剂 P-MDI 影响显著，因要控制成本不能过高，异氰酸酯的使用量固定在 8%。各因素的影响大小依次为：P-MDI＞变性淀粉＞乙二酸＞聚乙烯醇；最优水平组合为 $A_1B_3C_4D_3$，即变性淀粉（35%）55g，乙二酸（30%）20g，聚乙烯醇（8%）30g，P-MDI 8%。

对于Ⅱ型Ⅰ类淀粉基 API 进行反复煮沸试验的拉伸剪切强度测定，交联剂 P-MDI 影响显著，因要控制成本不能过高，异氰酸酯的使用量固定在 12%；各因素的影响大小依次为：P-MDI＞变性淀粉＞乙二酸＞聚乙烯醇；最优水平组合为 $A_2B_3C_3D_2$，即变性淀粉（35%）60g，乙二酸（30%）20g，聚乙烯醇（8%）25g，P-MDI 12%。

1）变性淀粉对Ⅱ型淀粉基 API 胶黏剂拉伸剪切强度的影响

从表 4-11～表 4-13 方差显著性分析看，复合变性淀粉的用量对Ⅱ型的Ⅰ类、Ⅱ类的常态拉伸剪切强度和Ⅱ类的热水浸渍拉伸剪切强度的影响显著，而对Ⅰ类的反复煮沸拉伸剪切强度而言，其影响不显著。由图 4-7 可知随着变性淀粉量的增加，Ⅰ类、Ⅱ类的常态拉剪强度和Ⅰ类的反复煮沸拉伸剪切强度都呈现先增加后下降趋势，而Ⅱ类的热水浸渍拉伸剪切强度则呈现先下降后上升然后再下降的趋势。

复合变性淀粉在淀粉基 API 中起到了提供内聚强度的骨架作用，交联剂 P-MDI 上的—NCO 与复合变性淀粉中的羟基、聚乙烯醇分子上的羟基、溶胀后的玉米原淀粉上大量的羟基的交联反应，将热塑性的复合变性淀粉转化为热固性树脂。将分散相的复合变性淀粉、聚乙烯醇及原淀粉交联成三维网状结构，提高了淀粉基 API 的内聚强度。同时，因复合变性后的淀粉比原淀粉分子的羟基更易于接近—NCO，使交联反应更易发生。关于这一点，通过 DSC 分析得到的复合变性淀粉与 P-MDI 反应的活化能比原淀粉与 P-MDI 的活化能低得以证明。

2）乙二酸用量对Ⅱ型淀粉基 API 拉伸剪切强度的影响

从表 4-11～表 4-13 方差显著性分析看，乙二酸的用量对Ⅱ型的Ⅰ类、Ⅱ类的常态拉伸剪切强度，Ⅱ类的热水浸渍拉伸剪切强度和Ⅰ类的反复煮沸拉伸剪切强度而言，其影响不显著。由图 4-8 可知随着乙二酸用量的增加，Ⅰ类、Ⅱ类的常态拉伸剪切强度呈现先增加后下降再增加的趋势，而Ⅱ类的热水浸渍拉伸剪切强度和Ⅰ类的反复煮沸拉伸剪切强度则是先下降后上升然后再下降的趋势。这主要是由乙二酸在淀粉基 API 主剂中的酯化剂作用决定的。适当的乙二酸用量，使复合变性淀粉分子之间，以及淀粉分子与聚乙烯醇分子之间通过乙二酸的酯化反应交联起来，提高了胶黏剂的内聚强度。若乙二酸用量过大，因亲水性的羧基过剩，易导致湿状拉伸剪切强度的降低。

3）聚乙烯醇对Ⅱ型淀粉基 API 拉伸剪切强度的影响

在Ⅱ型淀粉基 API 中，因采用的是热压工艺，胶接的是具有较大涂胶面积的木单板，要求胶黏剂应具有较低的初黏度，所以采用 8%的 PVA。

从表 4-11～表 4-13 方差显著性分析可以看出，PVA 的用量对Ⅱ型的Ⅰ类、Ⅱ类的常态拉伸剪切强度影响显著，而对Ⅱ类的热水浸渍拉伸剪切强度和Ⅰ类的反复煮沸拉伸剪切强度影响不显著。由图 4-9 可知，随着 PVA 用量的增加，Ⅰ类、Ⅱ类的常态拉伸剪切强度是先上升后下降，而Ⅱ类的热水浸渍拉伸剪切强度和Ⅰ类的反复煮沸拉伸剪切强度呈现先下降后上升的趋势。

　　PVA 在淀粉基 API 主剂中是连续相，将分散状态的变性玉米淀粉颗粒连成了一个整体，宏观表现为主剂流体由非牛顿流体转变成了牛顿流体。因一定量 PVA 的加入，才使淀粉基 API 在木材表面形成连续的胶膜。由图 4-11 中对加入 PVA 前后的 SEM 扫描图片可明显看出。

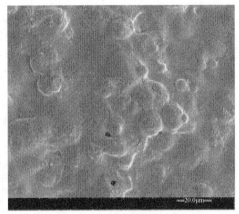

不含PVA的变性淀粉乳液膜(×1000)　　　　　　　含PVA的变性淀粉乳液膜(×1000)

图 4-11　淀粉基 API 主剂的 SEM 照片

　　另外，由于 PVA 大分子链与变性淀粉都存在大量的羟基，结构上又具有相似性，两者之间的溶解度参数相近，羟基之间及羟基与水分子之间易于形成氢键。使淀粉基 API 主剂中的水以大量的结合水形式存在，导致淀粉基 API 主剂具有了水胶体的性质，与交联剂混合后胶黏剂的活性期很长。采用二正丁胺回滴法，在室温下淀粉基 API 主剂 71.087g 与交联剂 P-MDI 7.789g，混合后高速搅拌 30min 后，每间隔 30min 测定异氰酸酯基的质量分数，在 7.5h 仅降低了不足 0.22% 的这一试验事实，证明了这一观点。

　　4）交联剂 P-MDI 对 II 型淀粉基 API 拉伸剪切强度的影响

　　对于 II 型淀粉基 API，影响应用的主要因素是主剂与交联剂混合后的适用期。一般要求室温下，达到 4～6h 才能满足热压工艺的需要。交联剂的加入量对活性期的影响最为明显，所以 II 型淀粉基 API 的交联剂最高加入量不大于 12%。

　　从正交试验方差分析表 4-11～表 4-13 可知，P-MDI 的用量对 I 类、II 类的常态拉伸剪切强度影响不显著，对 II 类的热水浸渍拉伸剪切强度和 I 类的反复煮沸拉伸剪切强度影响显著。由图 4-10 可以看出 P-MDI 的用量越多，拉伸剪切强度越高，其用量对 II 类的热水浸渍拉伸剪切强度影响高度显著，但对常态拉伸剪切强度的影响力则是诸因素中最弱的。这是因为淀粉基 API 主剂的干状胶接强度已经通过氢键的结合而达到相当高的程度了，而交联剂 P-MDI 的加入，进一步提高了淀粉基 API 的内聚强度以及与被胶接物木材表面的黏附力。作为木材胶黏剂，降低成本是永恒的主题。对于常态条件下检测合格即可应用的胶合板，提高交联剂的加入量，尽管也可提高拉伸剪切强度，但幅度不显著，主要是因为通过—NCO 聚合反应产生的连接点替代等物质的量羟基（—OH）产生的氢键连接点，在常态状态下并不能使拉伸剪切强度有显著的提高。所以对于满足常态拉伸剪切强度要求的胶合板产品，交联剂 P-MDI 用量占主剂的质量分数的 8%最佳。

在湿状态下则不同，氢键连接点能轻易地被水所破坏，但—NCO 与—OH 的连接点形成的氨基甲酸酯键在水分的作用下仍然保持很好的强度，成为保证被胶接材料具有高强耐水胶合强度的关键因素。因此，异氰酸酯的用量对耐水胶接强度的影响高度显著。

虽然热水浸渍拉伸剪切强度随 P-MDI 用量增加而增大，但由于 P-MDI 价格昂贵，考虑到 P-MDI 的使用量达 8%水平时，热水浸渍拉伸剪切强度的正交试验分析统计数据已经达标，所以对于满足热水浸渍拉伸剪切强度要求的胶合板产品，交联剂 P-MDI 用量占主剂的质量分数的 8%最佳。

对于反复煮沸胶接的结构集成材，从正交试验表可见，P-MDI 的用量呈现突出的显著性。当 P-MDI 用量为 12%时，其拉伸剪切强度能达到规定值的要求。所以对于满足反复煮沸拉伸剪切强度要求的胶合板产品，交联剂 P-MDI 用量占主剂的质量分数的 12%最佳。

5）用于Ⅱ型的淀粉基 API 最佳制胶配比基质量指标

依据正交试验所优化出的最佳配方制备的三种Ⅱ型淀粉基 API 的各项理化性能检测结果见表 4-14。

表 4-14　Ⅱ型不同用途的淀粉基 API 的理化指标

项目	理化指标			
	主剂			交联剂
	Ⅰ、Ⅱ类常态	Ⅱ类热水浸渍	Ⅰ反复煮沸	
外观	乳白色、无异物			均质液体
不挥发物/%	30.5±0.5	32.5±0.5	40.5±0.5	—
黏度/(mPa·s)	800±200	1000±200	1200±2000	300±50
pH	6.8±0.5	6.8±0.5	7.5±0.5	
水混合性/倍	2.8	2.5	2.0	
储存稳定性/h	40±0.5			
适用期/h	6～8	5～6	4～5	

3. Ⅱ型淀粉基 API 热压工艺参数的结果与分析

根据以上确定的Ⅱ型淀粉基 API 制胶工艺因素的最佳水平组合制备三种用途

胶黏剂的最佳应用条件，即最佳热压工艺参数。正交试验样板的拉伸剪切强度结果与极差分析见表 4-15；方差分析如表 4-16～表 4-18 所示。热压工艺各因素对拉伸剪切强度产生影响的直观趋势如图 4-12～图 4-14 所示。

表 4-15　Ⅱ型淀粉基 API 热压工艺试验结果与分析

序号		因素水平				试验指标		
		温度(A)	压力(B)	时间(C)	空白	Ⅰ、Ⅱ类常态拉伸剪切强度/MPa	Ⅱ类热水浸渍拉伸剪切强度/MPa	Ⅰ类反复煮沸拉伸剪切强度/MPa
1		1	1	1	1	1.13	1.06	0.82
2		1	2	2	2	1.01	0.93	0.78
3		1	3	3	3	0.98	1.04	0.92
4		2	1	2	3	1.55	1.38	1.15
5		2	2	3	1	1.39	1.17	0.78
6		2	3	1	2	1.49	1.24	1.05
7		3	1	3	2	1.66	1.75	1.32
8		3	2	1	3	1.47	1.09	0.02
9		3	3	2	1	1.51	1.27	1.26
Ⅰ、Ⅱ类常态拉伸剪切强度	K_{1j}	3.12	4.34	4.09	4.13			
	K_{2j}	4.43	3.87	4.07	4.06			
	K_{3j}	4.64	3.98	4.03	4.00			
	$\bar{K}_{1j}$	1.04	1.45	1.36	1.38			
	$\bar{K}_{2j}$	1.48	1.29	1.35	1.35			
	$\bar{K}_{3j}$	1.55	1.33	1.34	1.33			
	R_j	1.52	0.47	0.06	0.13			
	因素主次	温度＞压力＞时间				$T=12.19$ $\bar{y}=1.34$	$T=10.93$ $\bar{y}=1.21$	$T=8.1$ $\bar{y}=0.9$
Ⅱ类热水浸渍拉伸剪切强度	K_{1j}	3.03	4.19	3.39	3.57			
	K_{2j}	3.79	3.19	3.58	3.85			
	K_{3j}	4.11	3.55	3.96	3.51			
	$\bar{K}_{1j}$	1.01	1.40	1.13	1.19			
	$\bar{K}_{2j}$	1.26	1.06	1.19	1.28			
	$\bar{K}_{3j}$	1.37	1.12	1.32	1.17			
	R_j	1.08	1.00	0.57	0.34			
	因素主次	温度＞压力＞时间						

续表

序号		因素水平				试验指标		
		温度(A)	压力(B)	时间(C)	空白	I、II类常态拉伸剪切强度/MPa	II类热水浸渍拉伸剪切强度/MPa	I类反复煮沸拉伸剪切强度/MPa
I类反复煮沸拉伸剪切强度	K_{1j}	2.52	3.29	1.89	3.13			
	K_{2j}	2.98	1.58	3.19	2.88			
	K_{3j}	2.60	3.23	3.02	2.09			
	$\bar{K}_{1j}$	0.84	1.10	0.63	1.04	$T=12.19$ $\bar{y}=1.34$	$T=10.93$ $\bar{y}=1.21$	$T=8.1$ $\bar{y}=0.9$
	$\bar{K}_{2j}$	0.99	0.53	1.06	0.96			
	$\bar{K}_{3j}$	0.87	1.08	1.01	0.70			
	R_j	0.46	1.71	1.3	1.04			
因素主次		压力>时间>温度						

表 4-16　II型淀粉基 API 热压工艺试验常态拉伸剪切强度方差分析

方差来源	偏差平方和 S	自由度 f	均方 $\bar{S}$	均方比 F	显著性
温度	0.45	2	0.225	90	**
压力	0.04	2	0.02	8	*
时间	0.001				
误差	0.009	4	0.0045		
总和	0.50	8			

注：$F_{0.01}(2,4)=18$；$F_{0.05}(2,4)=6.94$；$F_{0.1}(2,4)=4.32$。

表 4-17　II型淀粉基 API 热压工艺试验热水浸渍拉伸剪切强度方差分析

方差来源	偏差平方和 S	自由度 f	均方 $\bar{S}$	均方比 F	显著性
温度	0.21	2	0.105	7	
压力	0.17	2	0.085	5.67	
时间	0.06	2	0.03	2	
误差	0.03	2	0.015		
总和	0.47	8			

注：$F_{0.01}(2,2)=99$；$F_{0.05}(2,2)=19$；$F_{0.1}(2,2)=9.00$。

表 4-18　Ⅱ型淀粉基 API 热压工艺试验反复煮沸拉伸剪切强度方差分析

方差来源	偏差平方和 S	自由度 f	均方 $\bar{S}$	均方比 F	显著性
温度	0.04				
压力	0.63	2	0.315	5.25	*
时间	0.33	2	0.165	2.75	
误差	0.20	4	0.06		
总和	1.20	8			

注：$F_{0.01}(2, 4) = 18$；$F_{0.05}(2, 4) = 6.94$；$F_{0.1}(2, 4) = 4.32$。

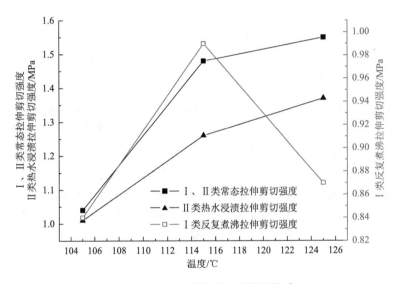

图 4-12　温度与拉伸剪切强度的关系

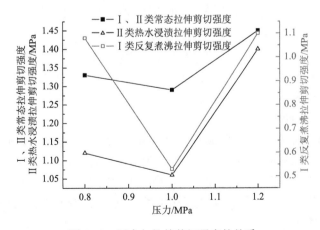

图 4-13　压力与拉伸剪切强度的关系

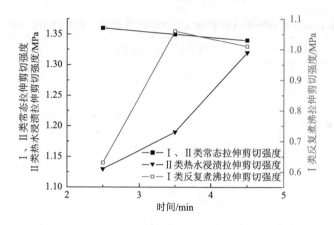

图 4-14　时间与拉伸剪切强度的关系

1）热压温度的影响

正交试验结果表明：对于确定三种用途的最佳配方的 II 型淀粉基 API，当热压工艺参数发生变化时，常态、热水浸渍、反复煮沸三种情况下的拉伸剪切强度都会发生一定的变化。

从表 4-16～表 4-18 的方差显著性分析来看，热压温度对 I、II 类常态拉伸剪切强度影响显著，而对 II 类的热水浸渍拉伸剪切强度和 I 类的反复煮沸拉伸剪切强度影响不显著。由图 4-12 可知，随着热压温度的升高，I、II 类常态拉伸剪切强度和 II 类的热水浸渍拉伸剪切强度是逐渐增加的，而 I 类的反复煮沸拉伸剪切强度则是呈现先增加后降低的趋势。温度在热压时所起的作用主要是促使胶黏剂固化，热压温度在 105℃→115℃→125℃过程中，胶合强度呈上升趋势，其中 105℃→115℃时拉伸剪切强度上升幅度较大，较高的热压温度有助于热量由板坯表层向芯层的迅速传导，促使板坯表、芯层的胶黏剂同时固化，有利于胶层和单板界面结构的改善，提高胶接强度。在 115℃→125℃时拉伸剪切强度尽管也在增长，但温度过高对胶合板的压塑率增大，翘曲变性概率提高，这些缺陷对于胶合板质量等级的影响至关重要，所以在满足胶接强度的前提下，热压温度也不宜过高。

2）热压压力的影响

从表 4-16～表 4-18 的方差显著性分析来看，热压压力对 I、II 类常态拉伸剪切强度和 I 类的反复煮沸拉伸剪切强度影响显著，而对 II 类的热水浸渍拉伸剪切强度影响不显著。由图 4-13 可知，随着热压压力的增大，I、II 类常态拉伸剪切强度、II 类的热水浸渍拉伸剪切强度和 I 类的反复煮沸拉伸剪切强度则呈现先逐渐降低后增加的趋势。

胶接过程给板坯加压的目的是使板坯中被胶接物与胶黏剂紧密结合，为胶接力的产生创造必要的条件。由于淀粉胶黏度大，流动性差，采用较高的热压压力和热压温度都有助于胶黏剂的流展和胶层结构的改善。拉伸剪切强度随单位压力的增加先减小后增大。与过高的温度一样，过高的热压压力对胶合板质量等级也会产生不利影响，所以在满足拉剪强度要求的前提下，热压压力不必过高。

　　3）热压时间的影响

　　从表 4-16～表 4-18 的方差显著性分析来看，热压时间对Ⅰ、Ⅱ类常态拉伸剪切强度、Ⅱ类的热水浸渍拉伸剪切强度和Ⅰ类的反复煮沸拉伸剪切强度影响都不显著。由图 4-14 可知，随着热压时间的增加，Ⅰ、Ⅱ类常态拉伸剪切强度降低，Ⅱ类热水浸渍拉伸剪切强度逐渐增加，而Ⅰ类反复煮沸拉伸剪切强度则是呈现先逐渐增加后再降低的趋势。

　　热压时间的影响力在热压三要素中是最弱的，对拉伸剪切强度指标的影响不明显。由于异氰酸酯对淀粉基 API 的拉伸剪切强度起关键作用，活性极强的—NCO 基团与大量的淀粉基 API 主剂及木材中的—OH 在热压高温条件下短时间内即可发生反应，淀粉基 API 固化成体型树脂。因此，延长热压时间，对提高胶合强度无明显作用，相反，过长的热压时间还可能使玉米淀粉焦化而降低胶合强度。

　　从热压正交试验结果的拉伸剪切强度数据上看，其常态拉伸剪切强度在 1.20MPa 以上、热水浸渍及反复煮沸拉伸剪切强度在 1.00MPa 以上时的热压温度均在 115℃ 以上，这说明针对于Ⅱ型淀粉基 API 的胶接性能，制胶工艺参数对于常态、热水浸渍及反复煮沸三种用途的胶合板生产都是重要的，而且具有类似的规律。综合考虑胶合板质量等级要求和Ⅱ型淀粉基 API 的拉伸剪切胶合性能，确定最佳热压工艺为 $A_2B_3C_2$，即热压温度 115℃，单位压力 1.0MPa，热压时间 3.5min（0.8min/MPa 板厚）。

4.1.5　验证性试验

　　根据正交试验结果并对各影响因素进行综合分析，获得高性能Ⅰ、Ⅱ型三种不同用途淀粉基 API 的制备方案。Ⅰ型淀粉基 API 胶接工艺参数为：单面涂胶量（125±25）g/m²，室温下压力 1.2MPa，时间 24h；Ⅱ型淀粉基 API 胶接工艺参数为：双面涂胶量 300g/m²，温度 115℃、压力 1.0MPa、时间 3.5min；依此工艺重复 3 次，进行制胶、压板、检测淀粉基 API 主剂的主要指标和试验样板的胶接强度的验证性试验，结果如表 4-19、表 4-20 所示。

表 4-19　Ⅰ型淀粉基 API 验证性试验结果

项目	理化性能指标								
	Ⅰ、Ⅱ类常态			Ⅱ类热水浸渍			Ⅰ类反复煮沸		
	平均值	标准差	变异系数/%	平均值	标准差	变异系数/%	平均值	标准差	变异系数/%
不挥发物/%	32.5	0.9378	2.8	36.5	0.8714	3.5	44.5	0.8813	4.2
黏度/(mPa·s)	1260	26.46	2.1	4200	35.21	2.6	12730	62.35	5.2
pH	6.82	0.3321	3.0	7.24	0.3565	2.8	7.65	0.3744	4.2
水混合性/倍	2.81	0.4224	1.8	2.54	0.5352	2.2	2.64	0.6788	2.7
储存稳定性/h	37.2	0.8817	4.3	26.8	0.7892	5.2	19.2	0.6381	4.8
适用期/min	68.4	1.2601	3.5	60.5	1.0931	4.3	41.2	2.007	5.8
压缩剪切强度/MPa	13.61	0.9385	1.2	7.32	0.9002	1.6	6.53	0.8762	0.9

表 4-20　Ⅱ型淀粉基 API 验证性试验结果

项目	理化性能指标								
	Ⅰ、Ⅱ类常态			Ⅱ类热水浸渍			Ⅰ类反复煮沸		
	平均值	标准差	变异系数/%	平均值	标准差	变异系数/%	平均值	标准差	变异系数/%
不挥发物/%	30.8	0.9978	1.8	31.6	0.8765	2.5	39.8	0.9843	1.2
黏度/mPa·s	872	16.76	8.1	1080	25.21	7.6	1175	32.35	5.2
pH	6.89	0.8321	0.9	7.04	0.9565	1.8	7.65	0.9741	1.2
水混合性/倍	2.86	0.7226	1.3	2.61	0.5582	2.3	2.08	0.9731	1.7
储存稳定性/h	40.2	0.7819	5.3	36.8	0.8891	6.2	37.2	0.6393	4.3
适用期/min	7.5	0.8601	1.5	5.4	0.5932	2.3	4.3	0.4072	1.8
拉伸剪切强度/MPa	1.56	0.9385	1.2	1.21	0.9002	1.6	1.13	0.8762	0.9

参照国家标准 LY/T 1601—2002 及日本 JIS K 6806—2003《水基聚合物-异氰酸酯类木材胶黏剂》规定的各项理化性能指标及胶接强度指标对照，各项指标基本吻合，表明淀粉基 API 可以替代采用合成树脂制备的淀粉基 API 并应用于木材胶接制品的制造。正交试验及其试验结果分析所确定的Ⅰ、Ⅱ型不同用途的淀粉基 API 的制备配方，以及Ⅱ型淀粉基 API 热压工艺等具有较高的可靠性和稳定性。

4.2　淀粉基 API 性能分析及其生产性试验

针对 4.1 节所优化并验证的最佳Ⅰ、Ⅱ型淀粉基 API 的配方，在吉林辰龙生物质材料有限责任公司制胶生产线上进行了生产性试验，参照日本 JIS K 6806—

2003 标准要求进行了主要性能测试。将所制得的胶黏剂分别用于胶合板、竹地板、实木复合地板、细木工板、胶合木等胶合制品的制造，进一步完善生产工艺条件后，转入了批量性生产。现已经在全国范围的木材胶合制品生产企业获得应用。

4.2.1　胶黏剂常规性能检测

分别取生产性试验制得的 I 、 II 型不同用途的淀粉基 API 主剂六个品种各 1000g，依据 JIS K 6806—2003 要求进行常规性能测试，各项指标分别符合在实验室研究确定的（表 4-9 和表 4-14）关于 I 、 II 型不同用途淀粉基 API 的理化性能要求。

4.2.2　淀粉基 API 主剂的流变特性

流变学是研究物质在外力作用下发生形变和流动的科学。按照剪切应力和剪切速率的关系，可以把流体分为牛顿型流体和非牛顿型流体。非牛顿型流体又分为时间依赖性流体和非时间依赖性流体，非时间依赖性流体的流变行为与时间无关，而时间依赖性流体有假塑性和胀塑性之分[1-3]。

由于热压胶接用的 II 型淀粉基 API 一般采用大幅面机械涂胶，胶黏剂的黏度与剪切应力、剪切速率之间的关系影响工业生产中的调胶工艺，所以此研究主要检测了 II 型 II 类淀粉基 API 的流变学特性。

从图 4-15 和图 4-16 可以很明显地看出， II 型 II 类淀粉基 API 主剂的剪切应力随剪切速率的增加而增加，其表观黏度随剪切速率的增加而逐渐降低，属于典型的剪切变稀体系，即淀粉基 API 主剂属于假塑性流体。当温度比较低（$T=10℃$）

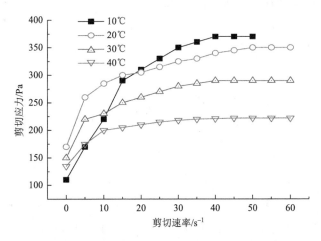

图 4-15　 II 型 II 类淀粉基 API 主剂的剪切应力与剪切速率的关系

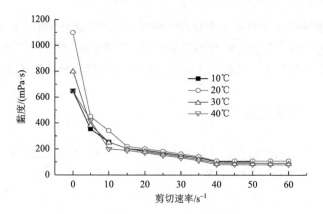

图 4-16　Ⅱ型Ⅱ类淀粉基 API 主剂的黏度与剪切速率的关系

时，淀粉基 API 主剂显示较弱的假塑性质；而随着温度的升高，淀粉基 API 主剂越来越易变稀，假塑程度越大，当温度超过 20℃后，假塑程度变化幅度不大。因此，Ⅱ型Ⅱ类淀粉基 API 主剂具有非常典型的剪切变稀特性，可满足胶黏剂调胶工艺的需要。

4.2.3　胶黏剂的抗剪切稳定性

从图 4-17 可见，在相同的剪切速率、相同温度下，主剂与交联剂按比例混合后的淀粉基 API 的黏度随时间基本保持不变，说明淀粉基 API 具有良好的抗剪切稳定性，便于胶黏剂的调制。从图 4-18 可见，在相同的剪切速率下，恒定在不同温度下的混合后的Ⅱ型淀粉基 API 的黏度随时间基本保持不变，说明淀粉基 API 在室温范围内具有良好的抗剪切稳定性。

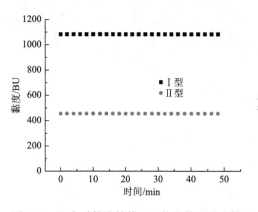

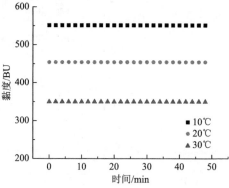

图 4-17　混合后的淀粉基 API 的抗剪切稳定性　　　图 4-18　不同温度下Ⅱ型淀粉基 API 的抗剪切稳定性

4.2.4　胶黏剂活性期

淀粉基 API 的活性期直接关系着胶黏剂的实际应用价值，此研究针对工业化生产的 I 型、II 型淀粉基 API，按不同胶接目的，将主剂与交联剂在室温下混合后，分别测定其黏度随时间的变化率、—NCO 质量分数随时间的变化、剪切强度随时间的变化等，观察淀粉基 API 的活性期。最后通过不同时间取样，连续测定混合后胶黏剂的 FTIR 光谱，验证异氰酸酯基的衰减情况。

1. I 型淀粉基 API 的活性期

取 I 型 I 类淀粉基 API 主剂 76.8732g，交联剂（P-MDI）15.3720g，室温下采用磁力搅拌器强力混合 30min 后，进行活性期的检测。黏度随时间的变化结果见图 4-19，采用二正丁胺回滴法，每间隔 30min 测定异氰酸酯基（—NCO）的质量分数，测定其随时间的变化，结果见表 4-21，每间隔 30min 取混合后的胶黏剂，压制胶合木试件，进行压缩剪切强度检测，试验结果见表 4-22。

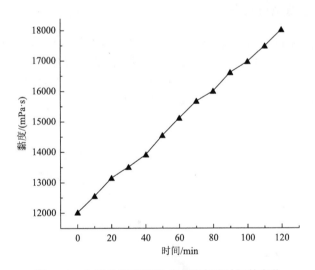

图 4-19　I 型 I 类淀粉基 API 黏度随时间的变化

表 4-21　I 型 I 类淀粉基 API 中的异氰酸酯基质量分数随时间的变化

时间/h	NO.1		NO.2		NO.3	
	—NCO 质量分数/%	降低值	—NCO 质量分数/%	降低值	—NCO 质量分数/%	降低值
0	5.7024	0.0000	5.7486	0.0000	5.7304	0.0000
0.5	5.6172	0.1852	5.7342	0.0144	5.6374	0.0931

续表

时间/h	NO.1		NO.2		NO.3	
	—NCO 质量分数/%	降低值	—NCO 质量分数/%	降低值	—NCO 质量分数/%	降低值
1.0	5.6046	0.1978	5.7022	0.0464	5.6218	0.1086
1.5	5.5034	0.2991	5.6598	0.0888	5.5105	0.2199
2.0	5.4896	0.3128	5.5026	0.2461	5.4986	0.2318
2.5	5.4841	0.3183	5.4938	0.2548	5.4826	0.2478

注：NO.1、NO.2 和 NO.3 分别代表异氰酸酯基含量为 10%、15%和 20%。

表 4-22　Ⅰ型Ⅰ类淀粉基 API 试件在不同时间时压缩剪切强度的检测结果

检测项目	0h	0.5h	1h	1.5h	2h
压缩剪切强度/MPa	6.79	6.56	6.45	6.28	6.15

通过三种方法不难看出，Ⅰ型Ⅰ类淀粉基 API 在室温下的最佳适用期是 2h，是国外同类胶黏剂（50min）的 2.4 倍。

2. Ⅱ型淀粉基 API 的活性期

取Ⅱ型Ⅱ类淀粉基 API 主剂 71.087g，交联剂（P-MDI）7.789g，室温下采用磁力搅拌器强力混合 30min 后，进行活性期的检测。黏度随时间的变化结果见图 4-20；采用二正丁胺回滴法，每间隔 30min 测定—NCO 的质量分数，测定其随时间的变化，结果见表 4-23；每间隔 1h 取混合后的胶黏剂，压制胶合木试件，进行压缩剪切强度检测，试验结果见表 4-24。

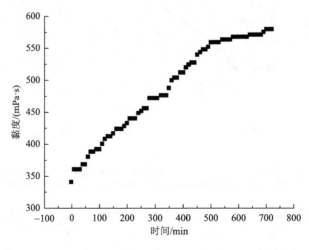

图 4-20　Ⅱ型Ⅱ类淀粉基 API 黏度随时间的变化

表 4-23　Ⅱ型Ⅱ类淀粉基 API 中异氰酸酯基质量分数随时间的变化

时间/h	NO.1		NO.2		NO.3		标准差	变异系数
	—NCO 质量分数/%	降低值	—NCO 质量分数/%	降低值	—NCO 质量分数/%	降低值		
0	2.9032	0.0000	2.9243	0.0000	2.9152	0.0000	—	—
0.5	2.8591	0.0441	2.9171	0.0072	2.8692	0.0460	0.0310	0.0111
1.0	2.8528	0.0504	2.9011	0.0232	2.8609	0.0543	0.0259	0.0035
1.5	2.8012	0.1020	2.8799	0.0444	2.8054	0.1098	0.0443	0.0149
2.0	2.7934	0.1098	2.8008	0.1235	2.7998	0.1154	0.0040	0.0109
2.5	2.7909	0.1123	2.7989	0.1254	2.7915	0.1237	0.0045	0.0015
3.0	2.7857	0.1175	2.7932	0.1311	2.7901	0.1251	0.0038	0.0015
3.5	2.7781	0.1251	2.7913	0.1330	2.7851	0.1301	0.0066	0.0017
4.0	2.7762	0.1270	2.7905	0.1338	2.7796	0.1356	0.0075	0.0010
4.5	2.7684	0.1348	2.7882	0.1361	2.7702	0.1450	0.0109	0.0023
5.0	2.7609	0.1423	2.7811	0.1432	2.7689	0.1463	0.0102	0.0019
5.5	2.7227	0.1805	2.7601	0.1642	2.7509	0.1643	0.0195	0.0093
6.0	2.7208	0.1824	2.7585	0.1658	2.7342	0.1810	0.0191	0.0025
6.5	2.7196	0.1836	2.7482	0.1761	2.7291	0.1861	0.0146	0.0020
7.0	2.7085	0.1947	2.7392	0.1851	2.7111	0.2041	0.0170	0.0046
7.5	2.6995	0.2037	2.7196	0.2047	2.7005	0.2147	0.0113	0.0048

表 4-24　Ⅱ型Ⅱ类淀粉基 API 试件在不同时间压缩剪切强度的检测结果

检测项目	0h	1h	2h	3h	4h	5h	6h	7h
压缩剪切强度/MPa	1.32	1.26	1.21	1.16	1.11	1.05	0.88	0.76

　　通过黏度随时间的变化、—NCO 质量分数随时间的变化及压缩剪切强度随时间变化情况的检测结果，不难看出，Ⅱ型Ⅱ类淀粉基 API 在室温下具有长达 6h，甚至 7h 的活性期，非常符合大幅面木材胶合制品热压胶接工艺的要求。

　　针对上述混合胶黏剂，又采用每间隔大约 1h 取样做傅里叶变换红外光谱（FTIR）分析，结果如图 4-21 所示。胶黏剂中的交联基团—NCO 随时间延长，波谱基本没有变化，证实了Ⅱ型Ⅱ类淀粉基 API 具有较长的活性期；也证明了淀粉基 API 主剂具有良好的水胶体性质，对于高反应活性的交联剂—NCO，可不经封闭处理，即可避免与水发生强烈的化学反应。

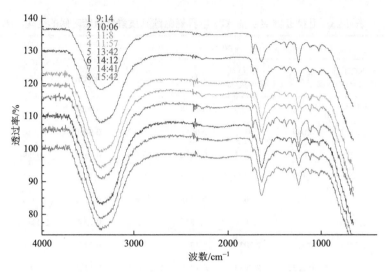

图 4-21   不同时刻淀粉基 API 混合胶的 FTIR 谱图

4.2.5   淀粉基 API 储存稳定性

针对生物质基胶黏剂在储存过程中易发生霉变、黏度不稳定等现象，研究在中试生产中制得的淀粉基 API 主剂，通过间隔一定时间检测其霉变性（主剂样品在 25～28℃的温箱中放置，观察霉变现象）、黏度、压缩剪切强度变化，判断淀粉基 API 的储存稳定性，如表 4-25 所示。

表 4-25   淀粉基 API 主剂霉变性、黏度和压缩剪切强度随储存时间的变化

品种	检测项目	72h	30d	60d	90d	120d
I 型	霉变性	无异味	无异味	无异味	无异味	有绿毛、异味
	黏度/(mPa·s)	12680	13120	14580	15680	15920
	常态压缩剪切强度/MPa	11.2	10.98	10.75	10.69	10.02
	反复煮沸压缩剪切强度/MPa	6.78	6.59	6.42	6.21	6.08
II 型	霉变性	无异味	无异味	无异味	无异味	轻度绿毛、异味
	黏度/(mPa·s)	896	921	964	983	992
	常态拉伸剪切强度/MPa	12.56	12.39	12.09	11.72	11.05
	热水浸渍拉伸剪切强度/MPa	7.42	7.31	7.06	6.53	6.01

由于该胶黏剂中的淀粉经过了一系列的变性处理，特别是与丙烯酰胺进行的接枝共聚反应，提高了淀粉的抗霉性；同时，胶黏剂中含有一定量的丙烯酰胺均聚物，其具有较强的抗霉性，对体系的抗霉性有很好的改善；另外，胶黏剂偏碱性并加有 0.25%的食品级防腐剂苯甲酸钠，在一定程度上抑制微生物的生长。

从表 4-25 中可见，淀粉基 API 主剂储存 4 个月后，两种型号的胶黏剂主剂均有霉变产生，黏度变化不大，剪切强度均下降，但数值还在合格范围内。综合来看，淀粉基 API 主剂储存不宜超过 3 个月。

4.2.6　生产性压板试验

在吉林辰龙生物质材料有限责任公司生产的Ⅰ型、Ⅱ型六个品种的淀粉基API，分别在敦化森泰木业有限责任公司胶合板厂、敦化市金海木业有限公司实木复合地板厂和胶合木厂、大连鹏鸿木业集团有限公司细木工板厂、湖北福汉木业有限公司细木工板厂、江苏宜兴弘兴竹业有限公司竹地板厂进行了多种胶合制品的生产性试验。

从实际生产情况看，这六种淀粉基 API 制造工艺的可操作性强，胶黏剂性能稳定。淀粉基 API 在应用时，具有活性期长（室温下达 6～8h）、预压性好（单位压力 1.0MPa，15min 即可成型）、热压工艺与脲醛树脂胶黏剂的条件相似。存在的问题是，如果涂胶不均，易造成热压时黏压板现象。采用此种胶黏剂生产的各类胶合制品，经国家人造板与木竹制品质量监督检验中心检测，各项理化性能均达到相应标准要求。结果见表 4-26。

表 4-26　生产性试验压制的胶合制品性能测试

胶合制品	检测项目	参照标准	检测结果	判定结果
胶合板	湿检测强度/MPa	GB/T 9846—2015	最大值 1.15，最小值 0.84	合格
	平均木破率/%	GB/T 9846—2015	90	合格
	甲醛释放量/(mg/L)	JAS[①]	0.02	F****
细木工板	横向静曲强度	GB/T 5849—2006	最大值 38.4，最小值 29.8	合格
	甲醛释放量/(mg/L)	GB/T 9846—2015	0.01	E_0
三层实木复合地板	热水浸渍剥离	GB/T 17657—2013	合格试件数 5 块	合格
	甲醛释放量/(mg/L)	JAS	0.02	F****
竹地板	热水浸渍剥离	GB/T 17657—2013	合格试件数 6 块	合格
	甲醛释放量/(mg/L)	JAS	0.01	F****
胶合木	Ⅰ类常态压缩剪切强度/MPa	JIS K 6806—2003	11.2	合格
	Ⅱ类常态压缩剪切强度/MPa		16.1	合格
	Ⅱ类热水浸渍压缩剪切强度/MPa		7.8	合格
	Ⅰ类反复煮沸压缩剪切强度/MPa		6.3	合格

①日本 JAS 标准，农、林、渔部第 920 号通告。

经过以上几种胶合制品的胶合试验，证明淀粉基 API 无论用于热压胶接，还是冷压胶接，在生产实践中都是可行的。热压胶合制品在胶合强度达到相关标准的要求下，甲醛释放量均达到了日本 JAS 标准要求的 F★★★★。

生产性试验获得成功后，淀粉基 API 现已在吉林辰龙生物质材料有限责任公司批量性生产 6 个月，累计生产各类淀粉基 API 1685t。在全国范围内 54 家胶合制品生产企业获得应用，制备各类胶合制品近 $7520m^3$，销往日本、美国、欧洲等国家和地区。

4.3 本 章 小 结

（1）本章以复合玉米淀粉、乙二酸、聚乙烯醇、P-MDI 为主要影响因素，通过正交试验研究，较系统地优化出满足不同剪切强度要求的 I 型淀粉基 API 的配方组成，经验证性试验确认，得出的结果如表 4-27 所示。

表 4-27 I 型不同用途的淀粉基 API 的最佳质量配比

用途	变性淀粉（35%）	乙二酸（30%）	聚乙烯醇（12%）	P-MDI
I、II 类常态	55	12	30	10
II 类热水浸渍	55	12	15	15
I 类反复煮沸	55	8	15	20

综合正交试验的结果和统计分析数据，以及各因素对胶合强度的影响分析，对于选定的影响因素，用于 II 型三种不同用途的淀粉基 API 最佳制胶配比见表 4-28。

表 4-28 II 型不同用途的淀粉基 API 的最佳质量配比

用途	变性淀粉（35%）	乙二酸（30%）	聚乙烯醇（8%）	P-MDI
I、II 类常态	60	25	25	8
II 类热水浸渍	55	20	30	8
I 类反复煮沸	60	20	25	12

（2）通过正交试验并经过验证性试验证明，得出热压胶接用的 II 型淀粉基 API 最佳工艺条件：热压温度 115℃，单位压力 1.0MPa，热压时间 3.5min（0.8min/mm 板厚）。

（3）将实验室得出的最佳淀粉基 API 配方用于生产性试验，制得的胶黏剂的主要性能指标符合 JIS K 6806—2003 要求，所测得的数据与实验室制得的胶黏剂性能指标相符合。

（4）本章研究的淀粉基 API，经生产性试验证明，胶黏剂配方合理、制造工艺具有良好的可操作性。采用此种胶黏剂生产的各类胶合制品，经国家人造板与木竹制品质量监督检验中心检测，各项理化性能指标均达到相应的标准要求，现已投入批量性工业化生产应用。

参 考 文 献

[1]　徐青林，胡惠仁，谢来苏. 聚乙烯醇（PVA）及其在造纸工业中的应用[J]. 上海造纸，33（1）：37-38.

[2]　张毅，汪明礼. 聚乙烯醇及其应用[J]. 黄山学院学报，2004，6（3）：71-74.

[3]　朱谱新，姚永毅. PVA 浆料的生物降解性及应用前景[J]. 棉纺织技术，2005，33（2）：126-128.

第5章 淀粉与 P-MDI 反应机理及 API 胶接机理的研究

淀粉基 API 主剂是以复合变性玉米淀粉为主要成分的热塑性树脂混合物,其与交联剂 P-MDI 按一定比例混合后,涂于木材表面经一定工艺条件完成固化胶接,制成满足耐水性要求的木材胶合制品。作为交联剂的 P-MDI 是如何把含有大量羟基的淀粉基 API 热塑性的主剂转化为热固性树脂的呢?玉米淀粉复合变性前后,与 P-MDI 具有怎样的反应机理?淀粉基 API 是如何与木材胶接产生胶接强度的?

原淀粉具有较高的结晶性与难溶性特点,决定了淀粉常以颗粒形状存在,多数淀粉本身是非均质的,不同部位的超分子结构体现不同形态,加上淀粉分子内和分子间的氢键作用,导致淀粉分子链紧密排列成一定的结晶区。化学试剂难以进入结晶内部,致使其化学反应只能在淀粉颗粒表面进行。经适当改性后的淀粉,通过减小分子链长度降低分子量及结晶度、增加可反应官能团数等提高变性淀粉的化学反应能力。

由于淀粉颗粒难以溶解呈分子状的水溶液,因此 P-MDI 与淀粉难以在均相中反应。而且淀粉上的羟基运动又受到束缚,其反应活性比一般化合物中羟基小得多,常规方法难以准确测量分析。升高温度可以使反应程度增加,因此热分析非常适宜研究 P-MDI 与淀粉的反应。

本章通过差示扫描量热法(DSC)、傅里叶变换红外光谱(FTIR)及化学分析电子能谱(ESCA)的定量与定性分析相结合的方法,试图揭示淀粉与 P-MDI 反应的动力学规律,淀粉复合变性前后与 P-MDI 反应活化能的变化、反应产物官能团的变化,不同含水率淀粉及复合变性淀粉与 P-MDI 的反应规律,并通过淀粉基 API 与桦木反应产物的结构及活化能的分析等,最终揭示淀粉基 API 固化机理与胶接机理。

5.1 DSC 法研究 P-MDI 与淀粉、复合变性淀粉的反应动力学

5.1.1 试验方法与条件

为了使 P-MDI 与淀粉粉末充分混合,采用比正常淀粉基 API 所需交联剂(P-MDI)配制比例过量的办法。室温下,取定量的 P-MDI 液体与不同含水率的原淀粉、复合变性淀粉、淀粉基 API 主剂充分混合,混合后立即取适量(6~12mg)

混合物置于耐压坩埚内，密封。随即进行 DSC 分析。在各种反应体系中，P-MDI 占体系绝干淀粉质量的 10%，表观异氰酸酯基和淀粉羟基质量比约为 1∶25。

玉米原淀粉的含水率为 0%、3.62% 和 7.24%。含水率 0% 的原淀粉是将气干淀粉（MC = 13.1%，20℃，RH 65%）①于 96～98℃烘 12h 后，密封备用。

复合变性淀粉的含水率为 0%、3.63%、7.26%；含水率 0% 的复合变性淀粉是将冻干的复合变性淀粉（MC = 7.26.%，20℃，RH 65%）于 96～98℃烘 12h 后，密封备用。

DSC 试验条件（表 5-1）：对于每个含水率梯度淀粉复合变性淀粉，分别进行等温扫描和等速升温扫描。等温扫描温度为 100℃、110℃、120℃、130℃、140℃、150℃ 和 155℃，在达到扫描温度前的升温速率为 80℃/min；等速升温速率分别为 2.5℃/min、5℃/min、7.5℃/min、10℃/min 和 12.5℃/min。每个试验的起始温度为室温（20℃左右）。

表 5-1　P-MDI 与淀粉反应的 DSC 试验条件

标记	含水率/%	DSC 试验条件	
		等温扫描温度/℃	升温扫描的升温速率/(℃/min)
A0	0	130, 140, 150, 155	2.5, 5, 7.5, 10, 12.5
A1	3.63	110, 120, 130, 140	2.5, 5, 7.5, 10, 12.5
A2	7.26	100, 110, 120, 130	2.5, 5, 7.5, 10, 12.5
C0	0	120, 130, 140, 150	2.5, 5, 7.5, 10, 12.5
C1	3.62	100, 110, 120, 130	2.5, 5, 7.5, 10, 12.5
C2	7.24	110, 120, 130, 140	2.5, 5, 7.5, 10, 12.5

5.1.2　DSC 动力学分析方法与数据处理

为了实现 DSC 动力学分析，必须求得每一条 DSC 曲线上不同时刻的 P-MDI 的转化率 α，美国 PerkinElmer 公司的 PE-DSC7 型差示扫描量热仪能直接计算反应的转化率。

对于等温扫描，采用 ln ln 分析法判断反应机理种类，参考 2.2.5 节中阐述的方法。按照方程（5-1），以 $\ln[-\ln(1-\alpha)]$ 对 $\ln t$ 作图，将得到一条直线，由此可以求得等温反应的反应速率常数 k 和反应动力学参数 m，依照 m 值并结合表 2-6，可判定反应过程的机理属性。

---

① MC 表示含水率，RH 表示相对湿度。

$$\ln[-\ln(1-\alpha)] = \ln k + m \ln t \tag{5-1}$$

对于等速升温扫描的分析，基于等温扫描研究结果，选取合适的反应机理函数 $f(\alpha)$，$f(\alpha) = G'(\alpha)$。按照方程（5-2），通过代入法，以 $\ln[G(\alpha)/(T-T_0)]$ 对 $1/T$ 作图，应得到一条直线，其斜率为 $-E/R$，截距为 $\ln A/\beta$，实现对动力学三要素的求解。

$$\ln\frac{G(\alpha)}{(T-T_0)} = \ln\frac{A}{\beta} - E/(RT) \tag{5-2}$$

5.1.3　等温条件下的 P-MDI 与不同含水率淀粉试样的反应规律

按照表 5-1 的条件，对三种含水率的原淀粉、复合变性淀粉进行等温扫描，所得到的等温 DSC 谱图如图 5-1～图 5-6 所示。

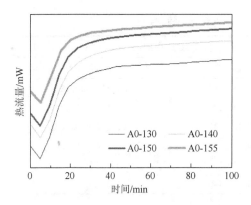

图 5-1　A0 变性淀粉和 P-MDI DSC 谱图

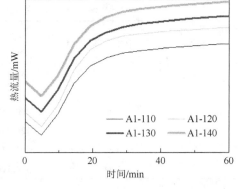

图 5-2　A1 变性淀粉和 P-MDI DSC 谱图

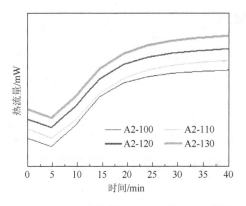

图 5-3　A2 变性淀粉和 P-MDI 的 DSC 谱图

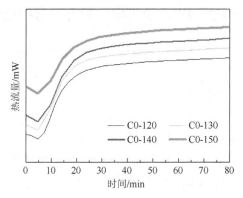

图 5-4　C0 原淀粉和 P-MDI 的 DSC 谱图

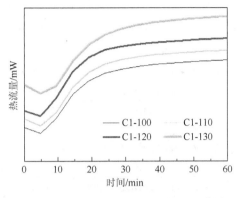

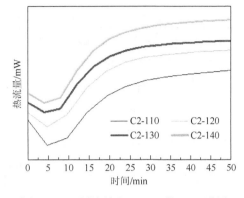

图 5-5　C1 原淀粉和 P-MDI 的 DSC 谱图　　　图 5-6　C2 原淀粉和 P-MDI 的 DSC 谱图

　　DSC 谱图中，单位时间内峰面积的大小说明反应速率的快慢，曲线走平说明体系的 P-MDI 反应趋于结束。由图 5-1～图 5-3 及图 5-4～图 5-6 可见，随着反应温度的提高，每一组反应中单位时间内峰面积越大，意味着升高反应温度，体系的反应越快，体系的放热量越大；但是温度越高，曲线越快走平，说明反应很快就结束，这都符合 P-MDI 反应动力学规律。仔细观察发现原淀粉与复合变性淀粉和 P-MDI 的 DSC 谱图还是存在明显差别的，相同含水率的等温 DSC 谱图，复合变性淀粉与 P-MDI 放热峰值明显高于原淀粉，说明玉米淀粉复合变性有利于交联固化反应。等温 DSC 扫描谱图还揭示，随着反应体系含水率的增加，反应速率越快，曲线走平就越快，观察不同含水率淀粉与 P-MDI 于 120℃等温反应时，反应的终点时间（曲线走平时的时间），对于绝干原淀粉需要 45min 左右，含水率为 3.62%的原淀粉需要 39min 左右，而对于含水率为 7.24%的原淀粉只需 27min 左右；对于绝干变性淀粉需要 50min 左右，含水率为 3.63%的复合变性淀粉需要 27min 左右，而对于含水率为 7.26%的变性淀粉只需 15min 左右。由此可见，体系含水率对 P-MDI 与淀粉试样的反应影响很大，随着水分增加，P-MDI 消耗越来越快。相同含水率条件下，P-MDI 与复合变性淀粉的反应速率更快。

　　为了根据等温 DSC 扫描谱图研究 P-MDI 在不同含水率淀粉中的反应机理，首先将按照方程（5-1）进行回归，回归结果如表 5-2 所示。P-MDI 与不同含水率淀粉试样的反应机理都是介于相界面反应机理和无规成核之间，反应动力学参数 m 与反应温度、试样含水率的变化和反应转化率的变化并不显著。

表 5-2　不同含水率淀粉与 P-MDI 反应的 ln ln 分析法的 m 值、含水率、温度、转化率等

标记	含水率/%	等温扫描温度/℃	曲线标记	转化率范围/%	回归方程（温度 T 单位：K）	相关系数 R^2	m 值
C0	0.00	120	C0-120	0～100	$\ln[-\ln(1-\alpha)] = 1.2487\ln T - 5.8717$	0.9994	1.2487
		130	C0-130	0～100	$\ln[-\ln(1-\alpha)] = 1.2681\ln T - 5.2232$	0.9998	1.2681

续表

标记	含水率/%	等温扫描温度/℃	曲线标记	转化率范围/%	回归方程（温度 T 单位：K）	相关系数 R^2	m 值
C0	0.00	140	C0-140	0～100	$\ln[-\ln(1-\alpha)] = 1.2655\ln T - 5.1287$	0.9854	1.2655
		150	C0-150	0～100	$\ln[-\ln(1-\alpha)] = 1.2857\ln T - 3.9951$	0.9975	1.2857
C1	3.62	100	C1-100	0～100	$\ln[-\ln(1-\alpha)] = 1.3313\ln T - 3.5949$	0.9924	1.3313
		110	C1-110	0～100	$\ln[-\ln(1-\alpha)] = 1.5489\ln T - 3.3055$	0.9965	1.5489
		120	C1-120	0～100	$\ln[-\ln(1-\alpha)] = 1.2997\ln T - 2.9451$	0.9956	1.2997
		130	C1-130	0～100	$\ln[-\ln(1-\alpha)] = 1.9843\ln T - 2.7922$	0.9946	1.9843
C2	7.24	110	C2-110	0～100	$\ln[-\ln(1-\alpha)] = 1.5999\ln T - 2.0292$	0.9970	1.5999
		120	C2-120	0～100	$\ln[-\ln(1-\alpha)] = 1.6824\ln T - 1.8994$	0.9997	1.6824
		130	C2-130	0～100	$\ln[-\ln(1-\alpha)] = 1.6940\ln T - 1.6527$	0.9980	1.6940
		140	C2-140	0～100	$\ln[-\ln(1-\alpha)] = 1.7097\ln T - 1.3307$	0.9853	1.7097
A0	0.00	130	A0-130	0～100	$\ln[-\ln(1-\alpha)] = 1.2187\ln T - 6.3314$	0.9993	1.2187
		140	A0-140	0～100	$\ln[-\ln(1-\alpha)] = 1.4713\ln T - 4.9963$	0.9991	1.4713
		150	A0-150	0～100	$\ln[-\ln(1-\alpha)] = 1.4935\ln T - 4.3110$	0.9944	1.4935
		155	A0-155	0～100	$\ln[-\ln(1-\alpha)] = 1.5788\ln T - 3.9870$	0.9982	1.5788
A1	3.63	110	A1-110	0～100	$\ln[-\ln(1-\alpha)] = 1.4449\ln T - 2.9135$	0.9991	1.4449
		120	A1-120	0～100	$\ln[-\ln(1-\alpha)] = 1.4979\ln T - 2.5518$	0.9984	1.4979
		130	A1-130	0～100	$\ln[-\ln(1-\alpha)] = 1.6189\ln T - 2.4463$	0.9989	1.6189
		140	A1-140	0～100	$\ln[-\ln(1-\alpha)] = 1.6200\ln T - 2.3550$	0.9957	1.6200
A2	7.26	100	A2-100	0～100	$\ln[-\ln(1-\alpha)] = 1.8051\ln T - 2.9057$	0.9958	1.8051
		110	A2-110	0～100	$\ln[-\ln(1-\alpha)] = 1.7118\ln T - 2.7488$	0.9989	1.7118
		120	A2-120	0～100	$\ln[-\ln(1-\alpha)] = 1.7354\ln T - 2.2157$	0.9990	1.7354
		130	A2-130	0～100	$\ln[-\ln(1-\alpha)] = 1.7988\ln T - 2.1648$	0.9983	1.7988

　　当 P-MDI 与绝干复合变性淀粉反应时，反应体系没有水分干扰，反应能够代表交联剂 P-MDI 与主剂固化反应的反应机理。改变反应温度，反应动力学参数 m 值变化较小，在 1.2187～1.5788 之间，参照表 2-6，可见此时复合变性淀粉与 P-MDI 的反应机理介于相界面反应和无规成核之间。由于淀粉与 P-MDI 不相溶，P-MDI 主要分布于淀粉颗粒表面，从这个角度来讲 P-MDI 与绝干复合变性淀粉的反应机理应该是属于相界面反应。而对于绝干复合变性淀粉与 P-MDI 反应为什么会出现无规成核反应，目前尚不能解释清楚。表 5-2 中回归方程的截距表示速率常数的对数 $\ln k$，随着反应温度的提高，反应动力学参数 m 和速率常数对数呈现增大的趋势，说明提高反应温度有利于交联剂 P-MDI 与复合变性淀粉的反应。回归方程的相关系数 R^2 几乎都大于 0.99，说明利用 lnln 法能够很好地判定反应机理。

　　从反应机理角度来看，原淀粉与复合变性淀粉遵循相似的反应机理。

当 P-MDI 与含水率为 3.62%、7.24% 的原淀粉 C1、C2 反应，反应温度高于 100℃时，淀粉中的结合水受热会向外转移，此时体系的 P-MDI 在与淀粉反应的同时，还能够和水发生反应。如果 P-MDI 主要与淀粉反应，那么此时反应速率常数的对数 $\ln k$ 应该同 P-MDI 与绝干淀粉反应时相差不大，而事实上相同温度（120℃）下 P-MDI 与 C1、C2 和 C0 反应的速率比在 18～53 之间，即当原淀粉含有 3.62%、7.24% 水分时，P-MDI 的反应速率提高了 18～53 倍，说明 P-MDI 与原淀粉在水作用下发生了较显著的反应。此时反应动力学参数 m 在 1.3313～1.9843 之间；按照表 2-6，此时控制反应的机理也是介于相界面机理和无规成核机理之间，更接近于相界面反应机理。

当 P-MDI 同含水率为 3.63%、7.26% 的复合变性淀粉 A1、A2 在 120℃进行反应时，P-MDI 的反应速率提高了 43～626 倍，说明 P-MDI 和复合变性淀粉在水作用下发生了显著的反应。此时反应动力学参数 m 在 1.4449～1.8051 之间；按照表 2-6，此时控制反应的机理也是介于相界面机理和无规成核机理之间，但更接近于无规成核反应机理。

比较绝干原淀粉、绝干复合变性淀粉与 P-MDI 的反应速率发现，前者的反应速率是后者的 1.5836 倍，说明复合变性后的淀粉，可反应基团有所减少。从这一点来看，与复合变性淀粉减少了羟基等活性基团的绝对数量，达到削弱原淀粉分子间氢键缔合，降低原淀粉凝沉性的改性目的相吻合。

关于 P-MDI 与含水率为 3.63%、7.26% 复合变性淀粉反应出现无规成核反应的作用过程可能是：当复合变性淀粉中水分从其内部逐渐往外扩散到达表面时，与 P-MDI 接触并反应生成取代脲，取代脲逐渐集聚形成颗粒（核），使得此时的 P-MDI 消耗由无规成核机理控制。由于扩散出的水分并不完全与复合变性淀粉表面的 P-MDI 反应，部分会越过淀粉表面的 P-MDI 覆盖层进入空气，并与 P-MDI 形成新的界面，但水与 P-MDI 并不相溶，在界面处仍会与 P-MDI 反应，加上异氰酸酯基与复合变性淀粉的界面反应，有部分 P-MDI 消耗属于相界面反应机理控制，如图 5-7 所示。因此总的反应机理介于无规成核机理和相界面反应机理之间，更接近于无规成核机理。

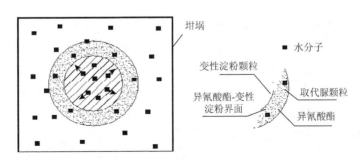

图 5-7　成核机理示意图

综上所述可知：不同含水率原淀粉与 P-MDI 反应时，其反应机理都是介于相界面反应机理和无规成核反应机理，对于绝干淀粉和 P-MDI 的反应，呈现出的无规成核机理尚不清楚，当体系中的淀粉的含水率为 3.62%时，其含水分的量较少，水分逐渐向外扩散，排出的水分立即与淀粉表面的 P-MDI 反应，此时主要是无规成核机理控制反应，反应速率常数对数增大，反应速率有所增加；当体系中淀粉的含水率达到 7.24%时，其反应动力学参数 m 介于 1.5999～1.7097，可见不同含水率的淀粉与 P-MDI 反应的动力学参数变化不大，其可能的原因是：淀粉分子中存在的大量羟基与水分子相互作用形成氢键，因是结合水，在一定的温度和含水率梯度条件下，水分向外发生迁移，迁移出来的水分大部分消耗在溶胀淀粉颗粒中，一小部分水在温度梯度和含水率梯度的作用下达到淀粉表面或越过表面与 P-MDI 发生反应，而同时经水分溶胀后的淀粉颗粒更容易和 P-MDI 反应，因而致使反应动力学参数变化不大，反应速率有所增大，所有外排的水汽都通过附有 P-MDI 的淀粉表面，因此对于 P-MDI 与存在水汽的淀粉反应，无论反应温度高低、水分含量多少，在反应初期都会或多或少地存在由无规成核反应机理控制的 P-MDI 消耗反应。因此整个反应过程仍由相界面和无规成核机理控制。

复合变性淀粉与 P-MDI 在水分作用下，反应速率明显提高的原因主要是复合改性后的淀粉颗粒更易于被在温度和含水率梯度作用下排出的水分子所润胀，含水率越高这种作用越明显，同时不排除部分剩余水分子与 P-MDI 直接反应，导致含水复合变性淀粉与 P-MDI 反应速率大幅度提高，而代表反应机理的动力学参数 m 介于 1.4449～1.8051，变化幅度不大，意味着反应机理还是介于无规成核与相界面反应之间，更倾向于无规成核机理。

对比不同含水率条件下，P-MDI 反应速率常数随着含水率增加而有所增加，这意味着 P-MDI 与水反应的速率要比其与淀粉反应的速率稍快一些。

5.1.4 不同升温速率下 P-MDI 与不同含水率淀粉试样的反应规律

P-MDI 与淀粉试样的反应在等速升温 DSC 的作用下不同于等温 DSC。后者是从室温快速升温（80℃/min）到目标温度，随即保持体系温度；而等速升温是体系从室温以一定的升温速率（2.5～12.5℃/min）逐渐升温，升温过程时间较长，其间 P-MDI 将与不同含水率淀粉发生不同程度的反应，而影响 P-MDI 反应的两个因素——水分迁移和温度都在不断变化，因此利用等速升温 DSC 研究 P-MDI 与不同含水率的淀粉试样反应将更为复杂。

按照表 5-1 的条件，对三种含水率的玉米原淀粉、复合变性淀粉进行等速升温扫描，所得到的 DSC 谱图如图 5-8～图 5-13 所示。

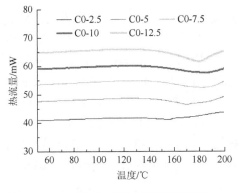

图 5-8　P-MDI 与绝干原淀粉的等速升温 DSC 扫描

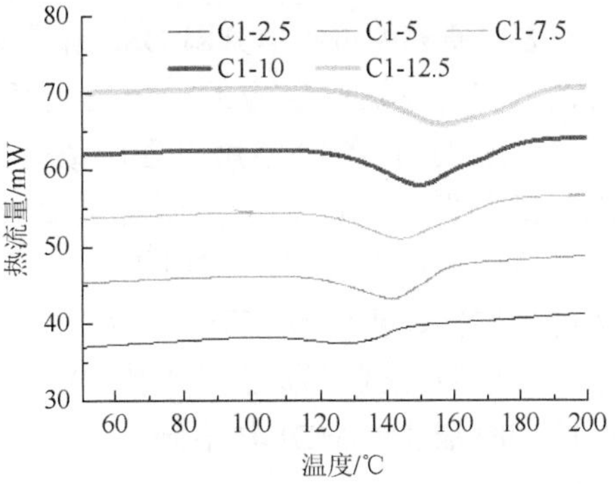

图 5-9　P-MDI 与含水率 3.62%原淀粉的等速升温 DSC 扫描

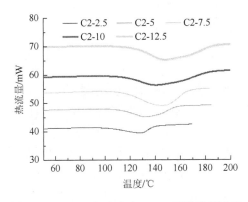

图 5-10　P-MDI 与含水率 7.24%原淀粉等速升温 DSC 扫描

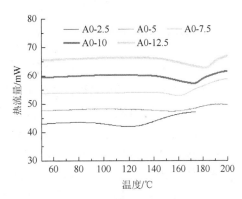

图 5-11　P-MDI 与绝干变性淀粉等速升温 DSC 扫描

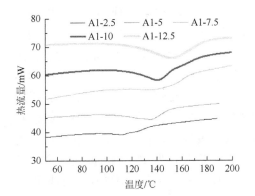

图 5-12　P-MDI 与含水率 3.63%变性淀粉等速升温 DSC 扫描

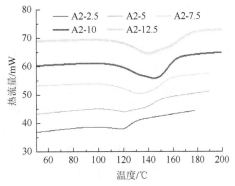

图 5-13　P-MDI 与含水率 7.26%变性淀粉等速升温 DSC 扫描

　　要想研究解析等速升温 DSC 作用机理，关键是找到能够客观合理描述 P-MDI 与淀粉在升温过程反应的作用机理函数 $f(\alpha)$ 或其积分式 $G(\alpha)$。本部分结合胡荣祖等归纳的 45 种常用机理函数[1]，通过采用代入回归的办法，选取最概然机理函数积分式 $G(\alpha)$。然而等温 DSC 扫描研究表明，P-MDI 与不同含水率淀粉试样的反应存在多种作用机理，因此单一的机理函数无法描述其作用机理，考虑到它们在等温反应时都存在无规成核作用机理，因此研究基于无规成核作用机理函数通式，通过调节其参数，回归得到方程（5-3）反应机理函数，它能够同时描述 P-MDI 与不同含水率原淀粉、复合变性淀粉在等速升温时的作用机理。

　　无规成核机理积分通式：　$G(\alpha) = [-\ln(1-\alpha)]^n$

$$n = 1、1/2、1/3、1/4、2/3、2/5、3/4$$

P-MDI 与不同含水率淀粉无规成核机理积分式：

$$G(\alpha) = [-\ln(1-\alpha)]^{2/3} \tag{5-3}$$

　　将不同升温速率和含水率淀粉试样反应得到的不同时刻转化率按照方程（5-3）进行回归，结果如表 5-3 所示。回归结果表明，P-MDI 与不同含水率试样在等速升温时的反应可以用方程(5-3)拟合，每一个方程的相关系数 R^2 都大于 0.94，绝大多数在 0.977 以上。拟合方程的意义尚不清楚，但其方程与无规成核机理方程相似，因此它意味着等速升温过程中，P-MDI 与淀粉试样反应主要是无规成核机理控制。那么，方程中的斜率 D 与活化能 E 关系为 $D = E/R$，R 为摩尔气体常量。因此通过回归方程可以看出，随着原淀粉含水率的增加，活化能逐渐降低。对于绝干原淀粉，其反应活化能为 83.95～92.45kJ/mol，含水率为 3.62% 的原淀粉为 76.87～81.67kJ/mol，含水率 7.24% 的原淀粉为 70.88～71.82kJ/mol；对于绝干处理变性淀粉，其反应活化能为 84.48～95.15kJ/mol，含水率为 3.63% 的变性淀粉为 71.89～78.02kJ/mol，含水率 7.26% 的变性淀粉为 62.44～66.96kJ/mol。高振华[2]的研究中测得苯基异氰酸酯与水均相反应时的活化能约为 40.56kJ/mol。P-MDI 与 C2、A2 淀粉试样反应时的活化能还远大于均相时的活化能，说明：①经过复合变性之后的淀粉 A2 较原淀粉 C2 更易反应，单就从活化能的数值上来看，在相同的含水率条件下，复合变性淀粉比原淀粉表现出更高的反应活性，这与等温扫描 DSC 显示的曲线走平时间是一致的。②随着淀粉试样中水分的增加，P-MDI 与水反应的比例逐渐增加，增加幅度比较明显。

表 5-3 不同含水率试样与 P-MDI 反应的等速升温 DSC 曲线线性回归

标记	含水率/%	升温速率/(℃/min)	曲线标记	峰的起点温度/℃	峰谷温度/℃	回归方程（温度 T 单位：K）	相关系数 R^2
C0	0.00	2.5	C0-2.5	113.541	158.020	$\ln[G(\alpha)/T-T_0] = -10845.2/T + 9.1715$	0.9737
		5	C0-5	116.350	170.904	$\ln[G(\alpha)]/T-T_0] = -11119.7/T + 12.2751$	0.9863
		7.5	C0-7.5	118.750	184.308	$\ln[G(\alpha)/T-T_0] = -10392.8/T + 10.7503$	0.9907
		10	C0-10	118.700	188.581	$\ln[G(\alpha)/T-T_0] = -10098.5/T + 8.6261$	0.9879
		12.5	C0-12.5	118.750	182.284	$\ln[G(\alpha)/T-T_0] = -10326.3/T + 9.4241$	0.9656
C1	3.62	2.5	C1-2.5	92.391	129.365	$\ln[G(\alpha)/T-T_0] = -9246.4/T + 24.1869$	0.9877
		5	C1-5	96.433	144.724	$\ln[G(\alpha)/T-T_0] = -9823.9/T + 23.3312$	0.9972
		7.5	C1-7.5	91.200	147.910	$\ln[G(\alpha)/T-T_0] = -9754.6/T + 18.3781$	0.9810
		10	C1-10	91.166	153.813	$\ln[G(\alpha)/T-T_0] = -9523.3/T + 18.4233$	0.9742
		12.5	C1-12.5	104.750	159.132	$\ln[G(\alpha)/T-T_0] = -9654.5/T + 17.5782$	0.9782
C2	7.24	2.5	C2-2.5	88.725	130.232	$\ln[G(\alpha)/T-T_0] = -8639.4/T + 22.5691$	0.9941
		5	C2-5	93.866	133.262	$\ln[G(\alpha)/T-T_0] = -8429.9/T + 21.2436$	0.9862
		7.5	C2-7.5	88.925	138.935	$\ln[G(\alpha)/T-T_0] = -8496.3/T + 22.9274$	0.9945
		10	C2-10	107.333	143.237	$\ln[G(\alpha)/T-T_0] = -8537.1/T + 11.9086$	0.9484
		12.5	C2-12.5	101.500	148.785	$\ln[G(\alpha)/T-T^0] = -8612.2/T + 14.5432$	0.9612
A0	0.00	2.5	A0-2.5	93.100	180.100	$\ln[G(\alpha)/T-T_0] = -11275.9/T + 10.004$	0.9988
		5	A0-5	94.516	165.992	$\ln[G(\alpha)/T-T_0] = -11444.6/T + 7.6352$	0.9994
		7.5	A0-7.5	114.375	179.730	$\ln[G(\alpha)/T-T_0] = -10197.1/T + 13.9879$	0.9937
		10	A0-10	115.666	191.586	$\ln[G(\alpha)/T-T_0] = -10160.6/T + 13.871$	0.9992
		12.5	A0-12.5	116.500	203.111	$\ln[G(\alpha)/T-T_0] = -10262.6/T + 16.021$	0.9996
A1	3.63	2.5	A1-2.5	91.225	124.149	$\ln[G(\alpha)/T-T_0] = -9009.1/T + 21.287$	0.9932
		5	A1-5	94.300	144.130	$\ln[G(\alpha)/T-T_0] = -9114.1/T + 19.713$	0.9993
		7.5	A1-7.5	102.775	150.650	$\ln[G(\alpha)/T-T_0] = -8648.3/T + 14.517$	0.9942
		10	A1-10	104.000	152.843	$\ln[G(\alpha)/T-T_0] = -9384.24/T + 16.626$	0.9833
		12.5	A1-12.5	107.250	162.097	$\ln[G(\alpha)/T-T_0] = -9275.8/T + 18.199$	0.9954
A2	7.26	2.5	A2-2.5	84.975	121.334	$\ln[G(\alpha)/T-T_0] = -8054.3/T + 26.348$	0.9988
		5	A2-5	89.150	122.710	$\ln[G(\alpha)/T-T_0] = -7596.8/T + 15.577$	0.9813
		7.5	A2-7.5	88.375	133.976	$\ln[G(\alpha)/T-T_0] = -7882.3/T + 19.387$	0.9911
		10	A2-10	95.600	145.874	$\ln[G(\alpha)/T-T_0] = -7918.2/T + 18.9097$	0.9959
		12.5	A2-12.5	100.750	142.441	$\ln[G(\alpha)/T-T_0] = -7510.4/T + 15.249$	0.9930

注：回归方程中 T_0 指峰的起点温度；函数 $G(\alpha) = [-\ln(1-\alpha)]^n$。

　　由于 P-MDI 与不同含水率淀粉试样反应时，体系中同时存在 P-MDI 与水和淀粉试样的反应。随着反应温度的变化，淀粉试样中水分迁移作用不同，单就

P-MDI 与水的反应就可能出现多种作用机理，因此 P-MDI 与不同水分淀粉试样的反应是一个多种机理同时存在的复杂反应。而方程（5-3）是依据试验数据的回归结果，它是反应体系中多种机理的"平均"与复合，所以由此求得的活化能是 P-MDI 与不同含水率淀粉试样在反应过程中的平均活化能。当升温速率增加时，P-MDI 与不同含水率淀粉反应的 DSC 谱图中，每个放热峰出现的起点温度 T_0 和峰谷温度也增加。升温速率越高，反应体系保持反应的时间越短，反应滞后于温度，所以出峰温度提高，峰位右移；而升温速率较低时，反应体系在一定温度内保持时间就较长，反应能较充分进行，故峰位左移。然而升温速率低时，随保持反应时间的增加，体系温度相对较低，其峰宽而峰高小，因此当升温速率很小时，可能观察不到反应现象。

另外，由等速升温的 DSC 谱图和表 5-3 可见，在相同的升温速率时，随着体系含水率的增加，P-MDI 与不同含水率淀粉试样反应的最高转化率温度（峰谷温度）逐渐左移。对于绝干原淀粉，淀粉开始反应的温度要高于 113℃，最高转化率要在 158℃ 以上才出现。而含水率达到 7.24% 时，在 88℃ 时就开始反应，P-MDI 转化率在 130℃ 前后达到最大，到了 140℃ 左右 P-MDI 基本已完全消耗。由图 5-11 可见，P-MDI 与绝干复合变性淀粉开始反应的温度为 93℃，低于绝干淀粉的反应温度；而最高转化率出现在 180℃ 以上，这一点又高于原淀粉。当含水率达到 7.26% 时，在 84℃ 就开始反应，121℃ 就达到最高转化率，由此可见复合变性淀粉含水分较多时更容易和 P-MDI 发生反应。

5.2　P-MDI 与不同含水率试样反应产物的结构分析

利用 DSC 研究了 P-MDI 与不同含水率淀粉试样的反应，虽然通过 DSC 研究得到的动力学参数表明 P-MDI 与含水淀粉试样反应时，P-MDI 中的异氰酸酯基主要与含水淀粉试样反应，DSC 不能指出 P-MDI 分别与水和淀粉试样反应产物的结构特征，更不能描述 P-MDI 在淀粉内部的分布特性。本节通过 FTIR 和 ESCA 分析，进一步研究 P-MDI 与不同含水率淀粉和复合变性淀粉的反应。通过 FTIR 研究其结构特征，通过 ESCA 研究 P-MDI 在淀粉试样内部的分布以及部分结构特征。

5.2.1　反应产物的 FTIR 分析

1. P-MDI 与不同条件下水反应物特征峰的确定

为了能够分析和确定 P-MDI 与不同含水率淀粉试样反应时，P-MDI 与水的红外光谱特征。首先进行不同反应条件下，P-MDI 与水反应产物的红外光谱分析。

P-MDI 与水反应产物的合成条件如下。

（1）U0 的合成：P-MDI 与水的物质的量比 = 1 : 2.75，5.958g P-MDI 加入溶有 7.0219g 水的环己酮溶液（100mL），于室温下混合均匀后，在室温下反应 5 天，反应产物为大量冻状结晶，过滤，用适量丙酮清洗 3 遍，将剩余结晶取下，置于滤纸中在 95℃中烘至恒重，研磨筛分备用。

（2）U1 的合成：P-MDI 与水的物质的量比 = 1 : 2.75，溶剂为环己酮，于 96～98℃油浴反应 5h（加回流），反应后自然冷却到室温，过滤得到不溶性的结晶沉淀，用适量的丙酮清洗 3 遍，再于 95℃烘至恒重，研磨筛分备用。

（3）U2 的合成：P-MDI 与水的物质的量比 = 1 : 5.45，溶剂为环己酮，于 96～98℃油浴，反应 5h（加热回流），反应后自然冷却到室温，过滤得到不溶性的结晶沉淀，用适量的丙酮清洗 3 遍，再于 95℃烘至恒重，研磨筛分备用。

将合成得到的三种反应产物 U0、U1 和 U2，利用 KBr 压片法测其红外谱图。压片时三种反应产物和 KBr 的加量和比例尽量相同，红外光谱如图 5-14 所示。P-MDI 与水反应产物之一为 N, N-二苯基二甲基取代脲，结构式如下所示：

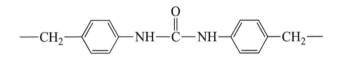

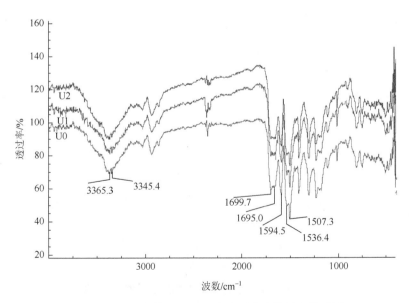

图 5-14　不同条件下 P-MDI 与水反应产物的红外谱图

由图 5-14 可见，其特征吸收峰是—NH 伸缩振动（3497～3195cm^{-1}）、—NH

变形弯曲和 C—N 反对称伸缩振动（1560～1520cm^{-1}）以及取代脲中的 C $=$ O 伸缩振动（1669～1631cm^{-1}）。按照试验结果，二苯基二甲基取代脲特征峰的归属为：—NH 伸缩振动（3365.3～3345.4cm^{-1}），不对称双峰（偶合效应所致）；—NH 变形弯曲和 C—N 反对称伸缩振动（1536.4cm^{-1}）；取代脲羰基 C $=$ O 的伸缩振动（1695.0cm^{-1}），与相关文献[3-6]报道值吻合。三种不同条件下合成的取代脲结构可以说是完全相同的，红外谱图中的吸收峰位置相同，在羰基峰附近（1751～1631cm^{-1}）存在一个较明显的伴峰（1699.7cm^{-1}），说明生成物中有缩二脲（C $=$ O，1709～1653cm^{-1}）。

2. P-MDI 与不同含水率试样反应产物的 FTIR 谱图

为了保证 P-MDI 与淀粉、复合变性淀粉及淀粉基 API 主剂反应条件与 DSC 的统一性，弄清反应产物的结构式，对不同含水率淀粉、复合变性淀粉及淀粉基 API 主剂与 P-MDI 在 130℃进行的 DSC 等温扫描后的试样，进行 FTIR 分析。结果见图 5-15～图 5-17。各谱带的波数、强度、谱带归属、振动类型等谱图分析结果分别参见表 5-4～表 5-6。

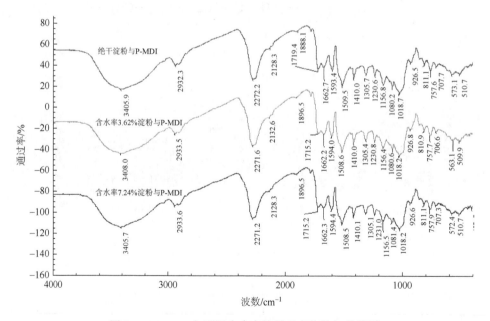

图 5-15　P-MDI 与不同含水率淀粉反应物的红外谱图

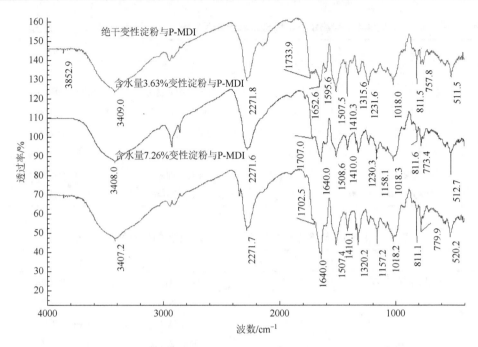

图 5-16　P-MDI 与不同含水率复合变性淀粉反应物的 FTIR 谱图

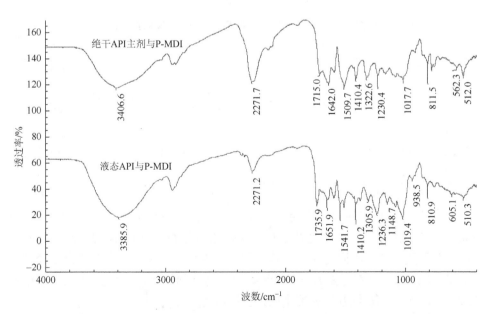

图 5-17　P-MDI 与不同含水率淀粉基 API 主剂反应物的 FTIR 谱图

表 5-4   P-MDI 与不同含水率淀粉反应物的红外谱图归属

波数/cm^{-1}	强度	谱带归属	振动类型
3405.7、3408.0	强、宽	缔合态—OH	O—H 伸缩振动
2271.2、2272.2	强、尖	未反应的 P-MDI	NCO 反对称伸缩
1715.2、1719.4	弱、尖	氨基甲酸酯基	C=O 伸缩
1662.3	弱、尖	取代脲或缩二脲	C=O 伸缩
1594.4	中等、尖	NH 变形和 C—N	反对称伸缩
926.6~1081.4	中等、宽	伯醇、仲醇	C—O 伸缩振动
811.1、757.9、510.7	弱	—CH$_2$（玉米淀粉特征峰）	C—H 摇摆振动

表 5-5   P-MDI 与不同含水率复合变性淀粉反应物的红外谱图归属

波数/cm^{-1}	强度	谱带归属	振动类型
3409.0、3408.0、3407.2	强、宽	缔合态—OH	O—H 伸缩振动
2271.8、2272.0	强、尖	未反应的 P-MDI	NCO 反对称伸缩
1733.9、1707.0、1702.5	弱、尖	氨基甲酸酯基	C=O 伸缩
1652.6、1640.0	中等、尖	取代脲或缩二脲	C=O 伸缩
926.0~1081.0	中等、宽	伯醇、仲醇	C—O 伸缩振动
811.6、773.4、511.5~520.2	弱	—CH$_2$（玉米淀粉特征峰）	C—H 摇摆振动

表 5-6   P-MDI 与不同含水率淀粉基 API 主剂反应物的红外谱图归属

波数/cm^{-1}	强度	谱带归属	振动类型
3406.6、3385.9	强、宽	缔合态—OH	O—H 伸缩振动
2271.7、2271.2	强、尖	未反应的 P-MDI	NCO 反对称伸缩
1735.9、1715.0	弱、尖	氨基甲酸酯基	C=O 伸缩
1642.0、1651.9	中等、尖	取代脲或缩二脲	C=O 伸缩
938.5~1148.7	中等、宽	伯醇、仲醇	C—O 伸缩振动
810.9、605.1、511~520	弱	—CH$_2$（玉米淀粉特征峰）	C—H 摇摆振动

绝干原淀粉的红外谱图表明，由于淀粉的羟基含量较多，因此在 3000~3700cm^{-1} 范围内存在一个吸收强度大、范围宽的吸收峰。由于淀粉大分子的两个末端葡萄糖残基带有不同基团，一端有四个自由羟基，另一端有三个自由羟基和一个半缩醛羟基（潜在醛基），有时半缩醛羟基会还原成醛基，因此在红外光谱的 1739~1700cm^{-1} 存在氨基甲酸酯中的羰基吸收峰。

按照表 2-4 可见，此研究的反应物的氨基甲酸酯的羰基伸缩振动（C=O，

1739~1700cm^{-1}）吸收峰在 1715.2cm^{-1}，由谱图可见羰基含量较低，说明生成氨基甲酸酯链节量较少。随含水率的增加，残余 NCO 的量在减少。取代脲羰基伸缩振动（C＝O，1669~1631cm^{-1}）与缩二脲羰基伸缩振动（1709~1653cm^{-1}）吸收峰，在三个谱图（图 5-15~图 5-17）中表现在 1662.3cm^{-1}、1662.2cm^{-1}、1662.7cm^{-1}，淀粉含水率的提高增加较为明显。当含水率达到 7.24%时，取代脲或缩二脲上的羰基伸缩振动吸收峰 1662.3cm^{-1} 的峰高已超过氨基甲酸酯中羰基伸缩振动吸收峰 1715.2cm^{-1}，说明随着淀粉含水率的提高，P-MDI 与水反应的能力高于与淀粉上羟基反应的能力，与相关文献[3-5, 7]报道值吻合。这一结果与 DSC 的分析结论一致。玉米淀粉特征峰未变，说明淀粉基 API 固化反应后淀粉结构变化不大。

按照表 2-4，由图 5-16 及表 5-5 可见，反应物的氨基甲酸酯的羰基伸缩振动（C＝O，1739~1700cm^{-1}）吸收峰在 1733.9cm^{-1}、1707.0cm^{-1}、1702.5cm^{-1}，由谱图可见其峰面积较小，表明氨基甲酸酯含量较低。随着复合变性淀粉含水率的增加，氨基甲酸酯的羰基特征峰逐渐降低，而取代脲羰基伸缩振动（C＝O，1669~1631cm^{-1}）与缩二脲羰基伸缩振动（C＝O，1709~1653cm^{-1}）的吸收峰 1640~1652cm^{-1} 逐渐加强，表明 P-MDI 与水反应生成物（取代脲或缩二脲）的含量增加，与相关文献报道值[3-5, 7]相吻合。

对比图 5-15 和图 5-16 中取代脲或缩二脲特征峰的峰面积增加幅度来看，复合变性淀粉中的水分更易于与 P-MDI 反应，而且生成物中的取代脲或缩二脲的含量随复合变性淀粉含水率的增加而显著提高。这一结果与 DSC 分析结论相同。

从图 5-16 及表 5-5 可见，玉米淀粉特征峰未变，说明淀粉基 API 固化反应后淀粉结构变化不大。这一结果与原淀粉相似。

按照表 2-4，由图 5-17 可见，绝干淀粉基 API 与 P-MDI 的反应物所残存的为反应的异氰酸酯（NCO 反对称伸缩，2273~2242cm^{-1}）的吸收峰 2272cm^{-1}，明显高于液态淀粉基 API 与 P-MDI 的反应物的异氰酸酯残余量。由此证明在固化反应过程中，P-MDI 主要与淀粉基 API 中的水反应。这与 DSC 所得出的结论相吻合。液态淀粉基 API 主剂与 P-MDI 反应物中取代脲羰基伸缩振动（C＝O，1669~1631cm^{-1}）和缩二脲羰基伸缩振动（C＝O，1709~1653cm^{-1}）的吸收峰 1651~1642cm^{-1} 明显高于绝干淀粉基 API 反应物的取代脲或缩二脲的含量，说明 P-MDI 在含水量较高的主剂中主要与水反应。令人不解的是，液态淀粉基 API 与 P-MDI 反应物中的氨基甲酸酯羰基伸缩振动（C＝O，1739~1700cm^{-1}）吸收峰 1753.9cm^{-1} 的面积大于绝干淀粉基 API 的固化产物中的氨基甲酸酯的吸收峰面积，表明液态淀粉基 API 主剂与 P-MDI 反应生成氨基甲酸酯的量更多。可能的原因是在水分子作用下，淀粉上的羟基处于更为活化状态。玉米淀粉特征峰变化不大，表明淀粉基 API 固化反应后淀粉结构变化不大。

5.2.2　P-MDI 与不同含水率试样反应产物的 ESCA 分析

ESCA 分析主要用于物质表面的结构半定量分析和深度分析。本节将利用 ESCA 研究 P-MDI 与不同含水率原淀粉、复合变性淀粉及淀粉基 API 主剂的反应产物。为了能够实现对 P-MDI 与原淀粉、复合变性淀粉、淀粉基 API 主剂和水的反应产物的科学分析，在 U0、U1、U2 和原淀粉的结构和成分已知的前提下，本节首先研究 U0、U1、U2 和原淀粉的 ESCA 结构分析，然后对 P-MDI 与原淀粉、复合变性淀粉、淀粉基 API 主剂的反应产物进行 ESCA 分析。ESCA 分析使用 Thermo Avamtage v3.31 程序进行处理。

1. 不同条件合成的取代脲和绝干淀粉主剂 ESCA 分析

淀粉和各种条件合成取代脲的制备处理与红外光谱用试样的制备条件和处理相同。不同条件合成的取代脲 U0、U1、U2 的 ESCA 谱图如图 5-18 所示，U0 的 C1s 的 ESCA 谱图如图 5-19 所示。

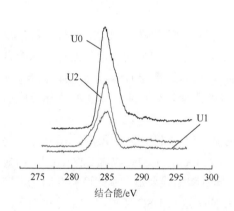
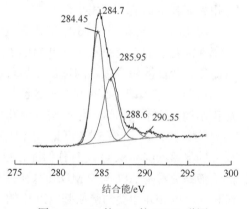

图 5-18　取代脲 U0、U1、U2 的 ESCA 谱图（C1s）　　　图 5-19　U0 的 C1s 的 ESCA 谱图

按照二聚体取代脲的结构，理论上讲，取代脲中 C 存在 6 种化学环境，因此 C1s 谱图应存在 6 个吸收峰。按照下图划分。

　　为了解析不同化学环境碳的含量分布,采用分峰拟合的方法,根据相关文献[8]:将 1 号羧基碳定位于 288.4eV 左右,2、15 号碳定位于 285.9eV 左右,8、21 号碳定位于 290.55eV,苯环碳的峰位于 284.7eV,其余的碳峰与苯环碳的峰位比较接近,因此与苯环碳的峰位重叠,叠合峰对称,难以分离,试验测试得到的 ESCA 谱图只出现四个明显的峰位。所以研究中将取代脲的 C1s 谱图分成 4 个峰——苯环峰(284.7 ± 0.1)eV,2、15 号碳定位于(285.9 ± 0.1)eV 左右,羧基峰(288.6 ± 0.1)eV,8、21 号碳定位于(290.5 ± 0.1)eV。

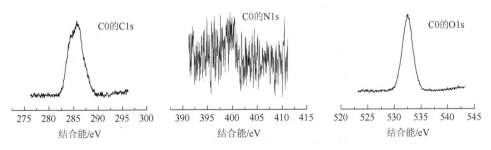

淀粉的结构式

　　由各种取代脲的 C1s 谱图可见,三种取代脲的结构基本相同,这与红外谱图的研究结果一致。利用 Thermo Avamtage v3.31 程序进行分峰处理后,求得 U0、U1、U2 的 284.7eV 左右的峰面积与 288.6eV 左右的峰面积之比分别为:21.98、21.86 和 22.12,这与理论值比例 22 很接近(取代脲中苯环碳与羧基碳的个数比)。

　　淀粉与复合变性淀粉的结构均较为复杂,按照其葡萄糖基的结构图,其分子中 6 个碳元素的化学环境都不相同,因此理论上 C1s 谱图应该有 6 个峰。然而试验测试如图 5-20 和图 5-21 所示,原淀粉与复合变性淀粉的吸收峰都只有一个,峰型对称,另外,原淀粉与复合变性淀粉的 6 个碳的化学位移很接近,叠合峰难以分离,淀粉与复合变性淀粉只有一个峰,其结合能分别为 285.7eV、284.95eV。因此研究中将淀粉与复合变性淀粉的 C1s 峰看作一个单峰,试验测得其结合能分别为 285.7eV、284.95eV。

图 5-20　淀粉的 C1s、O1s、N1s 电子结合能谱图

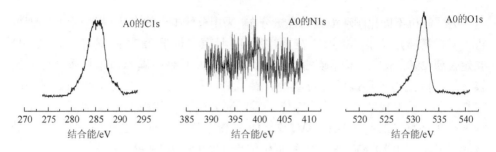

图 5-21　复合变性淀粉的 C1s、O1s、N1s 电子结合能谱图

淀粉因为不含氮元素，所以在 404～396eV 之间的结合能谱图只是一些杂乱的噪声峰；氧元素的电子结合能在 528～540eV 之间，最高峰在 532.8eV，对称单峰。利用灵敏度因子法测得，淀粉中碳氧元素的比例为 1.285（灵敏度因子：C 为 0.296，O 为 0.711）[9]，与理论值 1.20 很近。复合变性淀粉的 ESCA 谱与原淀粉的 ESCA 谱峰形基本一致，在 C1s 结合能 285eV 处出现一个小尖峰，可能是接枝丙烯酰胺结果。

结合上述研究，以后的 ESCA 分析中，将 P-MDI 苯环碳的结合能定位于 284.7eV 左右、羰基定位于 288.6eV 左右、淀粉与复合变性淀粉的碳分别定位于 285.7eV、284.9eV 左右。

2. P-MDI 与不同含水率淀粉试样反应产物的 ESCA 分析

研究使用的样品与 FTIR 用的样品相同，即考察 P-MDI 与含水率为 0%、3.62% 和 7.24%的淀粉于 130℃的 DSC 等温扫描后的产物的结构特征。由于一般物质的氧氮元素能提供的信息很有限，研究中集中对 C1s 进行分析。三种含水率原淀粉与 P-MDI 反应的 C1s 结合能谱图如图 5-22 所示，其分峰曲线拟合结果如表 5-7 所示。拟合结果表明，P-MDI 与绝干原淀粉的反应物表面，其羰基含量最高，为 7.13%；随着淀粉含水率的降低，羰基含量降低，含水率为 3.62%时羰基含量为 6.51%，含水率为 7.24%淀粉羰基含量为 6.39%。可见，绝干淀粉与 P-MDI 反应时的羰基含量比含水率 7.24%淀粉的高 0.74 个百分点，这是因为 2 分子异氰酸酯基与水反应释放 1 分子二氧化碳，生成 1 分子取代脲，分子只含有一个羰基，而 1 分子异氰酸酯基与 1 分子羟基反应生成 1 分子氨基甲酸酯，因而导致 P-MDI 与绝干淀粉的反应物的表面羰基含量较高。

从图 5-23 及表 5-8 可见，不同含水率的复合变性淀粉与 P-MDI 的反应产物的羰基含量的变化规律与原淀粉的相似。所不同的只是变化幅度更大。

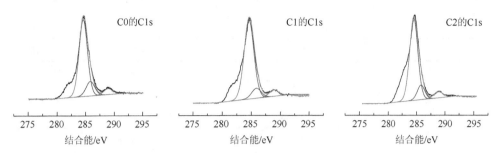

图 5-22　P-MDI 与三种含水率的原淀粉反应产物 C0、C1、C2 的 C1s 的结合能谱图

表 5-7　P-MDI 与三种含水率原淀粉反应的 C1s 拟合结果

试样标记	含水率/%	结合能/eV	官能团或物质	相对含量/%	官能团比例
C0	0	284.59	C—H 或 C—C	79.98	11.22
		285.82	淀粉	12.89	1.81
		288.91	C＝O	7.13	1.00
C1	3.62	284.6	C—H 或 C—C	83.25	12.79
		285.87	淀粉	10.24	1.57
		288.89	C＝O	6.51	1.00
C2	7.24	284.5	C—H 或 C—C	78.11	12.22
		285.77	淀粉	15.49	2.42
		288.82	C＝O	6.39	1.00

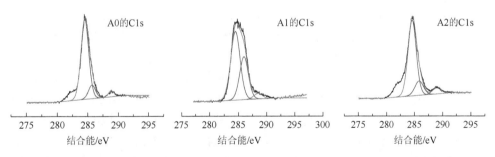

图 5-23　P-MDI 与三种含水率复合变性淀粉反应产物 A0、A1、A2 的 C1s 结合能谱图

表 5-8　P-MDI 与三种含水率复合变性淀粉反应的 C1s 拟合结果

试样标记	含水率/%	结合能/eV	官能团或物质	相对含量/%	官能团比例
A0	0	284.53	C—H 或 C—C	78.11	12.22
		284.8	淀粉	15.49	2.42
		288.82	C＝O	6.39	1.00

试样标记	含水率/%	结合能/eV	官能团或物质	相对含量/%	官能团比例
A1	3.63	284.46	C—H 或 C—C	60.37	13.48
		284.98	淀粉	35.15	7.85
		288.46	C＝O	4.48	1.00
A2	7.26	284.59	C—H 或 C—C	66.76	14.94
		284.82	淀粉	28.78	6.44
		288.91	C＝O	4.47	1.00

就 ESCA 谱图中电子结合能为 288.6eV 羰基含量的变化规律看，异氰酸酯与不同含水率的淀粉试样反应产物的羰基含量变化并不是特别显著，这与异氰酸酯和纤维素[2]的反应结果有所差异，这可能是含水淀粉试样结构更为稳定所导致的，此结果与淀粉基 API 适用期长相吻合。

ESCA 分析表明，P-MDI 与绝干淀粉反应产物的苯环碳原子与羰基的比例为 11.22，而氨基甲酸酯的理论比例为 6，其相对误差比较大。因为苯环的碳原子数较多，其峰面积很大，而羰基峰面积很小，所以在曲线拟合时，羰基峰面积稍微改变就能引起苯环碳原子与羰基的比例明显改变，因此 ESCA 难以准确定量。当淀粉含水率为 3.62% 和 7.24% 时，试验测得的苯环碳原子与羰基比例分别为 12.79 和 12.22，与取代脲的理论比例 22 相差较大，这说明 P-MDI 与含水淀粉反应时，水分在整个反应体系中作用，一方面起到激活淀粉分子上羟基氢原子的作用，另一方面自身也和 P-MDI 发生反应，在淀粉基 API 主剂中水分子主要起激活作用，这与淀粉基 API 适用期比较长和 DSC 及 FTIR 的分析结果相一致。

理论上，氨基甲酸酯中苯环碳原子与羰基的比例为 6，二聚体取代脲中的比例为 22，因此根据实测的比例可以粗略计算反应产物表面取代脲 U 和氨基甲酸酯 Urth 的比例。计算表明，复合变性淀粉含水率为 3.63% 时，取代脲和氨基甲酸酯的比例为 U：Urth = 1：1.14；复合变性淀粉含水率为 7.26% 时的比例约为 U：Urth = 1.27：1。或者说，淀粉含水率分别为 3.63% 和 7.26% 时，与水反应的 P-MDI 分别占总消耗异氰酸酯基的 46.72% 和 55.95%。按照红外光谱图 5-16 和图 5-17 显示，取代脲的含量应该比 ESCA 计算的要高，因为按照上述取代脲和氨基甲酸酯的比例，在红外谱图中氨基甲酸酯的羰基吸收峰应该更强。

应该说明的是，由于取代脲中苯环碳原子数是羰基的 22 倍，因此在曲线拟合时很容易产生误差。若使羰基峰面积产生 1% 的误差，则会导致取代脲中苯环碳原子与羰基比例计算的 20% 误差，使反应产物中取代脲和氨基甲酸酯比例的计算误差更大,因此上述计算结果只能作参考,若要得到更准确的结果,需要做大量的重复试验或者多次变更试验条件的方法才能实现。

3. P-MDI 在不同含水率淀粉试样内的分布

为了研究 P-MDI 在淀粉内的分布情况,在 ESCA 分析的基础上,尚需要借助于刻蚀技术,即在不同时间的离子溅射作用下,分析样品表面逐层"削去",从而实现样品次表面或本体的成分分析。

试验方法:对 P-MDI 与不同含水率原淀粉 C0、C1 和 C2 及 P-MDI 与不同含水率复合变性淀粉 A0、A1、A2 在能量为 5keV、聚焦电压为 5keV 的氢离子源下进行不同时间的刻蚀,刻蚀时间分别为 0min、1min、2min、5min 和 9min。原淀粉刻蚀后的 ESCA 谱图如图 5-24～图 5-26 所示;复合变性淀粉的反应产物刻蚀后的 ESCA 谱图如图 5-27～图 5-29 所示;曲线拟合结果如表 5-9 所示。

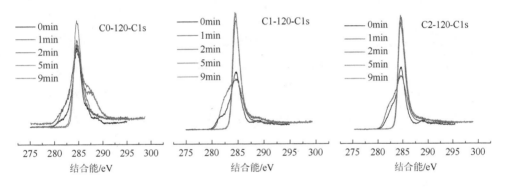

图 5-24　P-MDI 与三种含水率原淀粉反应产物在不同时间刻蚀后的 C1s 结合能谱图

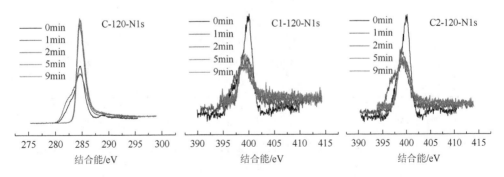

图 5-25　P-MDI 与三种含水率原淀粉反应产物在不同时间刻蚀后的 N1s 结合能谱图

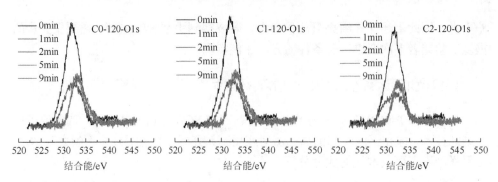

图 5-26　P-MDI 与三种含水率的原淀粉反应产物在不同时间刻蚀后的 O1s 结合能谱图

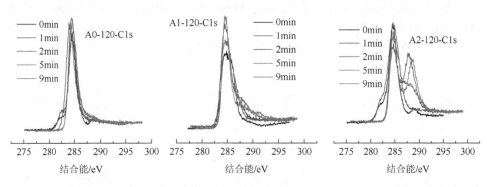

图 5-27　P-MDI 与三种含水率的复合变性淀粉反应产物在不同时间刻蚀的 C1s 结合能谱图

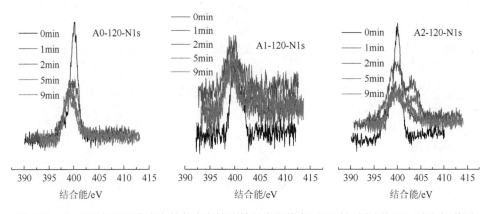

图 5-28　P-MDI 与不同含水率的复合变性淀粉反应产物在不同时间刻蚀的 N1s 结合能谱图

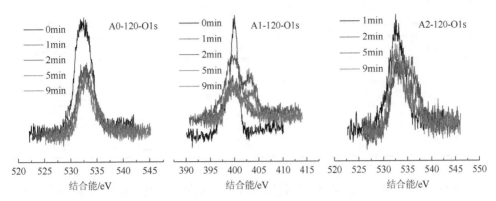

图 5-29　P-MDI 与不同含水率的复合变性淀粉反应产物在不同时间刻蚀的 O1s 结合能谱图

表 5-9　P-MDI 反应产物在不同时间刻蚀后的 C1s 拟合结果

试样标记	含水率/%	刻蚀时间/min	结合能/eV	相对含量/%
C0	0	0	284.60	18.63
		1	284.60	18.58
		2	284.55	18.52
		5	284.55	18.14
		9	284.60	17.14
C1	3.62	0	284.75	19.16
		1	284.60	18.89
		2	284.60	18.76
		5	284.65	18.58
		9	284.45	17.61
C2	7.24	0	284.65	19.07
		1	284.60	18.91
		2	284.65	18.77
		5	284.65	18.69
		9	284.55	18.16
A0	0	0	284.45	18.99
		1	284.70	18.75
		2	284.00	18.56
		5	284.50	18.46
		9	284.70	17.03
A1	3.63	0	284.90	19.14
		1	284.65	19.08
		2	284.45	19.04
		5	284.55	18.60
		9	284.65	17.26

续表

试样标记	含水率/%	刻蚀时间/min	结合能/eV	相对含量/%
A2	7.26	0	284.60	19.55
		1	284.65	19.29
		2	284.75	19.19
		5	284.70	18.70
		9	284.65	11.81

　　P-MDI 与不同含水率淀粉试样反应产物在不同时间的刻蚀 ESCA 谱图（图 5-24～图 5-29）和表 5-9 揭示，反应产物刻蚀后，其羧基含量较不刻蚀时的要低；随着刻蚀时间的增加，羧基含量变化逐渐降低，但变化不大。羧基的含量与体系氮元素的含量密切相关，随着羧基含量的降低，其氮元素含量也以相同规律降低，如图 5-25 所示，但是，反应产物刻蚀后，其表面的氮元素含量较低，此时 N1s 电子结合能谱出现大量的噪声干扰，研究无法对其进行曲线拟合，但可以通过峰面积变化定性地观察氮元素含量的变化。

　　图 5-24～图 5-26 揭示，由于原淀粉与 P-MDI 不相溶，淀粉颗粒又存在结晶区，P-MDI 主要分布于淀粉颗粒的表层，所以在不对反应产物进行刻蚀时，其羧基含量和氮元素含量较高；一旦刻蚀后，它们的含量就显著降低，而随着刻蚀时间增加，其含量变化不大。刻蚀时间较长时，反应产物中存在羧基和氮元素是因为：原淀粉以小颗粒形式存在，P-MDI 分布在其表面，当以一定角度对其一个方向的表面进行刻蚀时，其颗粒外周的一些区域上的羧基和氮元素总会存在，如图 5-30 所示。

图 5-30　附有反应产物的淀粉颗粒刻蚀前后的示意图

　　因此 P-MDI 主要是在淀粉颗粒表面反应，故 P-MDI 与绝干淀粉反应主要由相界面反应机理控制的结论是正确的。

　　图 5-27～图 5-29 揭示，复合变性淀粉与 P-MDI 也不相溶，复合变性淀粉

颗粒比原淀粉结晶区减少，致使 P-MDI 除了主要分布于复合变性淀粉表层之外，还浸渍到复合变性淀粉内部。所以呈现出刻蚀后羰基含量和氮元素含量下降幅度不明显的规律，由此证明了复合变性淀粉颗粒比原淀粉结晶区减少了这一观点。

因此 P-MDI 除了在复合变性淀粉颗粒表面反应外，还在颗粒内部反应，故 P-MDI 与复合变性淀粉反应更倾向于无规成核反应机理控制的结论是正确的。

刻蚀作用能有效地去除样品不需要的旧表面，然而刻蚀时，由于旧表面上元素的原子核序数不同以及相同元素的结合化学键不同，样品表面并不能像切片一样整齐地把旧表面"削去"，而是有的元素溅射出去得多，有的元素溅射出去得少，刻蚀后的表面并不很平整光滑。因此，对刻蚀后样品的C1s进行曲线拟合后发现，电子结合能在 284.7eV 左右的碳含量比溅射前高不少。所以，对于含水淀粉的反应产物，按照刻蚀后的数据计算得到的苯环碳原子与羰基的比例都大于理论值12，一般在 16.4～21.7 之间；绝干淀粉的比例在 10.7～12.0 之间。因此刻蚀后的拟合数据无法用于定量计算，只能定性观察。

5.3　淀粉基 API 与桦木胶接机理的研究

胶黏剂与基材之间的作用一直受到人们的重视，例如，Donaldson 和 Lomax 研究了胶黏剂的分布以及胶黏剂和纤维之间的相互作用，Zaporoshskaya 等利用 IR 分析测试技术研究了胶黏剂和基材间反应所生成的衍生物。本节通过 FTIR、ESCA、DSC 等仪器分析技术对桦木和淀粉基 API 胶接界面进行探测分析，采用 SEM 对胶接界面形貌进行表征，从微观上揭示木材分子与胶黏剂分子的胶接机理，进一步完善桦木与淀粉基 API 的胶接理论。

5.3.1　桦木、淀粉基 API 及其胶接界面的 FTIR 表征

采用淀粉基 API 胶接木材时，木材和淀粉基 API 形成的界面能否发生化学反应、产生化学结合是关系到胶接制品是否具有良好强度的重要问题，特别是对于提高胶接材料的耐老化性能具有重要作用，开展这方面的研究具有重要的理论意义和现实意义。

淀粉基 API、淀粉基 API 与桦木胶接界面以及桦木的 FTIR 谱图如图 5-31 所示。对比三个谱图发现，在胶接界面的红外光谱图中波数为 2272.3cm^{-1} 左右的峰的强度减弱。在 2272～2271cm^{-1} 的吸收峰为 P-MDI 的累积双键（N＝C＝O）的不

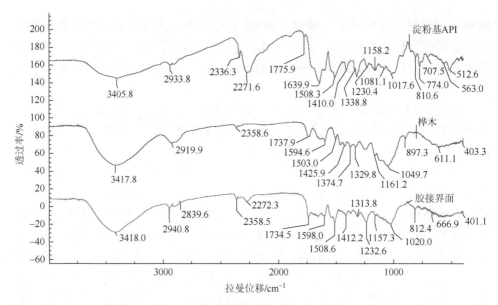

图 5-31　桦木、淀粉基 API 及其胶接界面的 FTIR 谱图

对称吸收峰，它是 API 胶黏剂的最重要的特征带，P-MDI 的累积双键（N＝C＝O）的反应程度可由此峰的强度并依据文献[10]来判断。

对比淀粉基 API 与桦木的胶接界面谱图中 N＝C＝O 峰（2272.3cm^{-1}）与淀粉基 API 的傅里叶变换红外光谱图中 N＝C＝O（2271.6cm^{-1}）峰的强度可见，界面中的 N＝C＝O 的强度减弱，由此可以推断，淀粉基 API 中的 N＝C＝O基在胶接的整个体系中由于与木材的某些基团发生反应而使其强度减弱。从图 5-31还可以看到：在淀粉基 API 与桦木的胶接界面谱图中，仍含有反应活性很强的 P-MDI 的累积双键（N＝C＝O），这说明淀粉基 API 具有进一步反应的能力，这一点刚好解释了一般将胶接后的制品养生一段时间的原因。

桦木木材在波数为 1329.8cm^{-1} 及 1161.2cm^{-1} 处的吸收峰与胶接界面谱图中相比，其强度明显减弱，前者 1329.8cm^{-1} 代表纤维素 C—OH 面内弯曲振动，后者 1157.3cm^{-1} 代表纤维素和半纤维素的 C—O—C 伸展振动。这些吸收峰强度的变化也表明了纤维素和半纤维素与淀粉基 API 间有反应。

5.3.2　淀粉基 API 与桦木胶接界面的 ESCA 分析

1. 试验方法

将淀粉基 API 预先涂于聚四氟乙烯薄膜上，待其完全固化成为胶膜后待用。淀粉基 API 和桦木的界面是从常态压缩剪切强度试件剪切后木破率为零处的表面上用刀片切下的薄片，而木材是从常态压缩剪切试件胶接面的另一面切下的薄片。注意试样表面不要受到污染，试样准备好后，用双面胶带粘贴于样品台上，进行 ESCA 仪器分析。

2. 结果与分析

淀粉基 API、桦木以及淀粉基 API 与桦木的胶接界面的 ESCA 谱图中 C、N、O 三元素峰位图分别见图 5-32～图 5-34。在淀粉基 API、淀粉基 API 与桦木的胶接界面以及桦木木材的 ESCA 宽带图上可看到，三个谱图中 N、C、O 三元素的含量较高。淀粉基 API、淀粉基 API 与桦木的胶接界面及桦木木材的 N、C、O 三元素的谱峰的面积如表 5-10 所示。

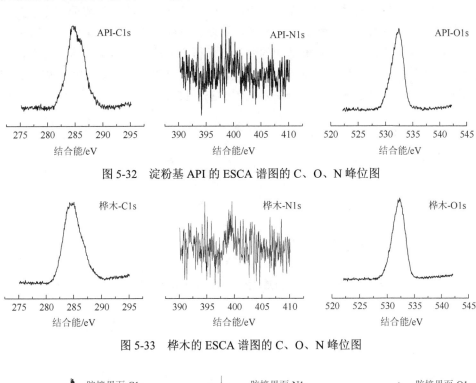

图 5-32　淀粉基 API 的 ESCA 谱图的 C、O、N 峰位图

图 5-33　桦木的 ESCA 谱图的 C、O、N 峰位图

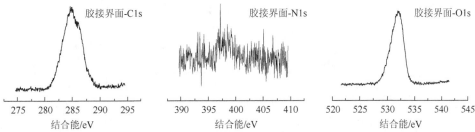

图 5-34　淀粉基 API 与桦木胶接界面的 ESCA 谱图的 C、O、N 峰位图

表 5-10　　淀粉基 API、淀粉基 API 与桦木胶接界面和桦木的 C、O、N 三元素的峰面积

元素	淀粉基 API	淀粉基 API 和桦木的胶接界面	桦木
C	10643.91	12402.49	18617.86
N	702.29	444.55	211.95
O	14827.47	20859.17	23558.78

从表 5-10 列出的三种样品的 N、C 和 O 的峰面积可以看出：界面中氧含量比淀粉基 API 中的氧含量有所增加；而界面中 C 谱也不是淀粉基 API 与桦木 C 谱的简单叠加；从 N 的含量来看，淀粉基 API 和桦木胶接界面中 N 的含量比 API 胶黏剂中的低，但比木材中的要高，这说明在淀粉基 API 与桦木的界面产生了某些变化，使某些基本基团的含量有所增加，而使另一些基本基团的含量有所减少。

为了表征界面各主要基本基团的变化，解析不同化学环境碳的含量分布，采用曲线拟合的方法，对 C1s 进行分峰处理，淀粉基 API、淀粉基 API 与桦木的胶接界面以及桦木的 C1s 谱的分峰曲线见图 5-35～图 5-37。

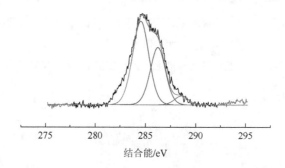

图 5-35　淀粉基 API 的 C1s 的 ESCA 谱图

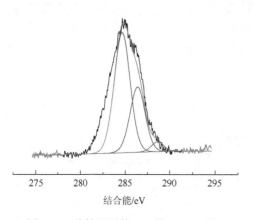

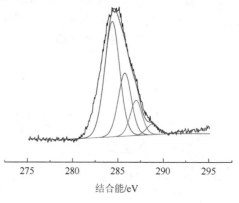

图 5-36　胶接界面的 C1s 的 ESCA 谱图　　　　图 5-37　桦木表面的 C1s 的 ESCA 谱图

分峰时的原则是 C1 的电子能量定位于（284.5±1.0）eV，C2 的电子能量定位于（286±1.0）eV，C3 的电子能量定位于（287.5±1.0）eV，C4 的电子能量定位于（289±1.0）eV。在半峰高时，峰宽保持相对稳定。由于淀粉基 API、淀粉基 API 与桦木的胶接界面以及桦木木材的化学组成不同，峰的位置确定有所差异，分峰时具体的峰位见表 5-11。

表 5-11　淀粉基 API、胶接界面以及桦木木材 C1s 各种类型的碳原子的比例

		淀粉基 API	API 与桦木的界面	桦木
C1	峰位/eV	284.51	284.64	284.34
	面积	6135.81	7857.95	10373.86
	百分比/%	57.64	63.35	55.72
C2	峰位/eV	286.21	286.38	285.74
	面积	3953.23	4040.32	4992.62
	百分比/%	37.14	32.58	26.82
C3	峰位/eV	288.57	288.62	287
	面积	554.87	504.22	2501.02
	百分比/%	5.22	4.07	13.43
C4	峰位/eV	—	—	288.80
	面积	—	—	750.34
	百分比/%	—	—	4.03

假设淀粉基 API 和桦木胶接界面层中没有发生任何化学变化，则胶接界面层中这些主要基本基团的含量应是淀粉基 API 与木材的简单叠加。相对淀粉基 API 和木材而言，界面层的谱图中的基本基团确实发生了明显的变化，淀粉基 API 中 C1 基团的含量为 57.64%，而胶接界面层中 C1 基团的含量为 63.35%，与淀粉基 API 相比，界面层中 C1 基团的含量增加。而桦木中 C2 基团的含量为 26.82%，胶接界面层中 C2 基团的含量为 32.58%，说明与木材相比界面层中的 C2 基团的含量增加。C2 代表与一个非羰基类的 O 原子连接的 C 原子，即—C—O—。根据淀粉基 API 和木材的化学组成推断，这是因为淀粉基 API 中的异氰酸酯基 N＝C＝O 与胶中或木材上的羟基（—OH）发生了亲核反应，生成了一定量的氨基甲酸酯，从而使界面层中氧含量增加。这一点与傅里叶变换红外光谱中看到的波数在 $2272cm^{-1}$ 附近 P-MDI（N＝C＝O）的特征吸收峰在界面中减弱，说明淀粉基 API 与木材发生了反应的结论是一致的。

5.3.3　DSC 研究桦木和淀粉基 API 的反应

用于制备木粉的桦木木块在大气中调制 2 周，然后利用这些木块制备 100 目的木粉，再在 96~98℃下烘 12h，视其含水率为 0。

试验用淀粉基 API 主剂：乳白色液体；非挥发物含量 43.81%；黏度 12420mPa·s；pH = 7.68；水混溶性 2.0 倍；储存稳定性 18.5h。交联剂采用未经封闭处理的亨斯迈聚氨酯（中国）有限公司提供的 5091 型 P-MDI：均质深褐色液体；黏度 320mPa·s。

取主剂 38.9360g，交联剂 7.7872g；将交联剂加入主剂中，在磁力搅拌器下强烈搅拌 30min，使主剂与交联剂充分混合均匀后尽量平均分成两份，一份直接取样进行 DSC 分析；另一份按混合后的胶黏剂与木粉的比例为 50：100，即向 24.6342g 胶水中加入 49.2684g 桦木木粉，用电动搅拌器搅拌 30min 后取样进行 DSC 分析。

试验中作两种谱图，第一种为淀粉基 API 主剂和交联剂混合的 DSC 谱图，其中主剂和交联剂的比例为 100：20，取样量为 5.160mg；第二种为淀粉基 API 主剂、交联剂以及木粉混合后的 DSC 谱图，主剂和交联剂的比例同上，而木粉和淀粉基 API 的质量比为 100：50，充分混合均匀，取样量为 9.020mg，取样后立即进行 DSC 测试。

1. 等速升温的 DSC 谱图

采用升温速率为 7.5℃/min，从 30℃开始到 200℃为止，进行等温扫描。主剂与 P-MDI 的 DSC 谱图见图 5-38；淀粉基 API 与桦木木粉的 DSC 谱图如图 5-39 所示。

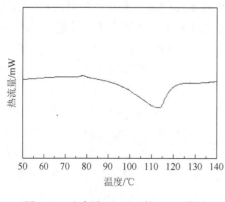
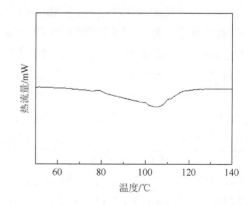

图 5-38　主剂和 P-MDI 的 DSC 谱图　　　图 5-39　淀粉基 API 与桦木木粉的 DSC 谱图

　　淀粉基 API 的主剂和交联剂混合的 DSC 的 $T_0 = 80.275℃$；$T_p = 112.275℃$；$T_e = 127.750℃$；$\Delta H = 47.750 J/g$。

　　淀粉基 API 和木粉混合后的 DSC 的 $T_0 = 77.350℃$；$T_p = 104.872℃$；$T_e = 124.375℃$；$\Delta H = 20.858 J/g$。

　　两者的反应热由 47.750J/g 下降到 20.858J/g，说明淀粉基 API 和木材之间存在强烈的反应。另外从起始反应温度和峰值温度来看，其对工业生产中确定热压温度范围具有重大的指导意义。事实上，在实际生产中，Ⅱ型淀粉基 API 的热压温度就是 105～115℃，和淀粉与 P-MDI 发生化学反应的峰值温度相吻合。

2. DSC 反应动力学的分析

　　因淀粉基 API 的主剂是一个非均相的体系，为了求得淀粉基 API 的主剂和交联剂的反应活化能及其与木粉的反应活化能，采用 Piloyan-Ryabchihov-Novikova-Maycock 法。

　　DSC 中的 Piloyan 方程的数学模型为

$$\frac{dH}{dt} = AH_0 f(\alpha) e^{-\frac{E}{RT}}$$

　　两边取对数：

$$\ln\left(\frac{dH}{dt}\right) = \ln[AH_0 f(\alpha)] - \frac{E}{RT}$$

式中：dH/dt 为热流量（mJ/s）；A 为指前因子；H 为某温度下的反应热量；H_0 为总反应热量；α 为转化率；E 为固化反应的表观活化能（kJ/mol）；R 为摩尔气体常量[8.314J/(mol·K)]；T 为热力学温度（K）。

　　采用 Piloyan 法求 DSC 曲线的活化能的方法：在 DSC 曲线上取若干点，如 A、B、C 三点，分别读出对应的 A、B、C 三点的热流量值 dH / dt 和对应这三点的温度 T_1、T_2、T_3，计算热流量的对数 $\ln(dH/dt)$ 和温度的倒数 $1/T$，然后作热流量的对数 $\ln(dH / dt)$ 和温度的倒数 $1/T$ 间的散点图，即 $\ln(dH / dt)$-$1 / T$ 图，得一条直线，斜率为 $-E / R$，由此计算出活化能 E，其结果如表 5-12 所示。

表 5-12　活化能的计算

类别		1	2	3	斜率（$-E/R$）	活化能/(kJ/mol)
主剂＋交联剂	$T/℃$	117.5425	117.8650	118.0750		
	(dH/dt) /(mW/s)	56.63564	58.84329	60.04872		
	$(1/T)$ /(1/K)	0.002551	0.002558	0.002557	−16895.03	140.47
	$\ln(dH/dt)$	4.081744	4.064629	4.029551		
	$T/℃$	106.175	106.4	106.85		

类别		1	2	3	斜率（−E/R）	活化能/(kJ/mol)
胶黏剂和木粉	dH/dt/(mW/s)	53.05096	54.25292	55.94665	−11127.11	92.51
	（1/T）/(1/K)	0.002637	0.002636	0.002633		
	ln（dH/dt）	3.971253	3.993657	4.024399		

由表 5-12 的计算可知：淀粉基 API 和木粉反应的活化能与淀粉基 APl 主剂＋交联剂反应活化能相比有较大幅度的减少，从 140.47kJ/mol 减少到 92.51kJ/mol，减少了 47.96kJ/mol。这说明淀粉基 API 和木材胶接时所需活化能远小于树脂固化时的活化能，即淀粉基 API 和木材胶接反应要比树脂固化反应容易得多。

5.4　淀粉基 API 对桦木渗透性的研究

木材胶接时胶接力的形成过程分为以下五个步骤：流动、传递、渗透、润湿和固化。流动指的是液体胶黏剂在基材外部表面的铺展；传递是指木材组件装配时导致的液体胶黏剂向相邻木材表面的转移；渗透指的是由于在压力的作用下，胶黏剂依靠毛细管作用而渗入细胞腔中的现象；润湿不仅仅发生在木材外部表面，它同时对液体胶黏剂沿细胞壁的运动也有帮助；最后发生的过程即为固化。

"渗透"经常被定义为从界面到胶接基材之间的空间距离，也有人将"渗透"看作是液体运动的过程。无论是上面哪一种情况，胶黏剂对多孔木材的渗透在胶接过程中都扮演着重要角色，一直被认为对胶接强度的形成有重要的影响。

5.4.1　试验过程

淀粉基 API 在木材中的渗透程度与胶黏剂的分子量分布、填料的含量、木材的含水率、孔隙率、表面粗糙度、表面能、温度、压力以及时间有关。本试验采用的试件是用Ⅱ型Ⅱ类淀粉基 API 压制的桦木胶合板，并制取尺寸为 30mm×20mm×10mm 的试件。在室温下养生 72h，经过乙醇和甘油的混合液软化处理后，采用德国 Leiz 1400 型滑走式木材切片机进行切片，切片的厚度为 15μm 左右。切好的切片用番红染色 24h，然后用乙醇梯度脱水（乙醇的浓度分别为 30%、50%、80%、95%、100%），再用二甲苯固定颜色（透明处理），最后用切片胶封片，准备进行 SEM 扫描。

5.4.2　试验结果

淀粉基 API 对桦木渗透性的研究结果如图 5-40 所示。

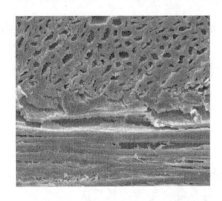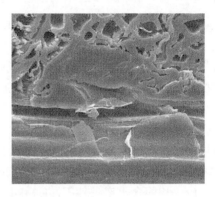

图 5-40　淀粉基 API 对桦木渗透性 SEM 图

从图 5-40 可以看到，尽管桦木的木射线很发达，但看不出有木射线组织引导淀粉基 API 渗入到木材中的迹象，弦径向渗透未看到有什么差别。

M. S. White 在研究间苯二酚树脂胶对南方松的渗透时指出，在木材弦切面上可以看到某些射线细胞中有间苯二酚树脂胶的渗入，而径切面却未看到有间苯二酚树脂胶的渗入，说明弦切面上的木射线起到了引导胶黏剂渗入木材的作用。但本节研究发现：在桦木的弦切面上却未看到射线细胞中有淀粉基 API 的渗入。其原因可能如下：一是淀粉基 API 的分子结构与 PF 胶黏剂不同，即淀粉基 API 中变性淀粉、丙烯酰胺和聚乙烯醇等物质的分子量都比较大，影响渗透；二是由于淀粉基 API 中添加填料（原淀粉），填料有阻止胶液过度渗透的作用；三是由于渗透的速率与固化温度、固化压力等有关，而淀粉基 API 的活性非常强，这就使得淀粉基 API 还未来得及渗入到木射线组织中就失去流动性，使得弦面上的木射线没有起到引导胶黏剂渗入木材内部的作用。尽管没有把胶往深层引导，但由于木射线在弦面上是横断的，木射线还能起到胶钉的作用。在实际生产过程中，采用淀粉基 API 胶接桦木时，木材破坏率较低，与微观上的 SEM 分析结果相吻合。由此推断，淀粉基 API 与桦木胶接力、机械胶合作用较弱。

5.5　本 章 小 结

（1）通过 P-MDI 与不同含水率淀粉试样的 DSC 研究发现，体系含水率对 P-MDI 的反应影响重大，随着淀粉试样水分的增加，P-MDI 消耗速度加快。绝干原淀粉与 P-MDI 的反应是绝干复合变性淀粉与 P-MDI 反应速率的 1.5836 倍；而在同样含水率条件下，复合变性淀粉与 P-MDI 的反应是原淀粉与 P-MDI 反应速率的 11.8113 倍，水分对复合变性淀粉反应活性的影响巨大。

（2）ESCA 分析表明，P-MDI 主要分布于淀粉表层。等温 DSC 研究并结合

ESCA 分析揭示，P-MDI 与绝干淀粉的反应机理是以相界面反应机理为主；P-MDI 与绝干复合变性淀粉的反应机理更倾向于无规成核机理。对于含水淀粉和复合变性淀粉与 P-MDI 反应时，因为含水率、反应温度和 P-MDI 转化率的不同，存在无规成核机理、扩散机理和相界面机理等情形。水分迁移作用和 P-MDI 与水反应速率较快等是致使 P-MDI 与含水淀粉和复合变性淀粉的反应机理复杂的关键因素。

（3）等速升温 DSC、FTIR 和 ESCA 分析研究发现，P-MDI 与含水淀粉和复合变性淀粉反应时，P-MDI 主要与水反应；随着淀粉和复合变性淀粉含水率的增加，与水反应的 P-MDI 量增多，当含水率分别达到 7.24%、7.26%时，大量的 P-MDI 与水反应。相同含水率条件下，P-MDI 更易与复合变性淀粉反应。

（4）等速升温 DSC 研究发现，P-MDI 与不同含水率淀粉反应可以使用如下方程进行线性化回归或求解动力学参数。由此求得的活化能随着含水率的增加而有所降低。

$$\ln\frac{[-ln(1-\alpha)]^{2/3}}{(T-T_0)} = \ln\frac{A}{\beta} - E/(RT)$$

（5）ESCA 分析揭示，P-MDI 与含水率为 7.24%的淀粉在 130℃等温扫描反应 30min 后，与水反应的 P-MDI 占总消耗 P-MDI 量的 55.95%，产物中取代脲和氨基甲酸酯的比例约为 1.27∶1；而淀粉含水率为 3.62%时，与水反应的 P-MDI 占总消耗 P-MDI 量的 46.72%。

（6）FTIR 研究淀粉基 API、桦木、胶接界面发现，在界面层中—NCO 的特征峰（2272cm^{-1}）强度减弱，可以推断淀粉基 API 中的—NCO 与桦木中的纤维素或半纤维素上的羟基发生了化学反应。通过 ESCA 研究胶接界面层中的 C1、C2 和 C3 的含量，发现淀粉基 API 与桦木之间确实发生了化学反应。

（7）采用 DSC 研究淀粉基 API 与桦木木粉之间化学反应动力学参数时发现：淀粉基 API 和木材胶接时所需活化能远小于树脂固化时的活化能，也即淀粉基 API 和木材胶接反应要比树脂固化反应容易得多。

（8）采用 SEM 研究淀粉基 API 对桦木的渗透性发现，淀粉基 API 对桦木表面的渗透性较差，表明机械胶合作用较弱。

参 考 文 献

[1] 胡荣祖, 史启桢. 热分析动力学[M]. 北京：科学出版社, 2001.

[2] 高振华. 异氰酸酯室温下与醇、水反应及较高温度下与纤维素反应的研究[D]. 哈尔滨：东北林业大学, 2003：102-107.

[3] 山西省化工研究所. 聚氨酯弹性体手册[M]. 北京：化学工业出版社, 2001.

[4] Han Q W, Urban M W. Surface/interfacial changes during polyurethane crosslinking: Aspectroscopic study[J]. Tournal of Applied Polymer Science，2001，81：2045-2054.

[5]　Kaminski A W，Urban M W. Interfacial studies of crosslinked polyurethanes[J]. Coating Technology，1997，69：55-66.

[6]　Umemura K，Takahashi A，Kawai S. Durability of isocyanate resin adhesives for wood（Ⅱ）[J]. Tournal of Applied Polymer Science，1999，74：1807-1814.

[7]　柯以侃，董慧茹. 化学分析手册-光谱分册[M]. 北京：化学工业出版社，1998.

[8]　王建棋，吴建辉，冯大明. 电子能谱学引论[M]. 北京：国防工业出版社，1992.

[9]　布里格斯. 聚合物表面分析[M]. 曹立礼译. 北京：化学工业出版社，2001.

[10]　Steiner P R. Interaction of polyisocyanate adhesive with wood[J]. Forest Products Journal，1980，30（7）：21-27.

第 6 章　淀粉基 API 木材胶黏剂老化机理研究

通常使用增加湿度、提高温度来加速老化的方法，对胶黏剂胶接耐久性进行评价[1]。老化试验本应通过在室外暴露来评价，但时间过长不现实[2]。这两种评价间有一定的关系，要完整地加以证明很困难，因为室外暴露的老化要比加速老化因素复杂得多，所以两者是有一定偏差的[3]。

为明确两种方法的关联，曾使用过很多方法[4-6]，但很难把老化的化学变化考虑进去。可是，胶黏剂的物理胶接强度是由其内部的化学特性（分子量及其分布、结晶性等）所引起的[7, 8]。因此，胶黏剂老化时，内部的化学变化是相当重要的。如果能明确老化时产生化学变化的机理，就可明确实际在室外暴露和加速老化之间的关联性，则胶黏剂的确切耐久性就可预见了。

为达到此目的，本章把淀粉基 API 用于结构集成材的Ⅰ型Ⅰ类木材胶黏剂进行加速老化，考察其内部发生了怎样的化学变化，并对其进行分析研究。

在第 4 章按一般的试验方法进行化学、物理分析研究的基础上，本章采用反复煮沸—干燥加速老化处理，观察胶黏剂老化引起的化学变化。通过分析其胶膜煮沸时水可溶成分的物理化学变化结果对胶接产生怎样的影响加以研究。

6.1　加速老化试验

6.1.1　材料与方法

1. 材料

（1）试验用胶黏剂：采用在 4.2 节中所优化出的最佳组成配比Ⅰ型Ⅰ类反复煮沸的淀粉基 API 主剂，交联剂采用 P-MDI［上海亨斯迈聚氨酯（中国）有限公司提供的 5091 型］。主剂与交联剂的配比为 100∶20，试件如图 4-2 所示。乙酸材料与 4.1 节相同。

（2）试验用胶膜：将淀粉基 API 主剂与交联剂按比例充分混合后，放在聚四氟乙烯薄板上，使胶黏剂扩展成适当的厚度，在恒温恒湿箱内养生 2 周时间后，进行老化试验。整个试验用的胶膜应采用同一块胶膜，从老化试验的性质上看，随放置时间的延长，胶膜有可能变质，易造成测定结果的不准确，但对所有的试验又不可能同时进行，所以本次试验胶膜在低温（5℃以下）保存，使每个分析的胶膜都在相同条件下进行，以保证试验结果的可靠性。

2. 方法

（1）加速老化试验：采用日本 JIS K 6806—2003 改进的重复煮沸—干燥方式进行加速老化，即把胶接固化养生后的试验材料（如胶合木、胶膜等）煮沸 4h、60℃下通风干燥 20h、再煮沸 4h，作为一个周期；再重复干燥—煮沸处理作为下一个周期。

n 周期 = (4h 煮沸 + 60℃通风干燥 20h + 4h 煮沸)$_n$，n 为周期次数。

（2）加速老化试验后的处理：加速老化处理终了后，对试验材料进行湿态（wet）和干态（dry）两种试验。湿态，是把各终了处理后的试件置于湿润状态，即煮沸后直接把试件放在冷水里浸渍，达到 20℃恒温后对试件进行湿状试验；干态是对试件进行干状试验，即把各处理终了后的试件在 20℃、RH 65%调湿达到恒重时的干状，然后再进行试验。

（3）重复煮沸—干燥加速老化引起的压缩剪切强度的变化：经加速老化处理后，对使用的胶黏剂究竟发生了怎样的变化进行测定。通过胶合木压缩剪切强度的检测以及对胶膜化学变化的研究，揭示加速老化处理将发生怎样的化学变化并进行探讨。

（4）老化处理后试件的质量变化：干态条件的试件，为了明确达到恒重的天数，每天在大体相同的时间里，对在恒温恒湿箱内的老化处理终了后的干态试件测量其质量变化，其结果如图 6-1 所示。

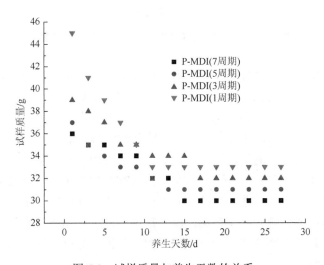

图 6-1　试样质量与养生天数的关系

老化处理终了后的试件，由于煮沸吸收大量水分膨胀而使质量增加，但在恒温恒湿箱内保存 3 天后，质量急剧减少，超过 7 天后质量减少变得缓慢，到 14 天左右质量减少变得很微小，变化几乎不大。由此可见，老化处理终了后达到恒重的干态试件，在恒温恒湿箱内必须保存 14 天以上。因此，本试验确定养生期为 2 周时间。

（5）化学分析：通过化学分析对加速老化处理胶黏剂内部引起的变化进行研究。对加速老化的胶膜进行 Raman 分光分析，水可溶分用 FTIR 分析、液体 ^{13}C-NMR 分析，对水可溶分的分子量分布采用 GPC 进行定性分析。

6.1.2　加速老化引起的压缩剪切强度变化

胶接试件压缩剪切强度测定结果如图 6-2 所示。

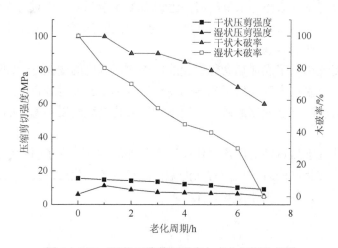

图 6-2　干、湿状压缩剪切强度与老化周期的关系

与未经老化处理的试件相比，处理一周期其压缩剪切强度急剧增大，该试验未经后固化处理，在老化试验中由于煮沸过程类似于对试件进行了加热处理，起到了后固化的作用。此后的老化试验中检测的压缩剪切强度就开始较大幅度地下降。从第三个周期开始，压缩剪切强度下降开始缓慢。

在仔细观察已破坏的试件表面时，试件剥离的地方有毛刺出现，这种现象在加速老化的试件中普遍存在。这是由淀粉基 API 特性决定的，胶黏剂中较低分子量的淀粉、P-MDI 由界面进入木材，淀粉上的羟基、P-MDI 上的—NCO 与木材和淀粉上的羟基易产生氢键或化学键。胶黏剂渗透越深，剥离时木材纤维破坏就会越大，因此，有必要制成相同的非木材类的金属试件加以研究，以便更好地研究胶黏剂强度的变化。

关于木材木破率，进行周期处理的木材木破率降低，主要原因有两点：一是说明胶接强度主要来源于非化学键，如氢键等；二是由于木材与胶黏剂的强度差造成的，通过老化处理木材自身强度变差，这会导致不能准确地测定胶黏剂的强度。

6.2　胶膜老化处理后的拉曼分光分析

为测定加速老化处理后胶膜的化学变化，用胶膜固体原样通过 Raman 分光分析法分析。将胶膜在 20℃、RH 65% 的恒温恒湿条件下放置一周，然后粉碎成 6～20 目颗粒状备用。

6.2.1　加速老化处理

按 6.1.1 节中 2 的方法进行加速老化处理 1～7 个周期，每一周期用滤纸过滤出水可溶分和残渣，该流程见图 6-3。对加速老化后的胶膜残渣和水可溶分的化学变化进行拉曼分光分析。

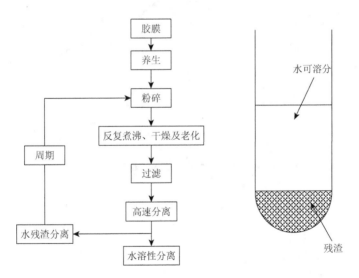

图 6-3　胶膜加速老化处理工艺

6.2.2　结果与分析

在图 6-4～图 6-8 分别表示出本章使用的胶膜中所含的 PVA、变性玉米淀粉、玉米原淀粉、P-MDI 和主剂纯物质的拉曼光谱，按这些纯物质的光谱进行峰值归属。

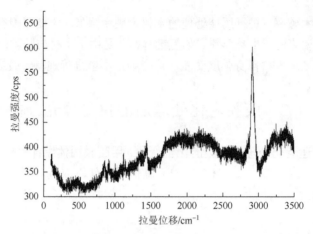

图 6-4　PVA 拉曼光谱

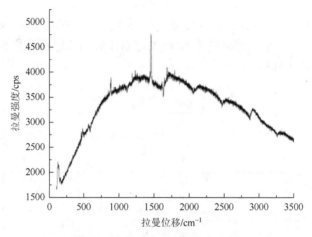

图 6-5　变性玉米淀粉的拉曼光谱

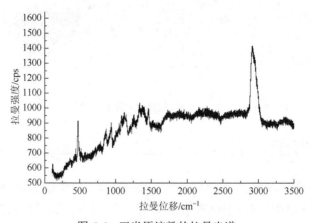

图 6-6　玉米原淀粉的拉曼光谱

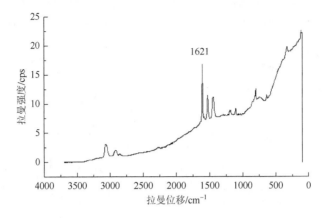

图 6-7　P-MDI 的拉曼光谱

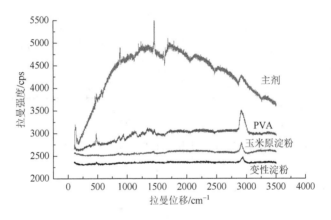

图 6-8　主剂的拉曼光谱

异氰酸酯基的反应：图 6-9 表示主剂乳液（PVA/变性淀粉/玉米淀粉）、交联剂 P-MDI、未处理的胶黏剂、5 周期加速老化胶黏剂的拉曼光谱。

图 6-10 是对图 6-9 中 2160～2340cm^{-1} 部分扩大的显示。在图 6-9 中表示出交联剂纯物质的光谱，在 2271.3cm^{-1} 附近出现的峰值归属为异氰酸酯基的逆对称伸缩振动峰。未经老化处理的峰值出现在 2283.3cm^{-1}，加速老化处理时峰值消失。

同样，图 6-11 中 1447.3cm^{-1} 归属于异氰酸酯的对称伸缩振动，未经处理时峰值出现在 1439.0cm^{-1}，经过加速老化处理无峰值。

由上述可以认为，在老化处理过程中，促使在养生时未反应的异氰酸酯基发生了反应，起到了与后固化处理相似的作用。

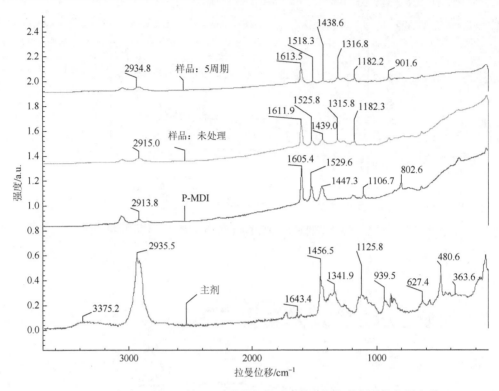

图 6-9　主剂、P-MDI、未处理胶黏剂和加速老化 5 周期的样品的拉曼光谱

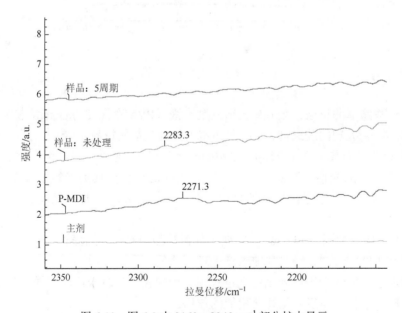

图 6-10　图 6-9 中 2160～2340cm^{-1} 部分扩大显示

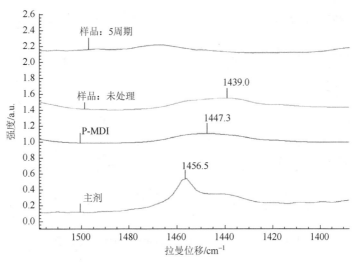

图 6-11　图 6-9 中 1400～1500cm^{-1} 部分扩大显示

1. 胺的生成与分解

　　未处理的胶膜光谱 1643.4cm^{-1} 的峰值在主剂（PVA/变性淀粉/玉米淀粉）和交联剂 P-MDI 的光谱中都不存在（图 6-12）。该胶黏剂固化后，在羟基和—NCO 之间有胺生成。胺的特征峰值为 1640～1670cm^{-1}，因此，未经处理胶膜的 1643.4cm^{-1} 的峰值应归属为胺的谱带。经过加速老化处理后，胺的谱带减少或消失。

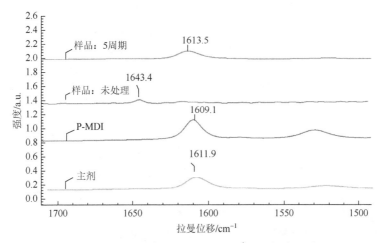

图 6-12　图 6-9 中 1500～1700cm^{-1} 部分扩大显示

　　图 6-13 在 723cm^{-1} 附近的峰值归属为三级胺的 C—N—C 对称伸缩，可见未处理与处理 3 周期和 5 周期有着同样的光谱变化。由上述可以确认，经过老化处理后生成了胺，然后胺分解消失。

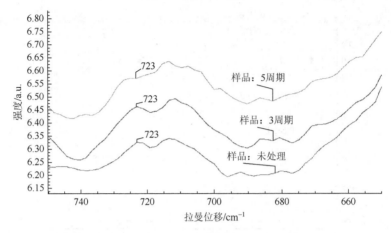

图 6-13　图 6-9 中 660~740cm⁻¹ 部分的扩大显示

2. PVA 的损失

图 6-14 为未加速老化处理的胶黏剂、加速老化（1 周期）的水可溶分以及纯 PVA 的拉曼光谱。这里水可溶分光谱，不像胶黏剂试样光谱，却非常类似于纯 PVA 的峰值。该水可溶分光谱并不是煮沸中破裂的胶膜，PVA 的 2909.2cm⁻¹、1443.9cm⁻¹、

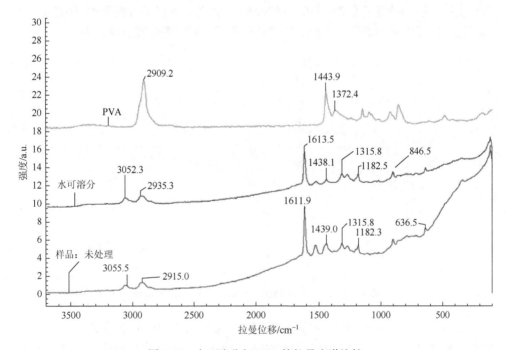

图 6-14　水可溶分与 PVA 的拉曼光谱比较

1372.4cm^{-1} 峰值是亚甲基，水可溶分 846.5cm^{-1} 峰值是羟基。在加速老化过程中，溶于水的不是主剂成分中的变性淀粉、玉米原淀粉，而是 PVA（表 6-1）。

表 6-1　水可溶分与 PVA 红外谱图归属

波数/cm^{-1}	强度	谱带归属	振动类型
3052.3、3055.5	弱、宽	$\gamma_{=CH}$	苯环上不饱和 CH 伸缩振动
2909.2、2935.3、2915.0	强、尖	$\gamma_{CH_2}^{as}$	CH$_2$ 反对称伸缩
1613.5、1611.9	弱、尖	γ_{ring}	苯环骨架伸缩振动
1443.9、1438.1、1439.0	中等、尖	$\gamma_{N=C=O}^{s}$	—N＝C＝O 对称伸缩振动
1315.8	中等、尖	t_{CH_2}	CH$_2$ 扭摆振动
1182.5、1182.3	弱、尖	β_{CH}	苯环上 CH 平面变角振动
636.5	弱	δ_{ring}	苯环的环面内变角振动

在图 6-15 中 1460cm^{-1} 附近峰值归属于亚甲基（—CH$_2$—）的扭转摆动。加速老化处理的胶膜中的亚甲基明显少于未经老化处理的。

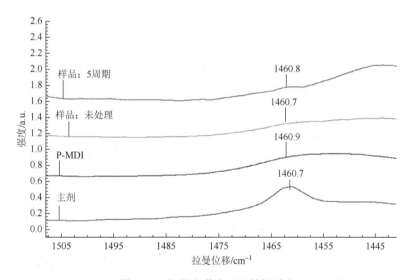

图 6-15　拉曼光谱中亚甲基的减少

由以上分析可以认为，用拉曼分光分析法分析的加速老化处理胶膜所引起的化学变化是由异氰酸酯的反应、胺的生成和分解、PVA 的水溶性所引起的。

6.3　水可溶分液体的 ^{13}C-NMR 分析

　　采用与 6.2 节同样的方法制成胶膜粉碎备用。加速老化处理与 6.2.1 节相同。对该加速老化处理的水可溶分内部的化学变化用 ^{13}C-NMR 分析。

　　过滤所得到的水可溶分呈白浊状，用离心分离器以 1300r/min 离心 30min，分离出纯水可溶物和残渣。水可溶分可溶于甲苯，难溶于丙酮。

6.3.1　^{13}C-NMR 测定条件

　　^{13}C-NMR 分光分析是用瑞士 Bruker 公司生产的 AV400 装置测定的。其他的测定条件按下面的要求测定。

　　液体 ^{13}C 采用质子噪声去偶技术。试料浓度：5～10mg/500μL；溶剂：DMSO；测定温度：20℃；共振频率（SF）：100MHz；谱宽：25kHz；采样数据点：16k；脉冲角：45°；脉冲间隔：1s；累计次数（NS）：5000～30000 次。

　　固体 ^{13}C-NMR 采用交叉极化魔角旋转技术（CP-MAS）。试料浓度：5～10mg/500μL；溶剂：DMSO；测定温度：27℃；共振频率（SF）：100MHz；谱宽：29kHz；魔角自旋频率：5kHz；样品接触时间：2ms；循环时间：5s；采样数据点：2048；累计次数（NS）：400～800 次。

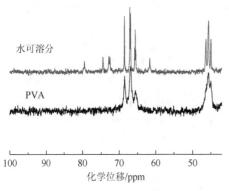

图 6-16　PVA 和水可溶分的 ^{13}C-NMR 光谱

6.3.2　测定结果

　　对 NMR 光谱的归属性，按加成原则可计算得到。

　　此次使用的胶黏剂胶膜为经反复煮沸加速老化（以下用老化处理）一周期的水可溶分和未进行老化处理的 PVA，其在 20～80ppm 的范围内的 ^{13}C-NMR 光谱如图 6-16～图 6-18 所示。

　　PVA 的光谱在 46.69ppm 附近所展现出的峰值对 ^{13}C-NMR 光谱归属，按加成原则进行计算，分别归属—CH$_2$—、—CH(OH)—的化学位移。这些峰值如果分裂，PVA 的结合形式就会随机，化学位移也会多元化，故而对光谱产生影响。基于这些，把 PVA 与水可溶分的光谱进行比较，可以确认水可溶分和 PVA 特性系统的峰值是否处于完全相同的地方。

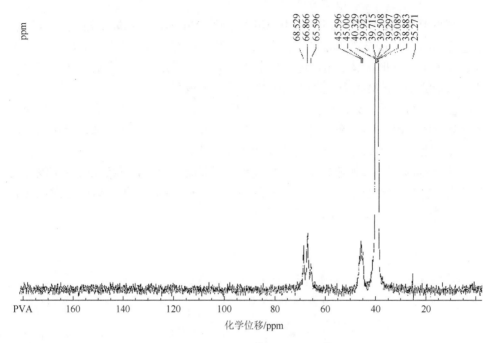

图 6-17　PVA 的 ^{13}C-NMR 光谱

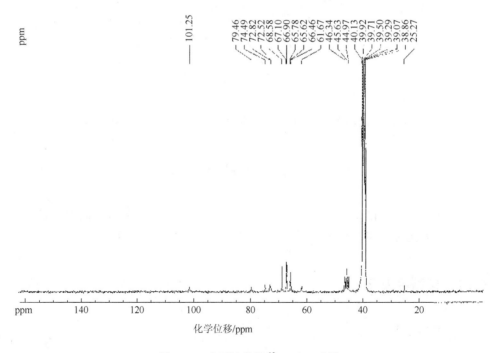

图 6-18　水可溶分的 ^{13}C-NMR 光谱

在小于 80ppm 的低磁场，未出现没有皂化 PVA 的乙酸乙烯以外的任何峰值。由此可知小于 80ppm 的低磁场，具有化学位移性的芳香族、羰基、碳酸诱导体不包含在水可溶分里。显示出水可溶分中并未溶出此胶黏剂中含有的玉米原淀粉、变性玉米淀粉、P-MDI 等淀粉基 API 主剂的乙酸成分。

由此，与拉曼光谱的分析结果相同，由加速老化处理的溶于水的可溶物来源于水溶性的 PVA。PVA 在反复煮沸加速老化处理过程中溶于水，加速老化的物理化学变化之一是 PVA 的溶出，这在实验中也被确认。

从图 6-19 可见，加速老化后的胶膜残渣与原胶膜相比，其特征峰几乎没有变化，说明加速老化后的胶膜主体成分没有变化。只是部分没有与 P-MDI 发生交联反应的 PVA 被溶解并可能发生了降解作用。

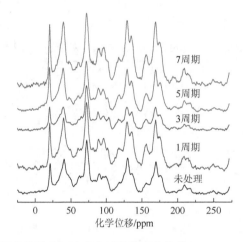

图 6-19　固体胶膜及加速老化后的残渣分的 ^{13}C-CP/MAS-NMR 光谱

6.4　水可溶分的 GPC 测定

在本项加速老化试验中，已确认 PVA 溶于水中，为明确 PVA 因加速老化出现了怎样的变化，通过 GPC 测定其分子量分布。

6.4.1　材料与方法

1. 材料

（1）采用与 6.2 节同样的方法将制成的胶膜粉碎使用。

（2）加速老化处理：按 6.2.1 节方法加速老化处理 1～7 周期，每一周期用滤纸把水可溶分和残渣分开。过滤得到的水可溶分用高速离心机分离，以 1300r/min 离心 30min，分出纯水可溶分和残渣。

（3）水可溶分的乙酰化：由试样的化学分析可知 PVA 通过乙酰化具有溶于 THF 的性质，用 THF 系的立柱进行测定。

试样的乙酰化顺序如下。

a. 完全去掉水分的试样 20mg，加吡啶 5mL 和无水乙酸 5mL，用磁力搅拌器充分搅拌 24h。

b. 加 30mL 冰水终止无水乙酸的反应。

c. 整体移至分液漏斗。

d. 加入 50mL 三氯甲烷，充分搅拌，使乙酰化试剂溶解。

e. 加少量盐酸使溶液呈酸性，把有机层里溶解的吡啶转移至水层中。

f. 充分搅拌后，静止直到有机层和水层能分清后，从下方抽出有机层。

g. 在有机层里加入过剩的硫酸钠，充分搅拌一昼夜，把水分除净。

h. 用滤纸滤出硫酸钠，去掉。

i. 在旋转干燥器中浓缩，制得乙酰化试样。

j. 把试样充分减压干燥，溶于 THF。

2. 方法

GPC 测定条件：把各试样按质量比 10%溶于蒸馏后的 THF 中，取 0.1mL 作为 GPC 试样。GPC 测定条件如下：

柱管：Shodex GPC THF 系柱管 KF803，802；

溶剂：四氢呋喃（tetrahydrofuran，THF）；

流速：1mL/min；

测定温度：35℃；

检测器：WATERS 410；

泵：WATERS 515。

6.4.2　结果与分析

在加速老化试验中，已经确认水可溶分是 PVA，为明确经过加速老化后 PVA 究竟发生了怎样的变化,使用 GPC 测定加速老化 5 周期后水可溶分中 PVA 与 PVA 的分子量分布（图 6-20）。

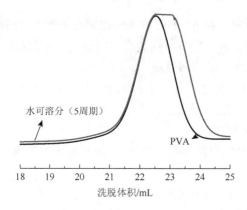

图 6-20　水可溶分 PVA 分子量分布

由图 6-20 可见，经过加速老化的水可溶分中的 PVA 与 PVA 相比，峰值的顶点移向低分子侧，分子量分布也移向低分子侧。同时，峰值的低分子侧末端变宽说明低分子物有所增加。由此可见，通过加速老化，胶黏剂中的 PVA 高分子链被切断，成为低分子从胶膜溶入水中。

6.5　本章小结

1. 加速老化化学分析的意义

为明确室外暴露老化试验与室内模拟加速老化试验的关联性，进行过诸多尝试，但都没有把老化的化学变化考虑进去。然而，胶黏剂的物理胶接强度是由其内部的化学特性（分子量及其分布、结晶性等）所引起的。因此，了解胶黏剂老化时内部的化学变化是相当重要的。如果能明确老化时产生化学变化的机理，就可明确实际的室外暴露和加速老化间的关联性，也就能准确预见胶黏剂的耐久性。

2. 加速老化处理胶膜的化学变化

拉曼分光分析认为加速老化处理胶膜出现的化学变化是由异氰酸酯基的反应、胺的生成与分解、PVA 溶于水所引起的，而与 P-MDI 交联的复合变性淀粉的结构未见变化。

经水可溶分的 ^{13}C-NMR 分析，确认加速老化处理后溶于水的物质是来源于水溶性的 PVA，PVA 在反复煮沸加速老化之前就有溶于水的情况，但加速老化的物理化学变化之一是由 PVA 的溶出形成的。

GPC 对加速老化水可溶分分析表明，加速老化后的胶黏剂中 PVA 的高分子链被切断，形成低分子溶于水中。

3. 加速老化时，胶黏剂的化学变化与物理变化的关系

老化的化学变化主要是异氰酸酯基的反应、胺的生成与分解、PVA 溶于水。在胶接强度方面，一周期内，压缩剪切强度增加近 2 倍，显示出交联剂异氰酸酯基与羟基反应形成胺结构，相当于胶膜受到了后固化处理，而使强度增加。同时，在一周期以后，压缩剪切强度逐渐减少，这是由反应生成的交联键氨基分解和主剂中 PVA 的降解损失所引起的。

参 考 文 献

[1] 韩啸，金勇，杨鹏. 结构胶接接头湿热环境耐久性研究概述[J]. 河北科技大学学报，2017，38（3）：209-217.

[2] 刘玉环，阮榕生，郑丹丹，等. 淀粉基木材胶黏剂研究现状与展望[J]. 化学与黏合，2005，27（6）：358-362.

[3] 时君友，王垚. 淀粉基水性异氰酸酯木材胶黏剂老化机理研究[J]. 南京林业大学学报（自然科学版），2010，34（2）：81-84.

[4] 王淑敏，时君友. 水性异氰酸酯木材胶黏剂耐久性研究[J]. 林产化学与工业，2015，35（2）：25-30.

[5] 尚磊，戴文鸣，孔宪志，等. 聚氨酯胶黏剂的工艺与老化性能研究[J]. 化学与黏合，2014，36（3）：218-221.

[6] 曾祥玲. 豆基胶黏剂制备杨木胶合板耐老化性研究[D]. 北京：北京林业大学，2016.

[7] 陈培榕，李景虹，邓勃. 现代仪器分析实验与技术[M]. 北京：清华大学出版社，2006.

[8] 高岩磊，崔文广，牟微，等. 高分子材料的老化研究进展[J]. 河北化工，2008，31（1）：29-31.

第 7 章　湿热老化条件对淀粉基 API 耐久性及其胶接制品的影响

7.1　引　言

目前，淀粉基 API 广泛地应用于木材行业，生产板材、家具和木制品等。最近几年，木制品的耐久性已变成较受关注的话题。胶黏剂的耐久性非常重要，因为它影响着胶接木质产品的耐久性[1]。然而胶黏剂的耐久性受暴露环境的影响，湿度、离子污染和温度等都是影响结构性胶接降解的主要因素。胶黏剂内填料的存在和性质对降解的影响非常大，这是因为在特定环境因素下，填料和树脂的界面更容易受到攻击。因此，胶黏剂在不利条件下的行为对于预测木制品长期性能是必要的。目前对纯聚合物树脂或者含有填料的树脂中水分的扩散机理还没有完全理解，当材料遭受几个水分暴露周期时，问题会更加复杂。

胶黏剂中黏接接头和其余的原料一样，在使用和存放过程当中，由于受到热、水和光等环境要素的作用，性能会逐步下降，影响其继续使用，这就是黏接接头的老化[2]。所有高分子材料都会发生老化，而且是不可逆的。一个黏接接头形成以后，除了要对它的力学性能进行一系列测试外，更重要的是还要对它进行一系列的老化试验（环境试验），才能最后判断它是否真正实用而且性能可靠。人们对材料进行各种老化试验的目的并不仅限于评价材料老化性能的好坏，而且还在于通过大量的试验研究，了解和掌握各种环境因素作用于材料的机制和规律性。要想研究黏接接头的老化，就要分别研究环境因素对胶黏剂和被胶接物在界面上的相互作用。

水的降解作用和收缩-膨胀应力的作用是木材黏接接头老化的主要原因。影响木质材料黏接接头老化的因素如下[3]：胶黏剂、木材质量、加工工艺和使用环境。胶黏剂种类不同，所压制的木材产品的耐老化性能是不一样的；含水率低的木材比含水率高的木材的耐老化性能好，密度大的木材耐老化性优于密度小的木材；木材的含水率和胶层的厚度对老化性能也有很大的影响。

很多分析方法如 FTIR、TG、DMA 等都可用来研究胶黏剂的耐久性。Umemura 等[4-6]研究了异氰酸酯胶黏剂在水中的热稳定性，用 DMA 揭示了该胶黏剂的机械性能与化学变化之间的关系，通过加热处理改善固化树脂的热稳定性成效很小。

他们同时研究了含有乙烯基异氰酸酯的异氰酸酯胶黏剂在恒定干热条件下、恒定蒸汽加热条件下的耐久性，在恒定蒸汽加热条件下，胶黏剂的降解在几小时以后才发生并且逐渐增加，胶黏剂中加入不同物质后其热稳定性也不同；在恒定试验状态下，不同组成的胶黏剂质量损失需要的时间是不一样的，所有胶黏剂的活化能随着质量损失逐渐增加，表明树脂的降解反应是复杂的。Fernández-Garcia 和 Chiang[7]研究了湿热老化周期对刨花作填料的环氧基胶黏剂在吸收过程中膨胀和玻璃化温度的影响。结果表明水分在胶黏剂中的扩散不是菲克过程，膨胀和扩散速度不但取决于湿热老化的温度，也依赖于湿热老化时间。玻璃化温度的降低与胶黏剂体系的最终平衡含水率无关。Ling 等[8]研究发现在不同后固化条件下，API 木材胶黏剂中残留的—NCO 基团在减少，表明后固化导致了 API 存在一定的化学反应。时君友等探究了淀粉基 API 的老化机理，揭示了老化时淀粉基 API 所发生的变化[9]。当前，对于高分子复合材料在湿热老化条件下的耐久性作了大量的研究，而对于 API 木材胶黏剂在湿热老化处理过程中的性能变化未见相关研究。

淀粉基 API 及木质材料的主要使用性质就是它们的长期使用特性。然而，众所周知的是，淀粉基 API 及胶接木材制品在湿的环境中吸收水分，而且水分对它们的特性有着决定性的影响。当它们暴露在热或湿环境中时，淀粉基 API 和木材的胶接界面的界面破坏或者脱胶现象是经常能被观察到的，所以理解湿热老化的机理便于对复合材料的结构和黏接接头的优化设计。

本章借鉴对复合材料湿热老化试验和异氰酸酯胶黏剂耐久性研究方法，先对淀粉基 API 胶膜与淀粉基 API 胶接制品进行加速老化和不同条件的湿热老化处理[1]。再利用 TG 分析试样的质量损失和热稳定性；FTIR 分析淀粉基 API 经过老化处理后树脂的化学结构变化；DSC 分析淀粉基 API 经过不同湿热老化处理后的玻璃化温度变化；检测 API 胶黏剂压制的胶合木在通过室温放置、加速老化和湿热老化处理后的压缩剪切强度变化；SEM 和 EDS 分析黏接接头在不同的湿热老化条件下的形貌变化和元素含量变化以及淀粉基 API 的吸水率。分析淀粉基 API 及胶接制品的耐老化性对延长其胶合制品的使用期限具有现实的指导意义。

7.2　试　　验

7.2.1　胶膜制备

淀粉基 API 主剂与交联剂 P-MDI 质量配比为 100∶18，混合处理后放在聚四氟乙烯板上，在温度 20℃、RH 50%的环境下储存 4 天形成淀粉基 API 胶膜，待胶膜质量恒定，备用。

7.2.2　胶膜老化处理

1. 加速老化处理

根据日本标准 JIS K 6806—2003 的方法来测试固化后的材料（胶合木、胶膜）的加速老化。胶膜的一个加速老化周期是先煮沸 4h（100℃），再通风干燥 20h（60℃），最后煮沸 4h（100℃），1 个加速老化周期标记为 A1，共计 7 个周期，即 A1～A7，未处理的淀粉基 API 胶膜标记为 S。胶膜的加速老化处理工艺如下。胶膜粉碎：颗粒状，大小为 0.375～2.5mm；加速老化处理：100℃下水煮 4h，60℃下烘干 20h，100℃下水煮 4h；高速离心分离：转速 1300r/min，时间 40min；胶膜冻干：先在–30℃冷冻 2h，然后于真空干燥机中 4h 冻干[1]。

2. 湿热老化处理

在恒温恒湿老化仪中对粉碎的胶膜进行湿热老化处理，一个湿热老化处理周期的时间是 24h，1 个周期标记为 H1，共计 7 个周期，即 H1～H7。未处理的淀粉基 API 胶膜记为 S。处理工艺如下。胶膜粉碎：粉碎成颗粒，大小为 0.375～2.5mm；湿热老化处理：温度 30℃、50℃和 70℃，RH 98%；胶膜冻干：先在–30℃冷冻 2h，然后在真空干燥机中冻干 4h[1]。

7.2.3　性能分析与结构表征

1. FTIR 分析

用 FTIR 分析经加速老化和不同湿热老化条件下处理的胶膜的化学结构变化。测定条件：采用溴化钾压片法；扫描次数 32 次。测试得到的红外吸收光谱按照表 2-4 和表 2-5 的吸收峰及结构来分析淀粉基 API 胶膜的官能团变化。

2. TG 分析

TG 就是利用不同的热条件对样品进行加热处理，测量样品的质量变化[10]。测量结果用 TG 曲线表示，纵坐标是质量分数（%），横坐标是温度（T）或时间（t）。TG 曲线表征了在恒速升温或降温过程中被测物的质量与温度或时间之间的关系：$m = f(T)$ 或 $f(t)$。

本书利用 TG 研究胶膜在加速老化和不同湿热老化处理前后热稳定性的变化。测试条件：试样质量 5～10mg；扫描温度 50～700℃；升温速率 6℃/min；气氛：氮气；流速：70mL/min。

3. 胶膜的玻璃化温度表征

利用 DSC 分析淀粉基 API 胶膜经过不同湿热老化处理后其玻璃化温度的变化。

测试条件：升温速率 2℃/min，扫描温度 25～350℃，样品质量 5～10mg。

4. 黏接接头形貌表征

本试验采用的黏接接头是搭接结构，即把两个胶接部分进行重叠，然后再胶接在一起所形成的接头。

采用 SEM 分析在不同湿热老化条件下黏接接头的表面形貌，观察胶接界面的变化。SEM 图片均为放大 1000 倍。

5. 黏接接头中元素变化表征[11]

EDS 是借助检测样品所发出的元素特征 X 射线的波长和强度来完成的，样品中所含有的元素取决于样品的波长，依据元素的强度变化来测定该元素的相对量。

采用 EDS 分析在不同湿热老化条件下淀粉基 API 及黏接接头中胶黏剂吸水前后化学组成含量的变化，主要是 C 和 O 元素的变化。

测试条件：试样表面喷金处理，SEM 放大 2000 倍用于 EDS 成像分析。

6. 试件制备与检测

进行试件制作并检测其压缩剪切强度。将制备好的试样分别在室温下放置、加速老化和湿热老化处理。黏接接头湿热老化处理条件如下。

湿热老化处理温度：30℃、50℃和 70℃；RH：98%。

7.2.4　吸水率计算

1. EDS 计算法[12]

因为 EDS 计算结果是相对值，所以首先要利用元素分析法计算淀粉基 API 固化后碳和氧元素的比例，利用 EDS 计算在湿热老化过程中氧元素的增量，进而推导出该胶黏剂的吸水率。公式如下：

$$吸水率(\%) = (W \times R - W_O) \times M_{H_2O} / M_O \qquad (7\text{-}1)$$

式中：W 为在胶黏剂黏接接头中碳和氧元素的比例（EDS）；R 为湿热老化前，氧元素和碳元素在胶黏剂中的含量之和（元素分析）；W_O 为湿热老化前，氧元素在胶黏剂中的含量（元素分析）；M_{H_2O} 和 M_O 分别为水和氧的分子量。

2. 元素分析计算法[12]

利用此方法先直接计算出胶黏剂中氧元素的含量，再计算黏接接头在不同湿热老化时间内去除胶黏剂后氧元素的增量，进而推导出吸水率，公式如下：

$$W'' = (W' - W_O) \times M_{H_2O} / M_O \tag{7-2}$$

式中：W'' 为吸水率；W' 为湿热老化过程中胶黏剂中氧元素的含量。

7.3　结果与讨论

7.3.1　FTIR 分析处理试样的化学结构变化

1. 淀粉基 API 的化学结构变化

红外光谱分析用来研究淀粉基 API 胶膜在不同老化处理条件下的化学结构变化[1]。根据聚氨酯和聚脲的红外测量资料分析，异氰酸酯胶黏剂在 3200～3500cm^{-1} 处的主要吸收峰是归属于 N—H 的伸缩振动，在 2270～2280cm^{-1} 处是归属于—NCO 基团的吸收峰，在 1600～1800cm^{-1} 处的吸收峰是 C＝O 的伸缩振动[4-6]。

图 7-1（a）是淀粉基 API 胶膜经过加速老化处理的红外谱图。未处理的胶膜（S）在 2272cm^{-1} 处有很强的吸收峰，归属于异氰酸酯的对称伸缩振动，说明未处理的胶膜中含有大量未反应的异氰酸酯基团[1]。由于在 1750～1620cm^{-1} 处 C＝O 吸收峰的存在，异氰酸酯衍生物被观察到。另外，未处理的胶膜（S）在 3382cm^{-1} 处的吸收峰属于氢结合的 N—H 伸缩振动，在 1756cm^{-1} 处的吸收峰归属于 C＝O 的伸缩振动，这些特征峰都是异氰酸酯和水反应所产生的交联结构的体现[8]。加速老化处理后，在 1～7 个周期（A1～A7）的红外谱图中 2272cm^{-1} 处不能观察到异氰酸酯吸收峰，表明残留在淀粉基 API 中的异氰酸酯与水发生反应形成了胺，胺与另外未反应的异氰酸酯基团反应生成交联结构的脲，异氰酸酯基团的完全消耗表明，加速老化处理中的热水易与残留的异氰酸酯基团反应[1]。在未处理的胶膜（S）和 1～7 个周期（A1～A7）的红外谱图中 2356cm^{-1} 左右出现一个新的峰，归属于碳二亚胺（—N＝C＝N—），是两个异氰酸酯基的浓缩反应，但是经过老化处理后胶膜在此处的峰相对增强。此现象在湿热老化的红外谱图中也同样存在。

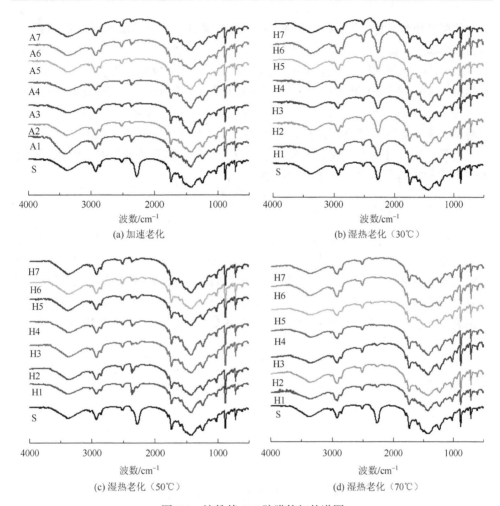

(a) 加速老化　　(b) 湿热老化（30℃）

(c) 湿热老化（50℃）　　(d) 湿热老化（70℃）

图 7-1　淀粉基 API 胶膜的红外谱图

另外，在本研究中，氮原子和羧基中碳原子形成的氨基型连接在水存在的情况下可能会被分裂。这种分裂导致氨基和羟基基团的形成，羟基基团附着在氮原子上是非常不稳定的，这种不稳定的羟基基团会分解成氨基和 CO_2，可用下式来描述水解反应[13]。

$$—NHCONH—+H_2O \longrightarrow —NH_2+—NHCOOH \longrightarrow —NH_2+CO_2+—NH_2$$

$$(7-3)$$

从图 7-1（b）～（d）可见，在不同的湿热老化条件下，淀粉基 API 胶膜主要基团的吸收峰变化是不一样的。湿热老化处理温度为 30℃时，胶膜的整个处理周期（H1～H7）中仍能见到异氰酸酯基的吸收峰，但是吸收峰的强度有所变化。湿热老化处理温度为 50℃时，胶膜在前 3 个周期（H1～H3）依然能见到异氰酸酯的吸收峰，但是峰强度相对减弱，在随后的谱图（H4～H7）中未见异氰酸酯基团，说明残留的异氰酸酯基也全部发生了交联反应[1]。湿热老化处理温度为 70℃时，淀粉基 API 胶膜中（H1～H7）未见异氰酸酯基团的吸收峰的存在。从异氰酸酯基团的消失速度看，湿和热对木材耐久性的作用是不同的，而且湿热对木材耐久性的相互影响是复杂的[1]。

波长 2272cm⁻¹ 处属于淀粉基 API 中异氰酸酯基的特征吸收峰。从图 7-1 中可以看出，老化处理方法不同，淀粉基 API 胶膜特征峰变化是不一样的，说明水分渗透到淀粉基 API 中的情况也不同。但是从异氰酸酯基消失速度看，湿热老化处理在温度和时间上存在着等效性的关系。

2. 市售 API 的化学结构变化

从图 7-2 可以看出，未处理的胶膜（S）在 2281cm⁻¹ 处有很强的吸收峰，归属于异氰酸酯的对称伸缩振动，说明未处理的胶膜中含有大量未反应的异氰酸酯基团。API 胶膜经过湿热老化处理后，胶膜在前 2 个周期（H1～H2）依然能见到异氰酸酯的吸收峰，但是峰强度相对减弱，在随后的谱图（H3～H7）中未见异氰酸酯基团，说明残留的异氰酸酯基也全部发生了交联反应,说明市售API反应活性比淀粉基API更强。

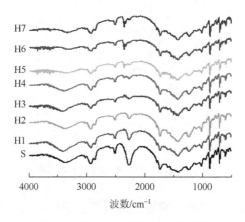

图 7-2　市售 API 胶膜的红外谱图

7.3.2　TG 分析胶膜的热稳定性

1. 淀粉基 API 胶膜热稳定性分析

为了从质量损失角度考虑淀粉基 API 的耐久性，经过加速老化处理和不同湿热老化处理后的胶膜来作热重分析，研究其耐久性[1]。图 7-3 为加速老化和不同湿热老化条件处理的胶膜的热重曲线。随着温度升高，淀粉基 API 胶膜的质量下降，未处理及处理后的胶膜在 300℃以上时质量下降很快，在不同的老化处理周期下，淀粉基 API

胶膜质量下降所需的温度相差不多，说明老化处理后胶膜的质量比较稳定。

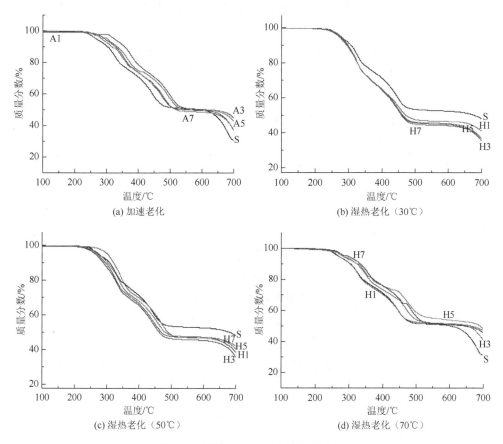

图 7-3　淀粉基 API 胶膜的热重曲线

　　为了评价老化处理后淀粉基 API 胶膜的热稳定性，从 TG 曲线上推断质量下降的初始温度为 T_1，绘制不同老化处理条件下淀粉基 API 胶膜质量变化下的老化时间与初始温度关系，见图 7-4。从图中能看出，加速老化处理和湿热老化处理后淀粉基 API 胶膜质量变化的起始温度都是不一样的，不同湿热老化处理温度下淀粉基 API 质量下降所需的温度也不同，然而所呈现的变化是一样的。老化处理过后，质量变化的初始温度随着老化周期的延长在逐渐增加。两种处理方法的淀粉基 API 胶膜热稳定性也是不同的，处理前几个周期，胶膜的热稳定性不一样，随着周期的延长，两种处理方法的淀粉基 API 胶膜稳定性几乎相同，而不同湿热老化处理的淀粉基 API 胶膜，湿热老化温度越高，胶膜越不易分解，稳定性越好。这是因为在老化处理过程中，聚合物内部结构发生变化，在受热时分解速度不一样，最后结构稳定，热稳性几乎一样。另外从图中可以看出，淀粉基 API 胶膜在两种不同的处理方法过程中质量发生变化的时间和温度不同，每个阶段失重率是不一样的，然而每个周期淀粉基 API 胶膜的总失重率几乎是一样的。

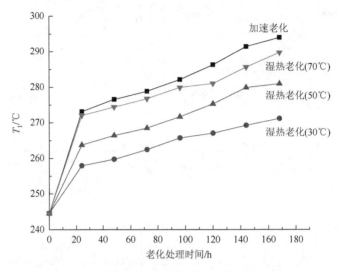

图 7-4 不同处理周期的质量变化初始温度

2. 市售 API 胶膜热稳定性分析

图 7-5 是市售 API 胶膜的热重曲线，在不同湿热老化周期下，胶膜质量变化趋势相同，说明其胶膜质量稳定，湿热老化处理对其稳定性没有影响。和淀粉基 API 胶膜相比，相同质量下降所需要的温度相对低，说明其稳定性不如淀粉基 API 胶膜。

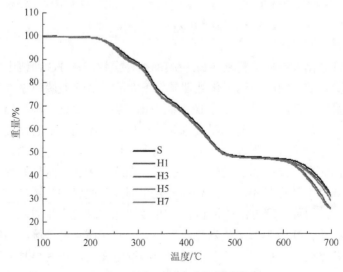

图 7-5 市售 API 胶膜的热重曲线

7.3.3　热重反应动力学研究

为了求得不同老化处理方法及周期下淀粉基 API 与市售 API 胶膜质量降解速度，采用以下方程求出降解反应活化能[1, 14]：

$$\ln\left[\ln\left(\frac{1}{y}\right)\right] = -\frac{E_a}{R}\frac{1}{T} + \ln\left(\frac{R}{E_a}\frac{Z}{\beta}T_m^2\right) \tag{7-4}$$

式中：y 为质量分数（%）；T 为热力学温度（K）；T_m 为摄氏温度（℃）；β 为升温速率（℃/min）；Z 为指前因子；E_a 为活化能（kJ/mol）。

1. 淀粉基 API 胶膜热动力学研究

淀粉基 API 经过加速老化和湿热老化处理后，加热时各个阶段质量损失所需的活化能如表 7-1 所示。

表 7-1　不同老化处理的淀粉基 API 胶膜在不同质量损失下的活化能

胶膜		不同质量损失下的活化能/(kJ/mol)		
		10%	30%	50%
加速老化处理	A1	78.98	33.85	26.19
	A2	78.98	33.85	26.19
	A3	78.98	54.04	19.95
	A4	78.98	33.85	26.19
	A5	78.98	33.85	26.19
	A6	78.98	54.04	19.95
	A7	49.88	37.41	26.19
湿热老化处理（30℃）	H1	49.88	54.04	11.51
	H2	49.88	35.61	11.51
	H3	49.88	33.85	16.03
	H4	54.04	35.33	11.51
	H5	49.88	33.85	11.51
	H6	49.88	33.85	16.03
	H7	49.88	33.85	16.03
湿热老化处理（50℃）	H1	70.67	33.85	24.94
	H2	70.67	34.53	30.48
	H3	70.67	54.04	16.03
	H4	32.66	54.04	30.48
	H5	78.98	35.63	16.03
	H6	49.88	54.04	16.03
	H7	49.88	33.85	37.41

续表

胶膜		不同质量损失下的活化能/(kJ/mol)		
		10%	30%	50%
湿热老化处理（70℃）	H1	49.88	54.04	26.19
	H2	78.98	54.04	19.95
	H3	78.98	54.04	19.95
	H4	78.98	54.04	19.95
	H5	78.98	54.04	19.95
	H6	78.98	54.04	19.95
	H7	78.98	54.04	19.95

由表 7-1 可以看出，从质量损失角度考虑淀粉基 API 的耐久性，加速老化处理的胶膜相对稳定些[1]。但是在相同质量损失下，每个加速老化周期所需的活化能是不同的，也就是说不同加速老化周期的淀粉基 API 胶膜降解速率是不一样的，所需的温度也就不一样。而经过不同湿热老化处理的淀粉基 API 胶膜所需要的活化能不同，湿热老化处理温度高的所需活化能相对高些；但是同一湿热老化温度下，不同老化周期内淀粉基 API 胶膜降解所需的活化能几乎相同，即降解速度基本一致。

2. 市售 API 胶膜热重动力学分析

由表 7-2 可以看出，从质量损失角度考虑市售 API 的耐久性，经过湿热老化处理后，在相同质量损失下，不同湿热老化周期的市售 API 胶膜所需的活化能相同，即胶膜质量降解速度一样。其比淀粉基 API 胶膜变化稳定。

表 7-2　市售 API 胶膜在不同质量损失下的活化能

胶膜		不同质量损失下的活化能/(kJ/mol)		
		10%	30%	50%
湿热老化处理（50℃、98%）	H1	49.88	33.26	24.94
	H2	49.88	33.26	24.94
	H3	49.88	33.26	24.94
	H4	49.88	33.26	24.94
	H5	49.88	33.26	24.94
	H6	49.88	33.26	24.94
	H7	49.88	33.26	24.94

7.3.4　DSC 分析胶黏剂的玻璃化温度

1. 淀粉基 API 的玻璃化温度

用 DSC 测试不同湿热老化处理后的淀粉基 API 胶膜的玻璃化温度，观察胶黏剂状态发生变化所需的温度。DSC 扫描时升温速率越快，淀粉基 API 胶的固化反应滞后现象越严重[15]。所以选择升温速率为 2℃/min，淀粉基 API 室温固化，湿热老化处理条件是温度 30℃、50℃和 70℃，湿度 98%。不同湿热老化条件下的淀粉基 API 的玻璃化温度见图 7-6，与湿热老化时间的关系见图 7-7。

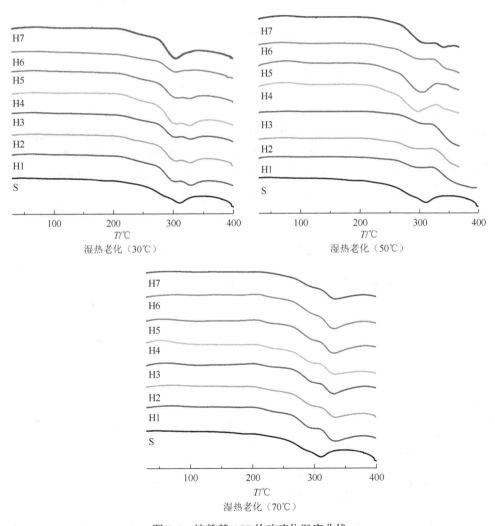

图 7-6　淀粉基 API 的玻璃化温度曲线

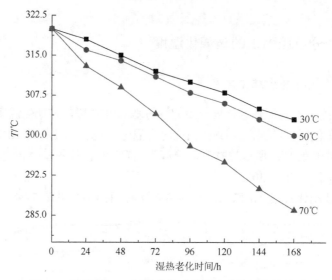

图 7-7　淀粉基 API 湿热老化时间与玻璃化温度的关系

由图 7-6 可以看出,不同湿热老化处理条件和周期的 DSC 曲线的峰型和反应温度差别都不大。从图 7-6 和图 7-7 可知,湿热老化温度对淀粉基 API 的玻璃化温度有影响,随着湿热老化温度的升高,淀粉基 API 的玻璃化温度下降,说明湿热老化相当于对淀粉基 API 后固化处理,温度越高,后固化反应越完全,交联密度越高,水分渗透速度越慢,淀粉基 API 由玻璃态向高弹态状态转变越快。在同一湿热老化温度下,随着湿热老化处理时间的增加,淀粉基 API 的玻璃化温度逐渐降低。

2. 市售 API 胶黏剂的玻璃化温度

用 DSC 测试湿热老化处理的市售 API 胶的玻璃化温度,测试条件与淀粉基 API 一样。测试结果见图 7-8,湿热老化周期与玻璃化温度的关系见图 7-9。

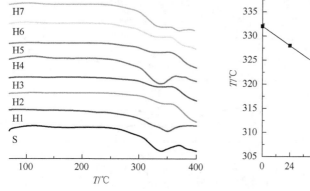

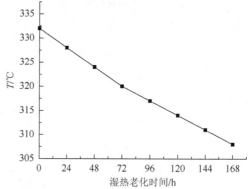

图 7-8　市售 API 的玻璃化温度曲线　　图 7-9　市售 API 湿热老化时间与玻璃化温度的关系

由图 7-8 可以看出,不同湿热老化周期的 DSC 曲线的峰型和反应温度差别都不大。从图 7-9 可知,随着湿热老化处理时间的增加,市售 API 的玻璃化温度逐渐降低但其相比淀粉基 API 的玻璃化温度要高些。

7.3.5　胶接制品性能分析

1. 淀粉基 API 胶接制品性能分析

表 7-3 和图 7-10 说明,未处理试件、加速老化处理和湿热老化处理后试件的压缩剪切强度具有不同的变化规律。未经老化处理的试件放置 7 天,试件的压缩剪切强度开始增加,异氰酸酯基与木材的羟基反应,形成氢键,使胶合强度提高,随着放置时间的增加,空气中水分与异氰酸酯基作用加强,使后几个周期试件强度趋于稳定。而经加速老化处理的试件强度从开始就下降,到第 2 个周期试样的压缩剪切强度就不符合国家标准,最后 2 个周期几乎没有胶合。湿热老化处理的试件强度也是从第 1 个周期就开始下降,但是幅度没有加速老化处理的大,从第 3 个周期试样压缩剪切强度就开始达不到国家标准。这是由于在处理过程中,木材是多孔材料,孔隙吸水能力强,木材发生了吸湿作用,使胶黏剂中残留的异氰酸酯与水发生了反应,破坏了异氰酸酯与木材上羟基反应形成的氢键,使其对木材的胶合力未得到提高,所以胶合强度下降[1]。

表 7-3　不同处理方式下淀粉基 API 的压缩剪切强度

周期/天	压缩剪切强度/MPa		
	室温放置	加速老化处理	湿热老化处理
0	11.99	13.25	13.96
24	13.55	10.63	12.54
48	14.22	8.12	10.20
72	13.86	5.32	9.36
96	13.95	4.12	8.58
120	13.90	3.16	6.92
144	13.88	1.37	6.32
168	13.85	0.55	4.46

黏接接头在不同湿热老化条件下处理后的压缩剪切强度见表 7-4,变化趋势见图 7-11。30℃、RH 98%湿热老化 48h 或 50℃、RH 98%湿热老化 24h,黏接接头压缩剪切强度保持不变,这是因为扩散初期只有极少量的水分渗透到淀粉基 API 中,淀粉基 API 的内聚强度和界面黏接强度大于或等于桦木本身的内聚强度。当

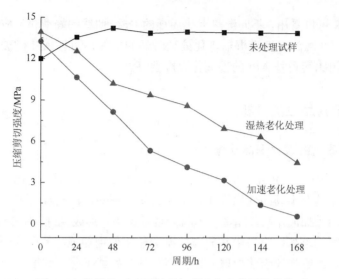

图 7-10　淀粉基 API 压缩剪切强度与老化周期的关系

30℃湿热老化 84h、50℃湿热老化 72h 或 70℃湿热老化 48h，大量水分已经渗透到淀粉基 API 中，破坏了胶黏剂与木材之间的胶合，使其压缩剪切强度迅速下降。由此可知，湿热老化处理温度对胶合木黏接接头压缩剪切强度的影响比较大。但是从图 7-11 中还能看到湿热老化处理的温度和时间存在着等效性的关系。

表 7-4　黏接接头在不同温度下湿热老化的压缩剪切强度（RH：98%）

湿热老化时间/h	压缩剪切强度/MPa		
	30℃	50℃	70℃
0	12.25	12.25	12.36
6	12.13	12.09	12.05
12	11.98	11.85	11.64
24	11.83	11.51	11.28
36	11.57	11.38	10.49
48	11.25	10.98	9.53
60	11.02	10.55	8.71
72	10.68	9.45	7.79
84	9.42	8.85	7.07
96	8.54	8.24	6.49
108	7.79	7.36	5.66
120	7.04	6.42	4.87
132	6.53	5.66	4.04
144	5.17	4.25	3.24

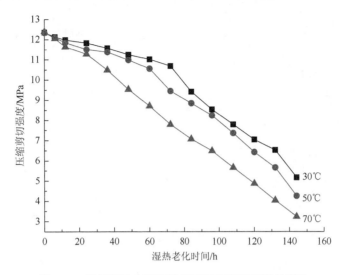

图 7-11　黏接接头在不同温度下压缩剪切强度的变化

2. 市售 API 胶接制品性能分析

表 7-5 和图 7-12 说明，未处理试件和湿热老化处理后试件的压缩剪切强度具有不同的变化规律。未处理市售 API 制作试件的压缩剪切强度变化与淀粉基 API 的相同。湿热老化处理的试件强度从第 1 个周期就开始下降，从第 5 个周期压缩剪切强度就开始达不到国家标准。这是由于木材是多孔材料，经过湿热老化处理后，孔隙吸水能力强，木材发生了吸湿作用，使胶黏剂中残留的异氰酸酯与水发生了反应，破坏了异氰酸酯与木材上羟基反应形成的氢键，所以胶合强度下降。市售 API 比淀粉基 API 的胶合强度高，湿热老化处理后压缩剪切强度下降速度慢。

表 7-5　不同处理方式下市售 API 的压缩剪切强度

周期/天	压缩剪切强度/MPa	
	室温放置	湿热老化处理
0	14.15	16.03
24	15.24	15.15
48	15.86	13.79
72	16.02	12.28
96	15.88	10.94
120	15.63	9.54
144	15.47	8.05
168	15.42	6.87

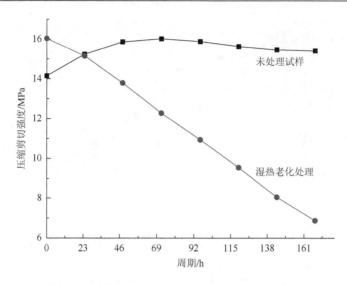

图 7-12　市售 API 压缩剪切强度与老化周期的关系

7.3.6　不同湿热老化条件下的黏接接头分析

1. 淀粉基 API 黏接接头表面微观形貌

黏接接头湿热老化处理条件为温度 30℃、50℃和 70℃，RH 98%，每个周期 24h，共计处理 7 个周期。黏接接头在不同湿热老化条件下的扫描电镜图像如图 7-13 所示。

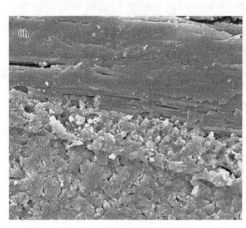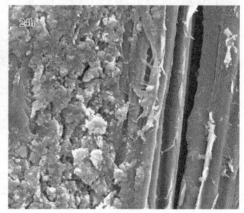

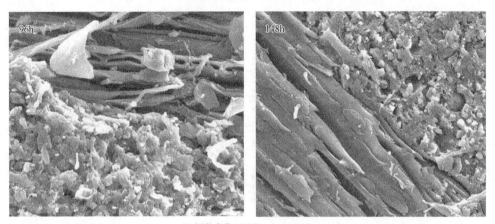

(a) 湿热老化（30℃，RH 98%）

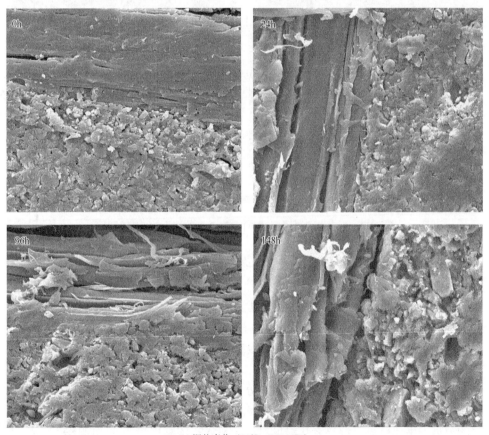

(b) 湿热老化（50℃，RH 98%）

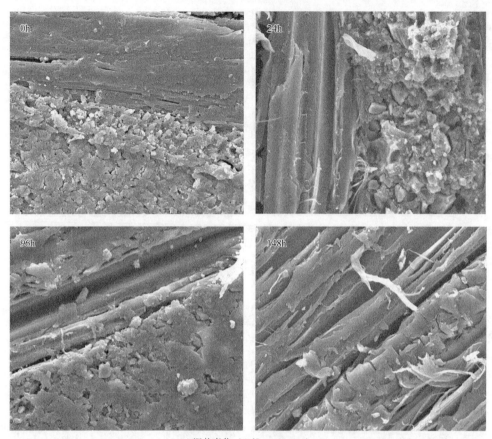

(c) 湿热老化（70℃，RH 98%）

图 7-13　黏接接头表面在不同湿热老化条件下的 SEM 图像

　　从图 7-13 可以看出，经过不同湿热老化处理后的黏接接头表面变化是不一样的。随着老化周期延长或湿热老化温度升高，黏接接头表面破坏程度增加，这与黏接接头强度变化是一致的。湿热老化处理温度为 30℃时，黏接接头在湿热老化的前几个周期内，黏接界面几乎没有变化，随着老化继续，黏接界面发生了微小的分离。因为老化周期时间短，所以黏接界面还没有发生明显变化。从黏接接头强度变化趋势看，如果继续对黏接接头进行湿热老化，黏接接头的强度会继续下降，黏接界面在黏接接头自行断开之前会出现明显的分离。而湿热老化处理温度为 50℃和 70℃时，随着湿热老化周期增加，黏接接头表面分离现象严重，甚至在断开之前出现明显的分离。由此可见，湿热老化温度对淀粉基 API 的黏接接头的影响比较明显。

2. 淀粉基 API 黏接接头表面氧元素变化

　　黏接接头经过不同湿热老化处理后，利用 EDS 观察淀粉基 API 黏接接头的氧元素分布及含量变化。图 7-14 是以湿热老化处理温度 50℃，RH 98%为例的黏接接头氧元素分布图，氧元素含量如表 7-6 所示。

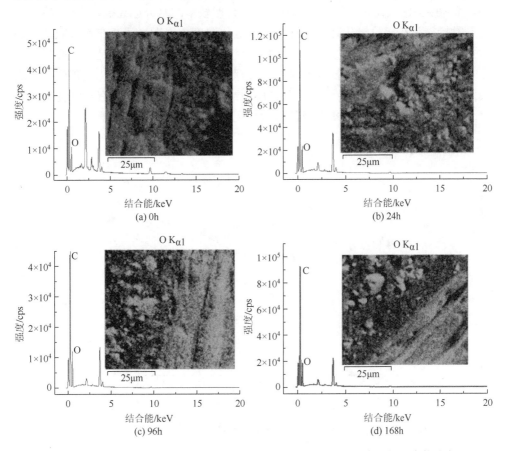

图 7-14　淀粉基 API 湿热老化（50℃，RH 98%）后黏接接头表面氧元素的分布

表 7-6　淀粉基 API 不同湿热老化温度下黏接接头氧元素含量

30℃，RH 98%		50℃，RH 98%		70℃，RH 98%	
老化时间/h	氧元素含量/%	老化时间/h	氧元素含量/%	老化时间/h	氧元素含量/%
0	26.3	0	26.3	0	26.3
24	27.7	24	29.5	24	30.7
48	29	48	31.2	48	32.4
72	30.5	72	32.3	72	33.9
96	31.6	96	33.5	96	35.3
120	32.8	120	34.9	120	36.8
144	33.5	144	35.6	144	37.5
168	34.8	168	36.7	168	38.4

由表 7-6、图 7-14 和图 7-15 可知，在同一老化时间下，随着湿热老化温度的升高，黏接接头的氧元素含量增加；在同一老化温度下，随着湿热老化周期的延长，黏接接头中氧元素含量也在增加，这都说明较多的水分已经扩散到胶黏剂中，而且黏接接头在湿热老化处理过程中湿热老化温度和周期之间存在着等效性。在湿热老化处理过程中，黏接接头中木材和胶黏剂都在吸水，木材是多孔隙材料，吸水速度要大于胶黏剂。胶合木在制备过程中，在淀粉基 API 固化过程中会变成液体并扩散到木材的毛细孔中，不过在湿热老化处理过程中仍然有毛细孔会吸收水分，另外还有淀粉基 API 自身的水解作用。

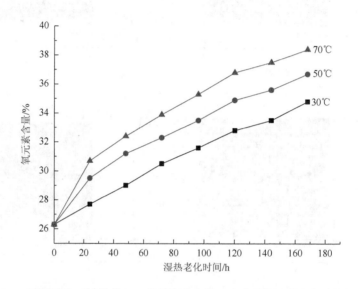

图 7-15　不同温度下淀粉基 API 黏接接头中氧元素含量与湿热老化时间的关系

3. 市售 API 黏接接头表面氧元素变化

黏接接头经过不同湿热老化处理后，利用 EDS 观察市售 API 黏接接头的氧元素分布及含量变化。黏接接头氧元素分布见图 7-16，氧元素含量如表 7-7 所示。

随着湿热老化周期的延长，市售 API 的黏接接头中氧元素含量也在增加，这都说明较多的水分已经扩散到胶黏剂中。在湿热老化处理过程中，黏接接头中木材和胶黏剂都在吸水，木材是多孔隙材料，吸水速度要大于胶黏剂。和淀粉基 API 黏接接头相比，氧元素含量偏高些，但从图 7-17 中可看出，湿热老化处理后，氧元素增幅基本一致。

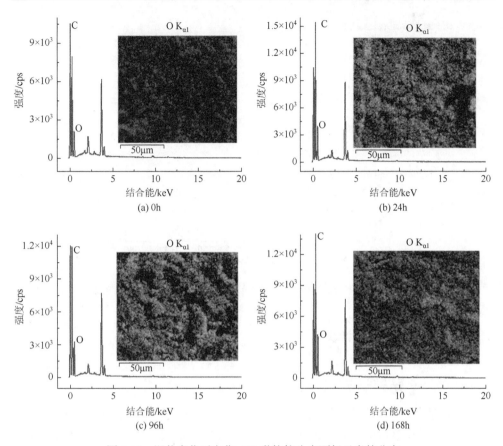

图 7-16　湿热老化后市售 API 黏接接头表面氧元素的分布

表 7-7　市售 API 黏接接头氧元素含量

湿热老化时间/h	氧元素含量/%
0	30.1
24	30.5
48	31.2
72	32.1
96	32.9
120	33.5
144	33.9
168	34.2

注：湿热老化条件为 T：50℃，RH：98%。

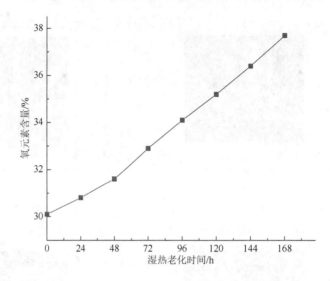

图 7-17　市售 API 黏接接头中氧元素含量与湿热老化时间的关系

7.3.7　胶黏剂吸水率计算

1. 淀粉基 API 的 EDS 分析

淀粉基 API 经过不同湿热老化处理后,利用 EDS 观察该胶黏剂中氧分布与含量的变化,不同湿热老化处理条件下淀粉基 API 的 EDS 谱图(以温度 50℃,RH 98% 为例)见图 7-18,氧元素含量见表 7-8。

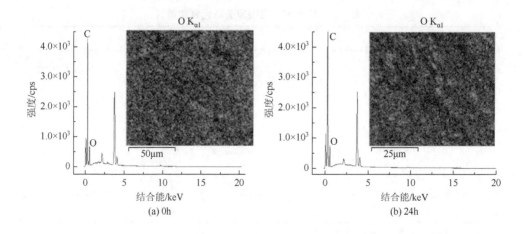

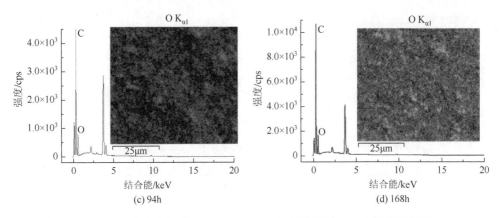

图 7-18　湿热老化条件（50℃，RH 98%）下淀粉基 API 中氧元素谱图

表 7-8　不同湿热老化条件下淀粉基 API 中氧元素含量（RH：98%）

湿热老化时间/h	氧元素含量/%		
	30℃	50℃	70℃
24	21.7	22.3	23.3
48	22.0	22.7	23.7
72	22.3	23.1	24.1
96	22.5	23.4	24.3
120	22.7	23.8	24.5
144	22.9	24.0	24.7
168	23.1	24.2	24.8

由图 7-18 可知，湿热老化周期不同，淀粉基 API 中氧元素含量的分布是不一样的，随着周期增加，氧元素分布更加密集，含量在增加。由表 7-8 可知，随着湿热老化温度升高和老化周期增加，淀粉基 API 中氧元素含量呈增加的趋势，后来趋于稳定变化。

2. 不同湿热老化条件下淀粉基 API 的吸水率

根据 7.2.4 节和表 7-8 中的数据，利用元素分析法计算出淀粉基 API 经过不同湿热老化条件处理后的吸水率，结果见表 7-9，吸水率与湿热老化时间关系见图 7-19。

表 7-9　淀粉基 API 的吸水率（RH：98%）

湿热老化时间/h	吸水率/%		
	30℃	50℃	70℃
24	1.5	2.1	3.2
48	1.8	2.5	3.6

湿热老化时间/h	吸水率/%		
	30℃	50℃	70℃
72	2.1	2.9	4.0
96	2.3	3.3	4.4
120	2.5	3.6	4.6
144	2.7	3.8	4.8
168	2.9	4.0	5.0

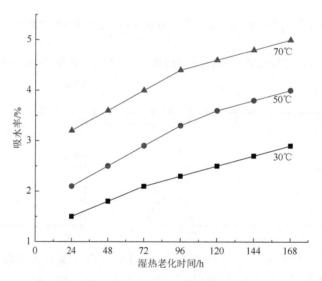

图 7-19　淀粉基 API 吸水率与湿热老化时间的关系

　　本书淀粉基 API 中氧元素和碳元素的含量之和是 77.2%,未处理的淀粉基 API 中氧元素含量是 20.4%。

　　从表 7-9 和图 7-19 中可以看出,随着湿热老化处理温度升高,淀粉基 API 的吸水率在增加。不同的湿热老化温度下,淀粉基 API 的吸水率变化幅度是不一样的。处理温度为 30℃时,淀粉基 API 的吸水率在初期不高,随着湿热老化处理周期的延长,吸水率一直在保持增加的趋势,因为淀粉基 API 中残留的异氰酸酯基团在吸收水分后发生反应。而 50℃和 70℃时,处理温度较高,淀粉基 API 的吸水率增加较快,但是随着周期延长,吸水率增幅减小,这是因为淀粉基 API 中可与水反应的基团的消耗在增加。随着周期延长,淀粉基 API 的吸水率会趋于稳定,因为胶黏剂中可反应基团全部消耗。另外淀粉基 API 的吸水率在湿热老化处理温度和周期之间存在着等效性关系。

3. 市售 API 胶的 EDS 分析

市售 API 经过湿热老化处理后,利用 EDS 观察该胶黏剂中氧分布与含量的变化,不同湿热老化周期下市售 API 的 EDS 谱图(温度 50℃,RH 98%)见图 7-20,氧元素含量见表 7-10。

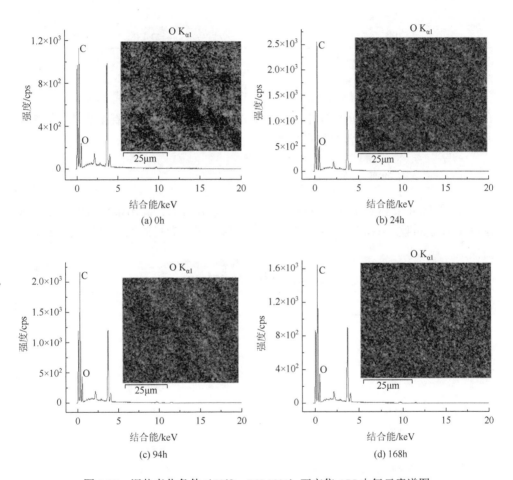

图 7-20　湿热老化条件(50℃,RH 98%)下市售 API 中氧元素谱图

表 7-10　湿热老化条件下市售 API 中氧元素含量

湿热老化时间/h	氧元素含量/%
24	26.1
48	26.7

湿热老化时间/h	氧元素含量/%
72	27.1
96	27.5
120	28.2
144	28.6
168	29.0

注：湿热老化条件为 T: 50℃，RH: 98%。

由图 7-20 可知，湿热老化周期不同，市售 API 中氧元素含量的分布是不一样的，随着周期增加，氧元素分布更加密集。由表 7-10 可知，随着湿热老化周期增加，市售 API 中氧元素含量也在增加。

4. 市售 API 的吸水率

根据 7.2.4 节和表 7-10 中的数据，利用元素分析法计算出市售 API 经过湿热老化处理后的吸水率，结果见表 7-11，吸水率与湿热老化时间关系见图 7-21。

表 7-11 市售 API 的吸水率

湿热老化时间/h	吸水率/%
24	2.6
48	3.3
72	3.7
96	4.2
120	5.0
144	5.4
168	5.9

注：湿热老化条件为 T: 50℃，RH: 98%。

本书淀粉基 API 中氧元素和碳元素的含量之和是 79.2%，未处理的淀粉基 API 中氧元素含量是 23.8%。

从图 7-21 中可以看出，随着湿热老化时间增加，市售 API 的吸水率在不断增加。与淀粉基 API 相比较，市售 API 的吸收率大，增幅也大，说明市售 API 中含有更多与羟基反应的活性基团。

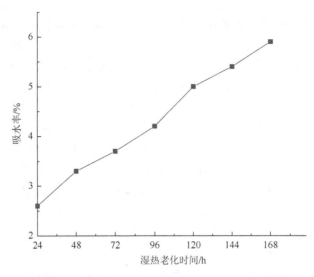

图 7-21　市售 API 吸水率与湿热老化时间的关系

7.4　本 章 小 结

（1）采用红外光谱分析了淀粉基 API 胶膜加速老化和不同湿热老化处理后的化学结构变化。结果表明：淀粉基 API 胶膜经过加速老化处理后残留的异氰酸酯基团立即消失。而随着湿热老化处理温度升高，残留异氰酸酯基团消失速度是不一样的，温度越高消失速度越快，说明残留的异氰酸酯基团都与水发生了反应。市售 API 胶膜中残留的异氰酸酯基团也是逐渐消失。

（2）利用热重分析研究了加速老化和湿热老化处理后淀粉基 API 胶膜的质量变化，从质量损失角度分析淀粉基 API 胶膜的耐久性。加速老化和湿热老化处理的胶膜初期稳定性不同，加速老化相对稳定些；而经过不同湿热老化温度处理的胶膜，湿热老化温度越高，淀粉基 API 胶膜的质量越稳定。无论采用什么样的老化方式，淀粉基 API 胶膜最后的热稳定性几乎相同。从质量降解所需能量分析看，在相同质量损失下，每个加速老化周期所需的活化能不一样，也就是说不同加速老化周期的胶膜降解速率是不一样的，所需的温度也不一样。而经不同湿热老化处理的淀粉基 API 胶膜所需要的活化能不同，湿热老化处理温度高的所需活化能相对高些，但是同一湿热老化温度的不同老化周期内淀粉基 API 胶膜降解所需的活化能几乎相同，即降解速度基本一致。市售 API 胶膜每个周期相同质量降解所需活化能相同，比淀粉基 API 性能稳定。

（3）采用 DSC 分析不同湿热老化条件下的淀粉基 API 胶膜的玻璃化温度。结果表明：湿热老化温度越高，淀粉基 API 的玻璃化温度就越低，但是在同一湿热老化温度下，随着湿热老化周期的延长，玻璃化温度降低。市售 API 的玻璃化温度比淀粉基 API 高，随着湿热老化周期延长，其也是逐渐降低。

（4）由 API 胶黏剂压制的胶合木经过三种方式处理后的压缩剪切强度变化是不一样的。室温放置试样的压缩剪切强度在逐渐升高，后来趋于稳定。然而试样经过加速老化处理后压缩剪切强度在快速下降，最后几乎自动断开；而经 7 个周期湿热老化处理后试样的压缩剪切强度也在逐渐下降，但是下降幅度相对加速老化慢。经过不同湿热老化温度处理后，黏接接头的强度变化是不一样的，温度越高，黏接接头降低速度越快。湿热老化处理温度和时间存在着等效性。

（5）利用 SEM 分析不同湿热老化处理后黏接接头表面的变化。随着湿热老化温度升高，黏接接头表面分离严重，有的甚至都断开。湿热老化温度相同时，随着湿热老化周期的延长，黏接接头表面破坏程度也在增加。利用 EDS 分析了黏接接头中氧元素含量的变化。随着湿热老化温度升高和湿热老化周期延长，黏接接头吸湿后氧元素含量都在不同程度地增加，而且湿热老化处理温度和时间存在着等效性。

（6）利用 EDS 分析淀粉基 API 吸水率变化。不同湿热老化温度下，随着温度升高，淀粉基 API 的吸水率增加；在相同湿热老化温度下，随着湿热老化周期增加，淀粉基 API 的吸水率增加速度在逐渐变慢。市售 API 及黏接接头的吸水率变化规律一样。

参 考 文 献

[1] 王淑敏，时君友. 水性高分子异氰酸酯木材胶黏剂耐久性的研究[J]. 林产化学与工业，2015，35（2）：25-30.

[2] 高岩磊，崔文广，牟微，等. 高分子材料的老化研究进展[J]. 河北化工，2008，31（1）：29-31.

[3] 郑敏侠，钟发春，王蔺，等. 聚氨酯胶黏剂降解行为的在线红外表征[J]. 化学推进剂与高分子材料，2009，7（6）：64-67.

[4] Umemura K，Takahashi A，Kawai S. Durability of isocyanate resin adhesives for wood. Ⅰ：Thermal properties of isocyanate resin cured with water[J]. Journal of Wood Science，1998，44（3）：204-210.

[5] Umemura K，Takahashi A，Kawai S. Durability of isocyanate resin adhesives for wood. Ⅱ：Effect of the addition of several polyols on the thermal properties[J]. Journal of Applied Polymer Science，1999，74（7）：1807-1814.

[6] Umemura K，Takahashi A，Kawai S. Durability of isocyanate resin adhesives for wood. Ⅲ：Degradation under constant dry heating[J]. Journal of Wood Science，2002，48（5）：380-386.

[7] Fernández-García M，Chiang M Y M. Effect of hygrothermal aging history on sorption process，swelling，and glass transition temperature in a particle-filled epoxy-based adhesive[J]. Journal of Applied Polymer Science，2002，84（8）：1581-1591.

[8] Ling N，Hori N，Takemura A. Effect of postcure conditions on the dynamic mechanical behavior of water-based polymer-isocyanate adhesive for wood[J]. Journal of Wood Science，2008，54（5）：377-382.

[9] 唐一壬，刘丽，王晓明，等. 耐湿热老化三元复合材料 OMMT/EP/CF 的制备研究[J]. 材料科学与工艺，2011，19（2）：70-74.

[10]　Yunchu H，Peijang Z，Songsheng Q. TG-DTA studies on wood treated with flame-retardants[J]. Holzals-Rohund Werkstoff，2000，58（1-2）：35-38.

[11]　赵姝. 异氰酸酯与纤维素反应产物结构及聚氨酯对木材胶接机理[D]. 哈尔滨：东北林业大学，2010.

[12]　Khayankarn O，Pearson R A，Verghese N，et al. Strength of epoxy/glass interfaces after hygrothermal aging[J]. The Journal of Adhesion，2005，81（9）：941-961.

[13]　Umemura K，Takahashi A，Kawai S. Durability of isocyanate resin adhesives for wood. Ⅳ：Degradation under constant steam heating[J]. Journal of Wood Science，2002，48（5）：387-393.

[14]　Gao M，Sun C，Zhu K. Thermal degradation of wood treated with guanidine compounds in air：Flammability study[J]. Journal of Thermal Analysis and Calorimetry，2004，75（1）：221-232.

[15]　张俊. API 胶黏剂固化反应机制的研究[D]. 哈尔滨：东北林业大学，2009.

第8章 不同表面处理方法对淀粉基 API 胶接性能的影响

8.1 引　　言

采用表面处理可以提高黏接接头的耐久性能，通过化学氧化金属材料表面，能在金属表面形成微孔蜂窝结构，极大地增加了黏接面积，使黏接强度和耐久性能得到了明显改善。非金属材料也可以氧化其表面，在表面产生更多的极性基团，改善黏接性能和耐久性能[1]。偶联剂处理则在被黏接材料与胶黏剂中间形成过渡层，更加有助于改善黏接接头的耐久性能。其他处理方法如等离子处理、微波处理和辐照处理等，更适用于非金属材料，使材料的表面极性得到极大提高，从而获得良好的黏接效果。

关于淀粉基 API 对木材的黏接，存在着在黏接过程中木材吸收水分，以及产生的吸湿和水解等问题，使对耐湿热老化性能的研究更加复杂多变。木材表面受到温度、湿度变化的影响而产生变化，因此增加木材表面界面的结合力是提高木材黏接接头耐久性的有效方法之一[2]。一般采用对木材表面进行处理的方式改变其表面特性，木材表面处理方法有很多，如砂纸打磨处理、化学氧化处理、偶联剂处理、微波处理和等离子体处理等[3, 4]。

国外关于黏接接头的剪切强度随老化条件的变化规律和各种表面处理方法对黏接接头耐久性能的影响方面都做了大量的研究，如水分在不同表面处理方法处理的黏接接头内的扩散系数，不同表面处理方法对黏接接头在黏接强度、表面微观形貌和化学键变化等方面对耐久性能的影响。而在国内，普遍集中在用胶黏剂技术指标衡量老化条件的变化对黏接强度的影响。而对于用不同表面处理方法对胶黏剂黏接接头耐久性的影响、黏接接头表面形貌随老化时间的变化规律等理论的研究很少[5-7]。王超等[8]进行了胶黏剂黏接碳碳（C/C）材料的黏接接头耐湿热老化性能的研究，其中包括对 C/C 材料的表面处理、表面处理对黏接强度的影响和湿热老化对黏接接头表面微观形貌与元素组成的影响等方面的研究。

本章首先对桦木基材的表面进行处理，利用 XPS 分析处理后的桦木基材表面元素组成的变化；借助 FTIR 分析桦木基材处理后结构变化及胶接界面；利用 EDS 分析在湿热老化条件下不同表面处理方法对淀粉基 API 胶接桦木制备的黏接接头的胶接性能的影响及黏接接头的破坏形式。

8.2　试　　验

8.2.1　桦木基材表面处理

常用的表面处理方法有很多种，其中最为常用的是砂纸打磨处理、化学氧化处理以及偶联剂处理。这三种表面处理方法不仅适用于金属材料，也适用于对非金属材料的表面处理。采用砂纸打磨、化学氧化处理和硅烷偶联剂三种方法对桦木基材表面进行处理，然后压制胶合木，检测其胶合强度，优化出每种方法的最佳处理工艺。

1. 砂纸打磨

胶接前在木材表面砂光可以去除木材表面各种类型的污染物。

木材是一种多孔隙材料，砂纸打磨后不能测定表面粗糙度，无法定量分析，只能定性分析。采用不同目数的砂纸对木材表面进行打磨处理，压制胶合木，检测其压缩剪切强度来衡量打磨效果。

砂纸型号是指磨料的粒度，即单位面积内（一般以平方厘米为单位）的磨料颗粒数。本试验共选了 1400 目、1200 目、1000 目、800 目和 600 目五种目数的砂纸，压制胶合木检测其压缩剪切强度，优化砂纸目数。

2. 化学氧化

本试验选用次氯酸钠作为化学氧化剂，浓度分别为 15%、20%、25% 和 30%，用稀释后的次氯酸钠对桦木基材表面进行处理，之后在干燥箱（40℃）中烘至绝干，制备胶合木，检测其压缩剪切强度，优化次氯酸钠浓度。

3. 硅烷偶联剂

硅烷偶联剂能提高木材表面极性，进而提高其胶接制品的胶接强度。本试验配制不同浓度的 KH550 乙醇溶液，对木材表面进行涂覆处理，然后在干燥箱（40℃）中烘至绝干，再压制胶合板检测其压缩剪切强度，确定最佳的浓度。KH550 乙醇溶液的浓度为 0.5%、1%、2%、3%、5% 和 7%。

8.2.2　性能分析与结构表征

1. X 射线光电子能谱

本章利用 XPS 检测桦木基材表面经过不同的方法处理后，基材的化学组成和官能团含量的变化[9-11]。

XPS 测试设备与条件：X 射线光电子能谱仪，美国热电 ermo ESCALAB250（hv = 1486.6eV），通能 20eV，真空度 $3.2×10^{-7}$Pa。刻蚀能量 3kV，聚焦电压 3kV，靶源 Ar 离子。

2. FTIR 分析

本章利用 FTIR 分析经过表面处理后，基材表面官能团的变化。

3. 能量分析光谱仪

本章利用 EDS 观察黏接接头在湿热老化处理后黏接接头中胶黏剂内氧原子含量的变化，计算吸水率。检测黏接接头断口氧元素含量的变化，推断黏接接头破坏形式。

8.3 结果与分析

8.3.1 桦木基材表面处理工艺优化

1. 砂纸打磨

砂纸打磨处理后木材表面的纤维和组织撕裂，木材的表面自由能与极性明显增加，改善木材表面的浸润性，有利于木材胶接[12]。所压制胶合木的压缩剪切强度结果见表 8-1。

表 8-1 砂纸型号与压缩剪切强度的关系

砂纸型号/目	压缩剪切强度/MPa
1400	11.96
1200	12.96
1000	13.22
800	11.36
600	10.58
0	10.05

由表 8-1 和图 8-1 可知，随着砂纸细度的增加，胶合木的压缩剪切强度先增加后降低，砂纸型号为 1000 目时，淀粉基 API 的胶接效果最好。

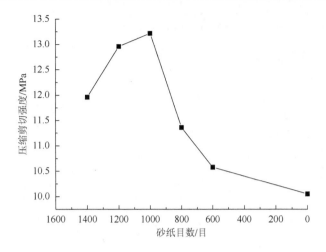

图 8-1　砂纸目数与压缩剪切强度的关系

2. 化学氧化

化学氧化处理能改变木材表面的化学特征，提高胶接制品的胶接强度和耐水性。氧化剂浓度与压缩剪切强度的关系见表 8-2。

表 8-2　氧化剂浓度与压缩剪切强度的关系

浓度/%	压缩剪切强度/MPa
0	11.63
15	13.07
20	13.28
25	12.63
30	12.33

从表 8-2 和图 8-2 中可以看出，化学氧化能提高胶合木的压缩剪切强度，次氯酸钠作为化学氧化剂，主要是利用次氯酸根的氧化性和高反应活性，氧化木材表面上的羟基，把氯引入到木材中，起到漂白的作用。另外，次氯酸钠还氧化了木材中的纤维素和半纤维素，使其结构更加稳定。当浓度过高，引入更多的次氯酸根后，木材表面更多的羟基被氧化，影响了胶黏剂和木材中的羟基反应，会降低胶合强度。随着化学氧化剂次氯酸钠浓度的增加，胶合木的压缩剪切强度则是呈现先升高后降低的趋势，所以氧化剂浓度选择 20%较好。

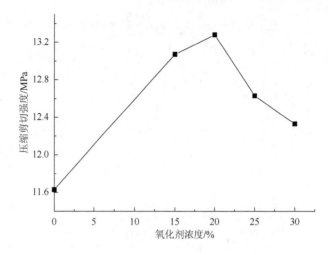

图 8-2　氧化剂浓度与压缩剪切强度的关系

3. 硅烷偶联剂

用硅烷偶联剂对木材表面进行处理，能提高木材表面的极性。采用不同稀释浓度的硅烷偶联剂对桦木基材表面进行处理，检测其压缩剪切强度。偶联剂浓度与压缩剪切强度的关系见表 8-3。

表 8-3　硅烷偶联剂浓度与压缩剪切强度的关系

浓度/%	压缩剪切强度/MPa
0	10.25
0.5	10.41
1	11.35
2	11.97
3	12.34
5	12.45
7	11.32

根据表 8-3 和图 8-3，硅烷偶联剂能提高剪切强度，浓度不同，效果不同。综合考虑，选择稀释后浓度为 3% 的硅烷偶联剂乙醇溶液。

硅烷偶联剂处理木材后能提高木材的黏接性能，具体作用机理如下[13, 14]。

（1）硅烷偶联剂水解，生成硅烷醇。

$$RSi(OR')_3 \xrightarrow{\text{水解}} RSi(OH)_3$$

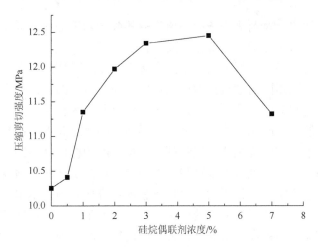

图 8-3　硅烷偶联剂浓度与压缩剪切强度的关系

（2）硅羟基之间反应形成低聚硅氧烷。

$RSi(OH)_3 \longrightarrow$

（3）在加热条件下硅烷偶联剂自身脱水形成共价键。

8.3.2　表面处理方法对黏接强度的影响

　　用上述优化好的三种表面处理方法即砂纸打磨、化学氧化和硅烷偶联剂对桦木基材进行处理，把主剂与交联剂按质量 100 ∶ 18 调制胶黏剂，压制桦木胶合木。压制好的胶合木在湿热老化条件下（50℃，RH 98%）处理 7 个周期，每个周期为24h，检测每个周期胶合木的压缩剪切强度，其黏接接头剪切强度的变化如表 8-4和图 8-4 所示。

从图 8-4 可见，基材表面未处理所制得的胶合木压缩剪切强度在开始几个周期下降比较快，后来逐渐趋于缓慢。而基材表面经过处理后，胶合木压缩剪切强度下降速度相对变慢。砂纸打磨处理的黏接接头压缩剪切强度在初始几个周期呈快速下降趋势，这是因为砂纸打磨处理虽然提高了接触面积，但水分与胶黏剂及被黏材料吸附能和解吸附能没有变化，由于胶黏剂和木材结合力弱，水分很容易从黏接界面扩散进入胶黏剂内部，所以压缩剪切强度迅速下降；当湿热老化达到144h，此时压缩剪切强度主要是胶黏剂和木材之间的机械锁结构，因此压缩剪切强度下降趋势变缓。砂纸打磨处理与表面未经处理的试样的压缩剪切强度变化趋势基本相似。而化学氧化处理的变化趋势和砂纸打磨处理基本相同，只是程度有所减缓。这是由于化学氧化处理的被黏材料表面产生了少量极性基团并形成微裂纹，提高了胶黏剂和被黏材料的结合力。而硅烷偶联剂处理后的压缩剪切强度变化曲线与前两者则有较大不同，湿热老化 24h，压缩剪切强度基本保持不变，此时黏接界面由于偶联剂的存在使水分的扩散受到抑制，尽管有少量水分渗透到胶黏剂中，由于含量很少，其在胶黏剂中只起到增塑作用，因此压缩剪切强度保持不变。当湿热老化达到 48h，此时水分逐渐扩散到胶黏剂内部，黏接接头剪切强度开始下降。经过 144h 的湿热老化处理后，黏接接头的压缩剪切强度已经变得很低，此时黏接强度主要是胶黏剂和木材之间的机械锁结构，因此压缩剪切强度下降趋势变缓。说明表面处理对湿热老化条件下胶合木压缩剪切强度的变化具有较大影响。在湿热老化处理下，不同表面处理方法对淀粉基 API 黏接接头的压缩剪切强度有着不一样的影响，黏接接头压缩剪切强度下降趋势为：基材未处理＞砂纸打磨处理＞化学氧化处理＞偶联剂处理。

表 8-4　湿热老化条件下不同表面处理方法处理的黏接接头压缩剪切强度的变化

湿热老化时间/h	压缩剪切强度/MPa			
	表面未处理	砂纸打磨	化学氧化	硅烷偶联剂
0	11.64	12.67	12.75	13.51
24	10.54	11.54	12.12	13.26
48	9.87	10.26	11.15	12.97
72	8.13	8.16	10.21	11.75
96	7.28	7.66	9.58	10.78
120	5.72	5.89	7.45	8.45
144	5.12	5.15	5.83	6.62
168	4.46	4.51	5.58	5.76

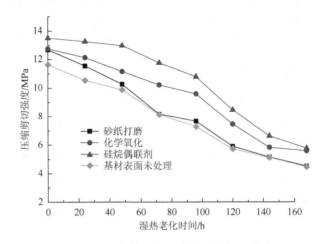

图 8-4　湿热老化条件下不同表面处理方法处理的黏接接头压缩剪切强度的变化

8.3.3　桦木表面 XPS 分析

1. 桦木表面成分与含量变化

木材的元素组成主要是 C、H、O 三种元素，试验中对木材进行了表面处理，处理深度很浅，所以对处理前后桦木基材表面的化学组成含量的变化用 XPS 来分析。XPS 的宽扫描图能够标记出木材中所有元素（除 H 和 He）的内层电子结合能，因此可以利用每个元素的特定结合能来鉴定木材表面元素构成及相对含量[15]。

不同表面处理方法处理的木材表面的 XPS 宽扫描谱图见图 8-5，木材表面元素组成变化如表 8-5 所示。由表 8-5 可知，表面处理后木材中 C 元素含量在减少，O 元素含量在增加，O 与 C 的原子浓度比值在增加。另外，砂纸打磨处理后的木材只是稍微增加了黏接面积，元素含量有微小的变化；化学氧化处理后的木材表面

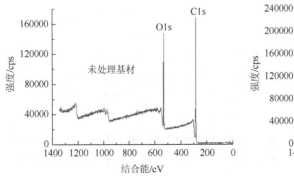

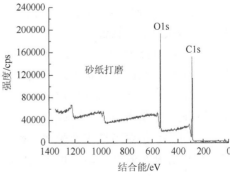

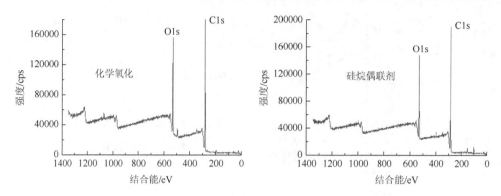

图 8-5　不同表面处理方法的木材表面的 XPS 宽扫描谱图

表 8-5　不同表面处理方法的木材表面元素组成

表面处理方法	元素含量/%		(O/C) /%
	C	O	
未处理	77.97	22.03	28.25
砂纸打磨	77.45	22.25	28.73
化学氧化	76.07	23.35	30.70
硅烷偶联剂	74.49	25.51	34.25

含氧量由 22.03%增加到 23.35%，说明木材表面发生了氧化反应；硅烷偶联剂处理后含氧量由 22.03%增加到 25.51%，表明硅烷偶联剂和木材表面氧化产生的极性基团发生了化学反应，引入了含氧基团。

2. 桦木表面的 C1s 谱图分析

根据文献将木材中碳原子划分为 4 种结合形式[16-18]：

C1：结合能约为 285eV，存在形式是—C—H 和—C—C；主要是木质素苯基丙烷等碳氢化合物。

C2：结合能约为 286.5eV，存在形式是—C—O—，主要是醇和醚。木材中含有大量的碳原子与极性的羟基连接，因此结合能相对增加。

C3：结合能为 288~288.5eV，存在形式是—O—C—O—或 C=O，主要是醛、酮和缩醛等。在两种连接形式中氧化态较高，所以电子结合能也相对较高。

C4：结合能为 289~289.5eV，存在形式是—O—C=O，氧化态更高，主要是酯基和羧基，是木材中包含或形成的有机酸等物质。

木材中碳结合方式主要是前三种，借助碳原子结合能和强度能够判断木材中碳原子的存在形式和相对含量的变化，进而分析桦木基材表面化学结构的变化。

　　为了表征桦木基材处理后表面各主要基团的变化，分析碳含量在不同化学环境下的分布，采用谱图分峰后曲线拟合的方法，对桦木基材上的 C1s 进行分峰处理。不同表面处理方法处理的桦木木材表面 XPS 的 C1s 分峰拟合后的谱图如图 8-6 所示，其各种碳原子结合能的位置和峰面积数据如表 8-6 所示，由于受电子效应的影响，所测得的结合能值比标准值偏低，校正后基本在标准值范围内，所以可以根据各个原子的结合能来推断出化学结构的信息[12]。

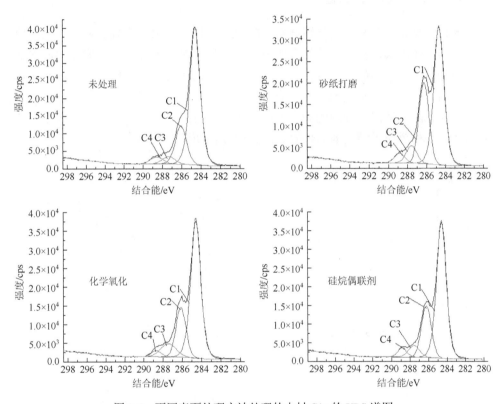

图 8-6　不同表面处理方法处理的木材 C1s 的 XPS 谱图

表 8-6　不同表面处理方法处理的木材表面 C1s 结合能与峰面积

样品	未处理		砂纸打磨		化学氧化		硅烷偶联剂	
	结合能/eV	含量/%	结合能/eV	含量/%	结合能/eV	含量/%	结合能/eV	含量/%
C1	284.6	53.88	284.61	42.55	284.62	50.41	284.57	51.16
C2	286.07	15.62	286.22	23.25	286.17	17.5	286.21	18.65
C3	287.36	3.33	287.53	5.19	287.49	7.1	287.55	4.57
C4	288.6	3.21	288.79	2.9	288.77	2.1	288.84	3.02

从图 8-6 和表 8-6 可以看出，桦木基材中含有四种不同峰型的 C，即 C1、C2、C3 和 C4，以 C1 和 C2 为主。而经过表面处理的木材表面碳的结合形式产生了显著的变化，C1 与 C4 含量在降低，C2 和 C3 含量在增加，说明木材表面含碳官能团结构在发生改变。不同表面处理方法下不同结构的 C 的结合形式不一样，而且所占的比例是不一样的，含碳官能团的量也不相同。

3. 桦木表面的 O1s 谱图分析

木材纤维素中氧和碳为单键结合，C—O，划分为 O1，有较高的结合能；但是以双键与碳形式连接的氧的结合能很低，归为 O2，C=O。在本研究中，木材表面经过化学氧化和硅烷偶联剂处理后，发生了化学反应，木材表面的 C=O 含量会增加，所以 O1s 峰的研究也有意义。

不同表面处理方法处理的桦木木材表面 XPS 的 O1s 分峰拟合后谱图如图 8-7 所示，其各种氧原子结合能的位置和峰面积数据如表 8-7 所示。

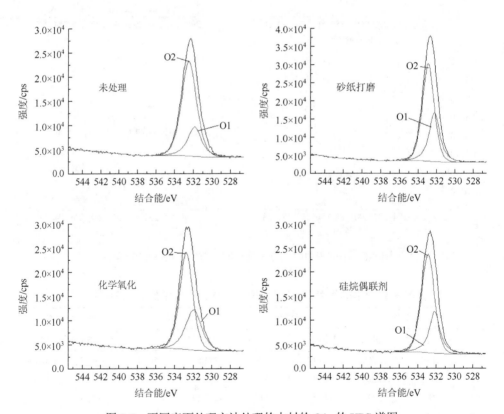

图 8-7　不同表面处理方法处理的木材的 O1s 的 XPS 谱图

表 8-7　不同表面处理方法处理的木材表面 O1s 的 XPS 测试数据

样品	未处理		砂纸打磨		化学氧化		硅烷偶联剂	
	结合能/eV	含量/%	结合能/eV	含量/%	结合能/eV	含量/%	结合能/eV	含量/%
O1	531.79	5.01	532.19	8.54	531.93	7.93	532.08	6.34
O2	532.39	16.71	532.87	16.21	532.72	14.96	532.82	15.53

从图 8-7 和表 8-7 可以看出，O1 峰面积在增加，O2 的峰面积在减少，说明木材表面经过处理后，化学氧化把木材表面上的羟基及木材中的纤维素和半纤维素氧化，而硅烷偶联剂在处理木材表面的过程中和木材上的极性基团发生了化学反应，导致木材表面的含氧官能团增加，即碳的氧化态增加。

8.3.4　桦木表面 FTIR 分析

对桦木基材进行表面处理后，基材表面主要基团是否发生改变与淀粉基 API 胶接后界面性能是否提高对于改善被胶接材料的耐老化性能有着重要意义[19]。

未处理和表面处理后的桦木基材的 FTIR 谱图见图 8-8。

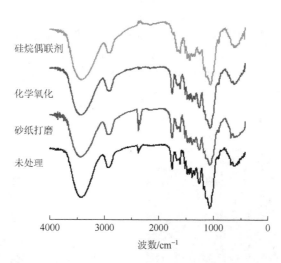

图 8-8　经不同处理方式的木材表面的红外谱图

从图 8-8 中可以看出，四个样品的谱图在 1047.04cm⁻¹、2910.30cm⁻¹ 和 3426.30cm⁻¹ 处均有吸收峰存在，吸收峰的归属见表 8-8。经过化学氧化和偶联剂处理后，木材表面在 2364.51cm⁻¹ 处吸收峰消失，而经过砂纸打磨的木材表面在此处吸收峰增强。另外经过偶联剂处理的木材表面在 1748.38cm^{-1} 和 1246.65cm^{-1} 处的吸收峰也消失，说明化学氧化和偶联剂处理后，引入的某些基团与木材本身的基团发生了化学反应，导致一些基团的消失。

表 8-8　木材表面改性处理后吸收峰归属

波数/cm^{-1}	吸收峰归属
1047.04	C—O 伸缩振动（纤维素和半纤维素）；乙酰基中烷氧键伸缩振动
1246.65	酚类的 C—O 伸缩振动，O—H 面内弯曲振动
1748.38	C＝O 伸缩振动，乙酰基、脂肪酸及木质素中的孤立羰基
2364.51	
2910.30	C—H 伸缩振动，多糖、木质素、脂肪酸和饱和烃基
3426.30	O—H 伸缩振动

8.3.5　表面处理方法对黏接接头中胶黏剂吸水率的影响

1. 黏接接头 EDS 分析

用表面处理过的桦木基材和所研制的淀粉基 API 制备黏接接头，再把黏接接头在湿热老化环境（T：50℃，RH：98%）下进行处理，一共七个周期。利用 EDS 观察黏接接头表面胶黏剂中氧分布与含量的变化，经不同表面处理方法处理的黏接接头的 EDS 谱图见图 8-9，氧元素含量见表 8-9。

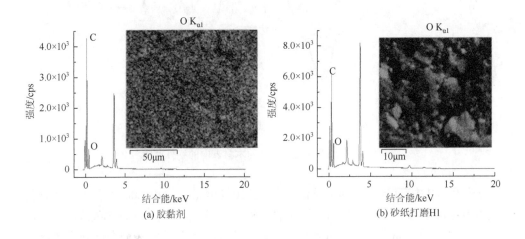

(a) 胶黏剂　　　　　　　　　　　(b) 砂纸打磨H1

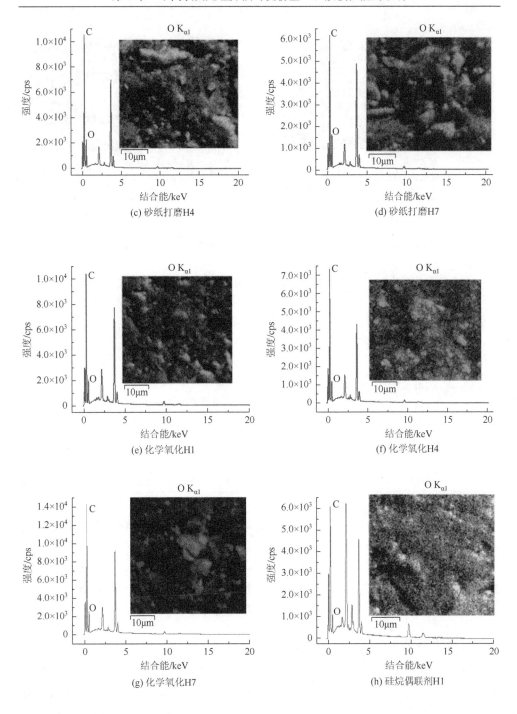

(c) 砂纸打磨H4

(d) 砂纸打磨H7

(e) 化学氧化H1

(f) 化学氧化H4

(g) 化学氧化H7

(h) 硅烷偶联剂H1

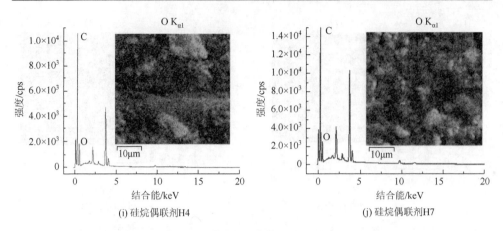

图 8-9　不同表面处理方法处理的黏接接头胶黏剂中氧元素 EDS 谱图

表 8-9　不同表面处理方法处理的黏接接头中氧元素含量

湿热老化时间/h	氧元素含量/%			
	未处理	砂纸打磨	化学氧化	硅烷偶联剂
0	28.3	28.2	29.1	29.6
24	28.8	28.6	29.6	30
48	30.2	30	30.4	30.7
72	31.3	30.9	30.8	31.1
96	32.2	31.7	31.2	31.6
120	32.6	32	31.8	32
144	32.9	32.3	32.0	32.4
168	33.3	32.7	32.4	32.9

从图 8-9 和表 8-9 可见，不同表面处理方法的黏接接头在经过湿热老化处理后，表面氧元素分布不一样，而且氧元素含量不同。经过表面处理后，黏接接头的胶黏剂中氧元素含量增加，处理方法不同，增加幅度不一样。随着湿热老化周期的延长，同一处理方法的黏接接头的胶黏剂中氧元素含量也在逐渐增加。在表面处理方法和湿热老化处理周期之间同样存在着等效性的关系。

2. 黏接接头中胶黏剂吸水率

表面处理能够提高胶合制品的表面结合能，减缓水分的渗透速度。在 50℃、RH 98%湿热老化条件下，利用 EDS 测出黏接接头中胶黏剂中氧元素的含量，根据公式计算经不同表面处理方法处理的胶合木中胶黏剂的吸水率，结果见表 8-10，吸水率与湿热老化时间的关系见图 8-10。

表 8-10　不同表面处理方法处理的黏接接头的吸水率

湿热老化时间/h	吸水率/%			
	未处理	砂纸打磨	化学氧化	硅烷偶联剂
0	0	0	0	0
24	0.6	0.5	0.6	0.5
48	2.1	2	1.4	1.2
72	3.4	3	1.9	1.7
96	4.4	3.9	2.6	2.3
120	4.8	4.2	3.2	2.7
144	5.2	4.5	3.6	3.3
168	5.4	5	4.0	3.7

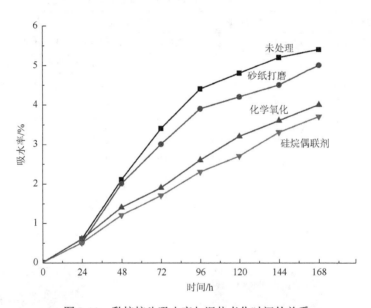

图 8-10　黏接接头吸水率与湿热老化时间的关系

由图 8-10 可见，经湿热老化后，淀粉基 API 黏接接头吸水率在第一个周期增加非常缓慢。当湿热老化处理 48h 时，水分进入黏接接头中，黏接接头吸水率迅速增加。未处理和砂纸打磨处理的黏接接头中胶黏剂的吸水率比在同条件下化学氧化和偶联剂处理的黏接接头高，主要是因为前两种的黏接界面结合能低，水分渗透速度快。湿热老化处理经过 120h 后，四种黏接接头的吸水率减慢，其趋势相近。这时水分已经通过黏接界面进入胶黏剂内部，由于胶黏剂的结构相同，因此水分从胶黏剂外表面渗透到内部的速度相同。但是水分从黏接界面渗透到胶黏剂内部的速度不同，这是因为木材是多孔隙材料，材质不均。所以从总体上看水分扩散到胶黏剂内部的程度仍然有所不同，并导致界面结合能低的未处理和砂纸打磨处理的黏接接头呈现首先自动断裂的趋势，而结合能较高的化学氧化和偶联剂处理的黏接接头最后才会自动断裂。

8.3.6　表面处理对黏接接头破坏形式的影响

通过 EDS 分析黏接接头破坏后表面元素含量的多少可以确定淀粉基 API 胶接桦木制备的黏接接头的破坏形式。在 50℃，RH 98%的不同湿热老化时间下，黏接接头的破坏形式如表 8-11 和图 8-11 所示。

表 8-11　湿热老化条件下黏接接头断口表面氧元素含量

表面未处理		砂纸打磨处理		化学氧化处理		硅烷偶联剂处理	
老化时间/h	含量/%	老化时间/h	含量/%	老化时间/h	含量/%	老化时间/h	含量/%
0	28.3	0	28.3	0	28.3	0	28.3
24	24.7	24	24.1	24	23.6	24	22.8
48	27.1	48	26.9	48	24.4	48	23.5
72	30.3	72	29.1	72	26.7	72	24.7
96	31.1	96	29.9	96	29.5	96	25.6
120	32.5	120	31.5	120	30.2	120	29.9
144	34.6	144	32.8	144	31.1	144	30.4
168	36.1	168	34.2	168	32.3	168	31.2

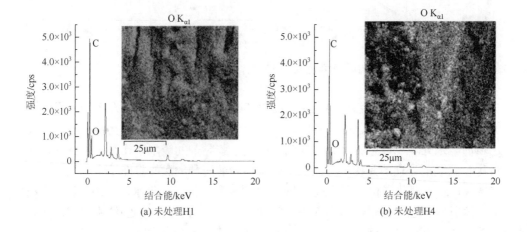

(a) 未处理H1　　　　　　　　　　(b) 未处理H4

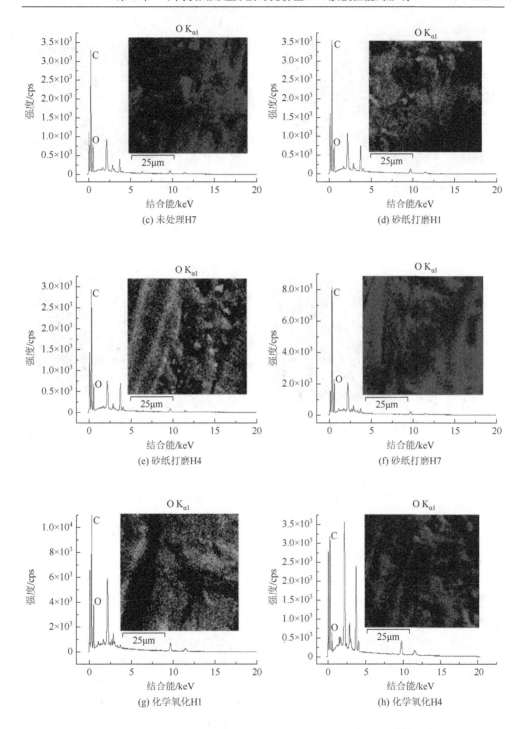

(c) 未处理H7

(d) 砂纸打磨H1

(e) 砂纸打磨H4

(f) 砂纸打磨H7

(g) 化学氧化H1

(h) 化学氧化H4

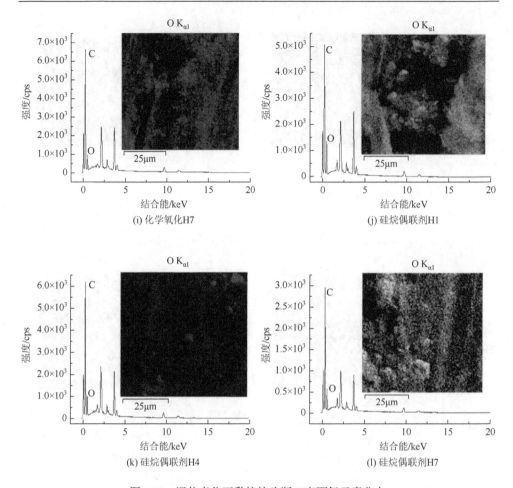

图 8-11　湿热老化下黏接接头断口表面氧元素分布

从表 8-11 和图 8-11 可见，在 50℃、RH 98%湿热老化前胶黏剂表面的氧元素含量为 28.3%，这是由其化学结构决定的。当黏接接头湿热老化处理 48h 时，未处理和砂纸打磨处理的黏接接头断口的氧元素含量分别是 27.1%和 26.9%，都低于胶黏剂表面氧元素含量，这是由于湿热老化后，胶黏剂的内聚强度仍然高于桦木的内聚强度和界面黏接强度，因此黏接接头的破坏发生在桦木内部，所以氧元素含量比湿热老化前少。而化学氧化处理和偶联剂处理的黏接接头断口中氧元素含量在增加，但是仍然低于常温下胶黏剂表面氧元素的含量，说明此时胶黏剂的内聚强度与桦木材料的内聚强度和界面黏接强度相同，黏接接头发生混合破坏。随着湿热老化的进行，未处理和砂纸打磨处理的黏接接头断口氧元素含量在增加，并且高于胶黏剂中氧元素含量。此时胶黏剂的内聚强度低于桦木材料的内聚强度和界面黏接强度，黏接接头的破坏发生在胶黏剂内部，而且由于黏接接头的吸水性，黏接接头断口的氧元素含量相对增加，并高于湿热老化前胶黏剂表面氧元素含量。而化学氧化处理和偶联剂处理的黏接接头分别是在 72h 和 96h 后，黏接接头断口中氧元素含量才高于常温胶黏剂中氧元素含量，黏接接头的破坏形式才发生改变。另外从图 8-11 和表 8-11 中还能看到不同表面处理方法的黏接接头断口表面氧含量之间也存在等效性关系。

8.4　本章小结

（1）采用不同方法对桦木基材表面进行处理，优化后的处理参数是：砂纸目数为 1000 目，化学氧化剂浓度为 20%，偶联剂浓度为 3%，在此条件下处理后的桦木黏接后压缩剪切强度得到提高。经湿热老化处理后，不同表面处理方法对黏接接头的压缩剪切强度影响顺序是：基材未处理＞砂纸打磨处理＞化学氧化处理＞偶联剂处理。

（2）采用 XPS 分析了表面元素含量的变化，砂纸打磨后桦木表面元素含量未发生变化，化学氧化和偶联剂处理后的桦木基材表面 C 和 O 元素含量及存在的价态都发生变化。另外也采用 FTIR 分析了处理基材的表面，砂纸打磨处理后基材未发生改变，而化学氧化和偶联剂处理后，桦木基材表面官能团存在不同的消失情况，FTIR 分析和 XPS 分析结论是一致的。

（3）利用 EDS 分析黏接接头中氧元素含量的变化，表面处理后的黏接接头经过湿热老化处理后，氧元素含量增加。在不同表面处理方法和湿热老化周期下，不同黏接接头的氧元素含量存在着等效性关系。同时黏接接头的吸水率在增加，因为不同表面处理方法黏接接头表面结合能不一样，水分渗透速度不一样，所以不同表面处理方法下的黏接接头吸水率增加幅度不同。

（4）采用 EDS 分析了黏接接头破坏后氧元素含量，进而分析其破坏形式。经过不同表面处理方法处理的黏接接头，在不同的湿热老化周期下，断口氧元素含量是不同的，黏接接头的破坏形式也不相同，但是不同表面处理方法和湿热老化时间条件下同样存在着等效性关系。

参 考 文 献

[1]　王百灵，冯苗，詹红兵. 木材表面功能化改性的研究进展[J]. 中国表面工程，2013，26（6）：9-17.

[2]　时君友，柴瑜，徐文彪，等. 表面处理对淀粉基 API 桦木接头耐老化性能的影响[J]. 林产工业，2014，41（6）：21-24.

[3]　欧阳吉庭，何巍，涂刚，等. 低温等离子体处理木材表面研究[J]. 河北大学学报（自然科学版），2007，27（6）：597-600.

[4]　王洪艳，王辉，杜官本，等. 冷等离子体处理对木材胶接性能的影响[J]. 中国胶黏剂，2010，19（2）：13-16.

[5] Tserki V，Matzinos P，Kokkou S，et al. Novel biodegradable composites based on treated lignocellulosic waste flour as filler. Part Ⅰ. Surface chemical modification and characterization of waste flour[J]. Composites Part A: Applied Science and Manufacturing，2005，36（7）：965-974.

[6] Zhang C，Li K，Simonsen J. Improvement of interfacial adhesion between wood and polypropylene in wood-polypropylene composites[J]. Journal of Adhesion Science and Technology，2004，18（14）：1603-1612.

[7] Wu J，Yu D，Chan C M，et al. Effect of fiber pretreatment condition on the interfacial strength and mechanical properties of wood fiber/PP composites[J]. Journal of Applied Polymer Science，2000，76（7）：1000-1010.

[8] 王超，李子臣，杜福胜，等. 不同温度下胶黏剂黏接接头表界面元素变化行为的 EDX 分析[J]. 复合材料学报，2005，22（5）：64-71.

[9] Nishimiya K，Hata T，Imamura Y，et al. Analysis of chemical structure of wood charcoal by X-ray photoelectron spectroscopy[J]. Journal of Wood Science，1998，44（1）：56-61.

[10] Matuana L M，Balatinecz J J，Sodhi R N S，et al. Surface characterization of esterified cellulosic fibers by XPS and FTIR spectroscopy[J]. Wood Science and Technology，2001，35（3）：191-201.

[11] 陈培榕，李景虹，邓勃. 现代仪器分析实验与技术[M]. 北京：清华大学出版社，2006.

[12] Rautkari L，Properzi M，Pichelin F，et al. Surface modification of wood using friction[J]. Wood Science and Technology，2009，43（3-4）：291-299.

[13] 李春桃. 硅烷偶联剂改性木粉/HDPE 复合材料的研究[D]. 哈尔滨：东北林业大学，2010.

[14] Hristov V，Krumova M，Michler G. The influence of excess coupling agent on the microdeformation processes and mechanical properties of poly（propylene）/wood-flour composites[J]. Macromolecular Materials and Engineering，2006，291（6）：677-683.

[15] 杨喜昆，杜官本，钱天才，等. 木材表面改性的 XPS 分析[J]. 分析测试学报，2003，22（4）：5-8.

[16] 杨忠，杜官本，黄林荣，等. 微波等离子体处理木材表面接枝甲基丙烯酸甲酯的 XPS 分析[J]. 林产化学与工业，2003，23（3）：28-32.

[17] 杜官本，杨忠，邱坚. 微波等离子体处理西南桤木表面的 ESR 和 XPS 分析[J]. 林业科学，2004，40（2）：148-151.

[18] 杜官本，华毓坤，崔永杰，等. 微波等离子体处理木材表面光电子能谱分析[J]. 林业科学，1999，35（5）：104-109.

[19] 王立娟，李坚，刘一星. 桦木单板化学镀镍过程的 FTIR 和 XPS 分析[J]. 林业科学，2006，42（3）：7-12.

第 9 章 淀粉基 API 胶接制品的服役期推导

9.1 引　　言

胶黏剂在胶接木制品时不仅要求其具有很好的理化性能，还要考虑它的耐久性能。湿热老化是衡量耐久性能的主要指标之一。胶黏剂的湿热老化表明了水分在胶黏剂的胶接面内的吸附和扩散过程，主要体现在以下几个方面：水分顺着胶黏剂的黏接接头的表面扩散，即水分沿着胶黏剂的胶接界面扩散；水分通过黏接接头的裂纹进入到胶黏剂或被黏材料内部；水分在胶黏剂胶层内的扩散和分子之间发生反应迫使胶接接层发生膨胀；反应产物由体内向表面的渗出[1]。水分有很强的渗透作用，几乎可以渗透到所有聚合物中，发生增塑作用，破坏聚合物之间的作用力，导致聚合物的性能下降，这种现象是可逆的，除去水分后性能可以恢复。然而，水分在胶黏剂中的水解作用是不可逆的，胶黏剂体系不同，水分扩散不一定完全按照上面的步骤来进行[2, 3]。胶接接层水分含量与胶黏剂的构成、结构体系、形貌特征和固化工艺等有关。有关水分在木质材料的黏接接头中扩散的研究有限，主要是因为木材本身存在着致密性的问题，并且木材的表面结合能远小于金属材料的表面结合能，所以，水分在复合材料中存在渗透作用，胶接的木质材料更是存在着水分渗透到木材中的问题[4]。因此，没有办法用称重法计算胶黏剂吸收水分的含量。此外，因为胶黏剂的胶接接层厚度只有 0.1mm，被黏材料的内聚强度比较低，所以复合材料尤其是木材不能获得老化后胶黏剂的吸收率。湿热老化试验即使能反映黏接接头胶接性能的变化情况，但是它的缺点是测试时间相对比较长，不能快速测试黏接接头的使用寿命。

王超等[5]通过分析水分的解吸过程研究了湿热老化周期和初始水分含量对刨花填充的环氧树脂胶黏剂的吸湿特性和物理性质的影响。Shi[6]依据菲克第二定律，研究了水分在木质纤维材料中吸收过程的扩散模型。具有不同密度的木质纤维板或木纤维聚合复合材料中水分吸收过程的数据用扩散模型来分析。样品经过不同相对湿度和温度条件处理，用非线性曲线拟合算法计算水分沿着样品厚度方向的扩散系数。

本章主要研究不同湿热老化条件下，淀粉基 API 制备的胶合木的黏接接头在达到其服役期时所需的老化时间，寻求湿热老化温度与淀粉基 API 的玻璃化温度和黏接接头的吸水率之间的相互关系，并检测从推导出的关系式得到的结果和实际检测值之间的差别，从而大大减少了黏接接头服役期的测试时间，能够迅速获得淀粉基 API 胶接桦木的黏接接头到达使用期限时有关的性能资料。

9.2　水分在黏接接头中的扩散系数的计算

9.2.1　湿热老化下水分在黏接接头的扩散系数

依据 Fick 第二定律，假设水分在淀粉基 API 的黏接接头中的扩散是一维的，并且扩散系数在扩散过程中保持不变，微分方程简化为[5]

$$\frac{\partial C}{\partial t} = D\frac{\partial^2 C}{\partial x^2} \tag{9-1}$$

借助数学计算得出水分的扩散浓度与时间的关系如下：

$$D = \frac{\pi b^2}{16}\left(\frac{\Delta W}{W_{max}} \times \frac{1}{\sqrt{t}}\right)^2 \tag{9-2}$$

式中：W_{max} 为饱和时间内增加质量分数（%）；ΔW 为 t 时间内增加质量分数（%）；t 为水分的扩散时间（s）；b 为扩散路程，即黏接接头的宽度（mm）。

假定未处理的木材黏接接头自动断裂时的吸水率为 W_{max}，试样宽度 b 为 25mm，根据式（9-2），利用 EDS 原位分析方法可以计算出黏接接头在 50℃、RH 98%的湿热老化条件下的吸水率，进而计算水分在淀粉基 API 的黏接接头中的扩散系数，结果如表 9-1 所示。

表 9-1　水分在不同的黏接接头中的扩散系数

分析方法	不同老化时间黏接接头的吸水率/%								扩散系数/$(10^{-6}\text{mm}^2/\text{h})$
	0h	24h	48h	72h	96h	120h	144h	168h	
EDS	0	0.6	2.1	3.4	4.4	4.8	5.2	5.4	192.165
元素分析	0	0.65	2.13	3.44	4.45	4.84	5.23	5.41	202.390

从表 9-1 可见，利用两种方法计算的水分在淀粉基 API 的黏接接头中的扩散系数值存在着一定的偏差，主要是由于前者能测试的木材表面深度只有 20nm，事实上木材当中的水分分布存在含水率梯度，所以其扩散也是呈现梯度分布。此外，真空喷金处理时会挥发试样表面的一小部分水分，因此黏接接头表面的水分含量偏低，二者能够互相抵消很小的误差。实际上从计算值分析，木材表面水分挥发的影响大于含水率梯度，所以前者的计算值略小于后者。

9.2.2　表面处理方法对水分在黏接接头扩散系数的影响

根据式（9-2）和 EDS 方法计算结果能够计算在 50℃、RH 98%的湿热老化条件下，水分在经过不同表面处理方法处理的淀粉基 API 胶接桦木的黏接接头中的扩散系数，如表 9-2 所示。

表 9-2　水分在不同表面处理的黏接接头中的扩散系数

表面处理方法	黏接接头的吸水率/%								扩散系数/$(10^{-6}mm^2/h)$
	0h	24h	48h	72h	96h	120h	144h	168h	
砂纸打磨	0	0.5	2	3	3.9	4.2	4.5	5	173.768
化学氧化	0	0.6	1.4	1.9	2.6	3.2	3.6	4.0	134.926
硅烷偶联剂	0	0.5	1.2	1.7	2.3	2.7	3.3	3.7	110.599

从表 9-1 和表 9-2 可知，水分在未处理的黏接接头中的扩散系数是 $192.165\times10^{-6}mm^2/h$，水分在经过砂纸打磨处理后的黏接接头中的扩散系数是 $173.768\times10^{-6}mm^2/h$，水分在经过化学氧化处理的黏接接头中的扩散系数是 $134.926\times10^{-6}mm^2/h$，水分在经过硅烷偶联剂处理的黏接接头中的扩散系数是 $110.599\times10^{-6}mm^2/h$。由此可知，黏接接头经过表面处理后，水分在其中的扩散系数减小，处理方法不同，扩散系数降低值不同，表明对基材进行表面处理能有效减缓水分在淀粉基 API 的黏接接头中的扩散。所以，表面处理能够改善淀粉基 API 的黏接接头的耐久性。

9.3　水分在黏接接头扩散动力学的计算

9.3.1　水分在黏接接头扩散动力学的计算方法

水分在淀粉基 API 的黏接接头中的扩散反应级数和吉布斯自由能数值是按照如下的方程式所得[7, 8]：

$$-\frac{dc}{dt} = kf(c)，令 f(c) = c^n \qquad (9-3)$$

式中：c 为剩余质量（%）；n 为反应级数；t 为反应时间（h）；k 为反应速率常数。

令黏接接头吸水率 $\Delta W / W_{max}$ 为 c，以 $\ln(1/c)$ 与湿热老化时间作图，其中 EDS 分析方法所得关系图见图 9-1（a），元素分析方法所得关系图见图 9-1（b）。采用两种方法计算水分在不同湿热老化温度下的反应速率常数，其结果如表 9-3 所示。

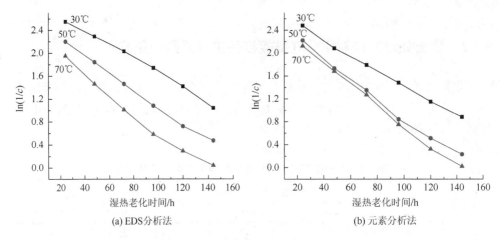

图 9-1　ln(1/c)和湿热老化时间的关系

表 9-3　不同湿热老化温度下的反应速率常数（$10^{-3}h^{-1}$）

EDS 分析			元素分析		
30℃	50℃	70℃	30℃	50℃	70℃
12.4	14.8	17.0	13.2	15.7	18.0

由图 9-1 可知，采用两种方法检测的 ln(1/c)与湿热老化时间的关系均为线性关系。依据图 9-1 的数据和阿伦尼乌斯方程：

$$k = A\mathrm{e}^{-\frac{E}{RT}} \tag{9-4}$$

式中：A 为指前因子；E 为吉布斯自由能（kJ/mol）；R 为摩尔气体常量[J/(k mol)]；T 为热力学温度（K）；k 为反应速率常数。

则不同的反应速率常数之间的关系如下：

$$\frac{k_1}{k_2} = \frac{\mathrm{e}^{\frac{E}{RT_1}}}{\mathrm{e}^{\frac{E}{RT_2}}} \tag{9-5}$$

根据式（9-5），利用表 9-3 中水分在黏接接头中反应速率常数和温度的数据，利用 EDS 分析方法计算的吉布斯自由能是–60.62kJ/mol，元素分析计算值是–60.89kJ/mol，EDS 方法计算的数值稍微低于元素分析法，其理由和 9.2.1 节所述相同。

9.3.2　表面处理方法对水分在黏接接头扩散动力学的影响

对于经过不同表面处理和不同湿热老化条件下的黏接接头，采用 EDS 分析方法测试黏接接头的吸水率，以 $\ln(1/c)$ 与湿热老化时间作图，见图 9-2。不同湿热老化温度下反应速率常数的计算结果如表 9-4 所示。

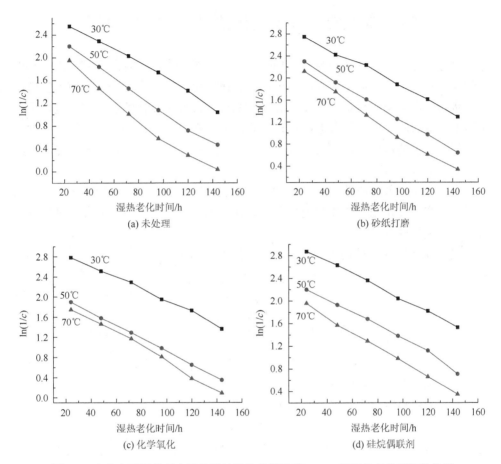

图 9-2　水分在不同处理方法的黏接接头扩散浓度 $\ln(1/c)$ 和湿热老化时间的关系

表 9-4　不同表面处理方法下反应速率常数（$10^{-3}h^{-1}$）

未处理			砂纸打磨			化学氧化			硅烷偶联剂		
30℃	50℃	70℃	30℃	50℃	70℃	30℃	50℃	70℃	30℃	50℃	70℃
12.4	14.8	17.0	12.0	13.7	15.1	11.6	12.9	14.2	11.3	12.1	13.2

　　由图 9-2 可见，不同表面处理方法下的 $\ln(1/c)$ 与湿热老化时间为线性关系，由此说明水分黏接接头中的扩散动力学均为 1 级。根据表 9-4 可求出表面处理后水分在黏接接头中的吉布斯自由能，砂纸打磨是 –40.96kJ/mol，化学氧化是 –40.47kJ/mol，

偶联剂是–30.48kJ/mol，表明经过表面处理后，水分在黏接接头中扩散最快的是砂纸打磨，其次是化学氧化处理，最慢的是偶联剂处理，分析同上。

9.4 黏接接头在不同湿热老化下的服役期

水分在淀粉基 API 的黏接接头中以多种形式进行扩散，淀粉基 API 中的极性化学键会对分子的浸润形成吸附作用，水分在淀粉基 API 中会产生可逆的扩散；但是水解作用会使淀粉基 API 中的化学键断开，降低其胶接性能，这一过程是不可逆的。淀粉基 API 的湿热老化处理条件之间存在着等效性的关系，根据前期试验所得的数据能得出淀粉基 API 在不同湿热老化条件作用下，需要多久能达到服役期强度的最大值[7-10]。

当水分子进入淀粉基 API 内部时，利用弱键发生水解的反应速率在定积分的应用，根据质量作用定律和阿伦尼乌斯定律，求出在一定条件下的湿热老化时间和温度的关系式[11, 12]。

淀粉基 API 的服役期和老化温度之间的关系式为

$$H = \frac{\alpha_0}{C_A^a e^{-\frac{\beta_0}{T}}} \tag{9-6}$$

对公式（9-6）两边取对数，令 $Y = \ln(HC_A^a)$，$X = \frac{1}{T}$，推导出公式（9-7）：

$$Y = \ln \alpha_0 + \beta_0 X \tag{9-7}$$

根据图 9-1 和对应湿热老化温度下的湿度值导入式（9-7），求得湿热老化时间与湿热老化温度之间的关系式如下。

$$Y = A + B \times X \tag{9-8}$$

式中：A、B 为常数；H 为淀粉基 API 达到服役期的老化时间（h）；T 为温度（K）；C_A^a 为湿气浓度。

根据公式（9-8）和图 9-1，可以计算出 $A = -14.8$，$B = 3534.2$，相关系数 $R = 0.9965$；即 $\ln \alpha_0 = -14.8$，$\beta_0 = 3534.2$。则

$$H = \frac{3.7 \times 10^{-4}}{C_A^a} e^{\frac{3534.2}{T}} \tag{9-9}$$

市售 API 的服役期和老化温度之间的关系式为

$$H = \frac{4.6 \times 10^{-4}}{C_A^a} e^{\frac{3628.5}{T}} \tag{9-10}$$

由 $\beta = E/R$ 计算出的水分扩散吉布斯自由能为–29.383kJ/mol，本部分计算只分析水分在扩散过程中的水解作用，而没有涉及吸附作用。式（9-9）为淀粉基 API

黏接接头达到使用期限时的湿热老化时间和湿热老化温度之间的关系式。依据
式（9-9）计算在不同湿热老化条件下，淀粉基 API 的黏接接头到达其使用期限时
的时间，其结果如表 9-5 所示。由表 9-5 可知，计算值和实测值基本相同。依据
式（9-10）计算在不同湿热老化条件下，市售 API 的黏接接头到达其使用期限时
的时间，其结果如表 9-6 所示。由表 9-6 可知，计算值和实测值基本相同。

表 9-5   淀粉基 API 达到服役期所需要的时间

湿热老化条件		湿热老化时间/h	
温度/℃	湿度/%	计算值	实测值
30	98	439.1	440.5
50	98	213.1	215.4
70	98	112.7	114.2

表 9-6   市售 API 达到服役期所需要的时间

湿热老化条件		湿热老化时间/h	
温度/℃	湿度/%	计算值	实测值
30	98	748.7	749.1
50	98	354.8	355.2
70	98	184.7	185.3

9.5   湿热老化温度与淀粉基 API 的玻璃化温度及吸水率关系

淀粉基 API 经过湿热老化处理后吸收水分，玻璃化温度也相应下降。由
图 7-7 和图 7-19 能够分别推导在 50℃、RH 98%下，湿热老化时间与淀粉基 API
的玻璃化温度和黏接接头的吸水率之间的关系式。由图 7-9 和图 7-21 能够分别推
导在 50℃、RH 98%下，湿热老化时间与市售 API 的玻璃化温度和黏接接头的吸
水率之间的关系式。

淀粉基 API 的玻璃化温度与湿热老化时间之间的关系如下所示：
$$T' = 320.3 - 0.14(℃/h)H \tag{9-11}$$

市售 API 的玻璃化温度与湿热老化时间之间的关系如下所示：
$$T' = 331.2 - 0.14(℃/h)H \tag{9-12}$$

式中：T' 为玻璃化温度（℃）；H 为湿热老化时间（h）。

淀粉基 API 的吸水率与湿热老化时间之间的关系如下所示：
$$A = 3.8429 + 0.0095(h^{-1})H \tag{9-13}$$

市售 API 的吸水率与湿热老化时间之间的关系如下所示：

$$A = 2.1 + 0.0229(\text{h}^{-1})H \tag{9-14}$$

式中：A 为吸水率（%）；H 为湿热老化时间（h）。

依照公式（9-11）和公式（9-13），能够建立淀粉基 API 的玻璃化温度与吸水率的关系式：

$$T' = 320.3 - 0.14\left(\frac{A - 3.8429}{0.0095}\right) \tag{9-15}$$

依照公式（9-12）和公式（9-14），能够建立市售 API 的玻璃化温度与吸水率的关系式：

$$T' = 331.2 - 0.14\left(\frac{A - 2.1}{0.0229}\right) \tag{9-16}$$

依据 Arrhenius 定律，在不同湿热老化条件下，不同湿热老化时间的关系如下所示：

$$\frac{H_1}{H_2} = \text{e}^{\left[-\frac{E}{R}\left(\frac{1}{T_1} - \frac{1}{T_2}\right)\right]} \tag{9-17}$$

式中：H_1 为 T_1 下的老化时间（h）；H_2 为 T_2 下的老化时间（h）；T_1、T_2 为两种情况下的湿热老化温度（K）。

本试验确定的最低湿热老化温度是 30℃（303K），RH 98%；黏接接头的湿热老化时间的关系如下：

$$\frac{H_1}{H_2} = \text{e}^{\left[-\frac{E}{R}\left(\frac{1}{303} - \frac{1}{T}\right)\right]} \tag{9-18}$$

根据此式计算出的 E 是-41.242kJ/mol，这是包含淀粉基 API 的水解和吸附等所有可逆与不可逆作用的结果，然而 9.4 节中只分析了淀粉基 API 的水解过程，所以计算值是不一样的。

根据式（9-18），把在不同湿热老化温度下的湿热老化时间均相应地转化成湿热老化温度 50℃、RH 98%下的湿热老化时间，将式（9-9）和式（9-18）导入式（9-11），由此可以求出黏接接头到达使用期限时，淀粉基 API 的玻璃化温度与湿热老化温度之间的关系如下：

$$T' = 302.3 - 0.14\left(\frac{3.7 \times 10^{-4}}{C_A^a}\right)\text{e}^{\frac{3534.2}{T}}\text{e}^{4960.5\left(\frac{1}{303} - \frac{1}{T}\right)} \tag{9-19}$$

市售 API 的玻璃化温度与湿热老化温度之间的关系如下：

$$T' = 331.2 - 0.14\left(\frac{4.6 \times 10^{-4}}{C_A^a}\right)\text{e}^{\frac{3628.5}{T}}\text{e}^{5042.7\left(\frac{1}{303} - \frac{1}{T}\right)} \tag{9-20}$$

根据式（9-19）和式（9-20）计算不同湿热老化条件下黏接接头到达使用期限

时 API 的玻璃化温度值。由表 9-7 和表 9-8 可知，实测值与计算值之间的偏差均在 1%以内，说明此方法能够用来判断在不同湿热老化条件下 API 胶接桦木的黏接接头在到达其使用期限时，湿热老化温度与 API 的玻璃化转变温度之间的关系。

表 9-7　不同湿热老化温度下的淀粉基 API 的玻璃化温度

湿热老化条件			玻璃化温度/℃		相对误差/%
温度/℃	湿度/%	老化时间/h	测试值	计算值	
30	98	439.1	295.8	296.2	0.14
50	98	213.1	293.3	293.9	0.20
70	98	112.7	290.8	291.7	0.31

表 9-8　不同湿热老化温度下的市售 API 的玻璃化温度

湿热老化条件			玻璃化温度/℃		相对误差/%
温度/℃	湿度/%	老化时间/h	测试值	计算值	
30	98	748.7	320.1	320.7	0.15
50	98	354.8	317.0	317.9	0.28
70	98	184.7	313.3	314	0.22

将式（9-9）导入式（9-13），淀粉基 API 的黏接接头到达使用期限时，淀粉基 API 的吸水率与湿热老化温度之间的关系如下：

$$A = 3.8429 + 0.0095\left(\frac{3.7 \times 10^{-4}}{C_A^a}\right) e^{\frac{3534.2}{T}} e^{4960.5\left(\frac{1}{303} - \frac{1}{T}\right)} \tag{9-21}$$

市售 API 的吸水率与湿热老化温度之间的关系如下：

$$A = 2.1 + 0.0229\left(\frac{4.6 \times 10^{-4}}{C_A^a}\right) e^{\frac{3628.5}{T}} e^{5042.7\left(\frac{1}{303} - \frac{1}{T}\right)} \tag{9-22}$$

利用式（9-21）和式（9-22）计算在不同湿热老化条件下，黏接接头达到使用期限时 API 的吸水率。由表 9-9 和表 9-10 可见，计算值与实测值之间存在着偏差，但误差较小，均在 2%以内。所以在不同湿热老化条件下淀粉基 API 的黏接接头到达使用期限时，能够预测其湿热老化温度与淀粉基 API 的吸水率之间的关系。

表 9-9　淀粉基 API 吸水率与湿热老化温度的关系

湿热老化条件			吸水率/%		相对误差/%
温度/℃	湿度/%	老化时间/h	测试值	计算值	
30	98	439.1	4.2063	4.2601	1.26
50	98	213.1	4.3815	4.4218	0.91
70	98	112.7	4.5037	4.5601	1.25

表 9-10 市售 API 吸水率与湿热老化温度的关系

湿热老化条件			吸水率/%		相对误差/%
温度/℃	湿度/%	老化时间/h	测试值	计算值	
30	98	748.7	3.75	3.81	1.57
50	98	354.8	4.31	4.36	1.15
70	98	184.7	4.95	4.99	0.8

通过研究木材黏接接头的耐湿热老化性能，尽管有关推导并不十分严密，但是依然揭示了非金属材料的黏接接头在湿热老化条件下的变化行为。而对于金属材料黏接接头的研究方法远比非金属材料黏接接头要容易得多，因为金属材料黏接接头的耐湿热老化不用考虑被黏接材料的吸水问题。

9.6 本 章 小 结

（1）表面处理方法不同，水分在淀粉基 API 的黏接接头中扩散系数也不同。未处理时扩散系数最大，经过表面处理后，扩散系数降低，砂纸打磨处理后扩散系数最大，化学氧化次之，偶联剂最小，表明对基材进行表面处理能有效减缓水分在淀粉基 API 胶接桦木的黏接接头中的扩散速率。所以木材经过表面处理后，能够明显改善黏接接头的耐久性能。

（2）随着湿热老化温度升高，水分在淀粉基 API 的黏接接头中的扩散系数常数逐渐增大。表面处理后，水分在淀粉基 API 的黏接接头中的扩散速率常数降低，说明水分扩散速度变慢。

（3）根据在各个湿热老化条件下，湿热老化温度与淀粉基 API 和市售 API 黏接接头到达使用期限的关系式 $H = \dfrac{3.7 \times 10^{-4}}{C_A^a} \mathrm{e}^{\frac{3534.2}{T}}$ 和 $H = \dfrac{4.6 \times 10^{-4}}{C_A^a} \mathrm{e}^{\frac{3628.5}{T}}$，可以计算淀粉基 API 黏接接头达到使用寿命时需要的时间。

（4）在不同湿热老化条件下，湿热老化温度与淀粉基 API 的玻璃化温度之间的关系式：$T' = 302.3 - 0.14 \left(\dfrac{3.7 \times 10^{-4}}{C_A^a} \right) \mathrm{e}^{\frac{3534.2}{T}} \mathrm{e}^{4960.5 \left(\frac{1}{303} - \frac{1}{T} \right)}$，湿热老化温度与吸水率的关系式：$A = 3.8429 + 0.0095 \left(\dfrac{3.7 \times 10^{-4}}{C_A^a} \right) \mathrm{e}^{\frac{3534.2}{T}} \mathrm{e}^{4960.5 \left(\frac{1}{303} - \frac{1}{T} \right)}$。湿热老化温度与市售 API 的玻璃化温度之间的关系式：$T' = 331.2 - 0.14 \left(\dfrac{4.6 \times 10^{-4}}{C_A^a} \right) \mathrm{e}^{\frac{3628.5}{T}} \mathrm{e}^{5042.7 \left(\frac{1}{303} - \frac{1}{T} \right)}$，

湿热老化温度与吸水率的关系式：$A = 2.1 + 0.0229 \left(\dfrac{4.6 \times 10^{-4}}{C_A^a} \right) \mathrm{e}^{\frac{3628.5}{T}} \mathrm{e}^{5042.7 \left(\frac{1}{303} - \frac{1}{T} \right)}$。由此可以计算市售 API 的黏接接头达到使用期限时，胶黏剂的玻璃化温度和吸水率。

参 考 文 献

[1] 黄玉东. 聚合物表面与界面技术[M]. 北京：化学工业出版社，2003.

[2] 王超. C/C 复合材料用胶黏剂的制备及其粘接性能的研究[D]. 哈尔滨：哈尔滨工业大学，2004.

[3] 时君友，顾继友. 淀粉基 API 胶黏剂与桦木胶接机理的表征[J]. 东北林业大学学报，2009，37（3）：55-57.

[4] Xu W, Shi J, Wang S. Damage mode and failure mechanism of starch-based aqueous polymer isocyanate plywood bonded structure[J]. BioResources，2014，9（3）：4722-4728.

[5] 王超，黄玉东，郑力威. 原位计算水分在碳碳复合材料粘接接头的扩散系数和扩散动力学[J]. 高分子学报，2005，1（1）：14-17.

[6] Shi S Q. Diffusion model based on Fick's second law for the moisture absorption process in wood fiber-based composites：Is it suitable or not ?[J]. Wood Science and Technology，2007，41（8）：645-658.

[7] 叶险峰，白洪刚，李冰. 水分在炭纤维增强水泥粘接接头界面的扩散系数和扩散动力学[J]. 黑龙江科学，2010，1（1）：23-26.

[8] 王超，黄玉东，刘文彬，等. 水分在粘接接头界面的扩散系数和动力学[J]. 材料科学与工艺，2006，16（4）：601-604.

[9] 李宏亮. 改性 SBS 装饰胶粘剂的研制[D]. 大庆：大庆石油学院，2009.

[10] 赵福君. 大型储油设施安全防护涂层性能研究[D]. 哈尔滨：哈尔滨工业大学，2006.

[11] Khayankarn O，Pearson R A，Verghese N，et al. Strength of epoxy/glass interfaces after hygrothermal aging[J]. The Journal of Adhesion，2005，81（9）：941-961.

[12] Siau J F，Avramidis S. The surface emission coefficient of wood[J]. Wood and fiber science，1996，28（2）：178-185.

第10章 结 论

本书主要是以玉米淀粉为原料，通过对淀粉进行酸解、氧化、接枝共聚等多重变性，以能满足胶黏剂需要的性能为目标，通过单因素分析试验，研制出一种复合变性淀粉。然后以所制得的复合变性淀粉、乙二酸、聚乙烯醇和 P-MDI 为影响因素，采用 $L_{16}(4^4)$ 的正交试验，优化出满足不同胶接需要的淀粉基 API 配方，经验证性试验及生产性试验，确定出最佳胶黏剂合成配方；针对 I 型 I 类反复煮沸型淀粉基 API 应具有良好的耐老化性的需要，研究了此种胶黏剂的加速老化机理；以现代分析仪器为手段，对 P-MDI 与淀粉、复合变性淀粉及淀粉基 API 主剂的反应机理进行了系统研究，为揭示淀粉基 API 的固化反应机理奠定了基础；然后通过 DSC 对淀粉基 API 与木材之间的反应动力学进行研究，探索了淀粉基 API 胶接反应机理，进一步揭示了湿热老化处理和不同表面处理方法对淀粉基 API 及其胶接制品的影响，揭示了淀粉基 API 湿热老化周期与吸水率和玻璃化温度之间的关系，推导出淀粉基 API 的服役期。通过试验研究，得出以下主要结论。

（1）采用盐酸为酸解催化剂、过硫酸铵为氧化剂在 1h 反应时间内，得到一种黏度较低而浓度较高的酸解氧化淀粉乳液。淀粉在酸解的同时进行氧化，缩短了反应时间，提高了反应效率。经单因素分析试验得出的优化工艺条件：淀粉乳液浓度 35%，反应时间 1h，盐酸浓度 0.5mol/L，反应温度 55℃，过硫酸铵用量为淀粉干基质量的 2.25%。酸解氧化淀粉具有酸解淀粉与氧化淀粉的双重性质，既克服了酸解淀粉易凝沉的缺陷，又避免了纯氧化淀粉固含量较低，无法满足木材胶黏剂要求的弊端。得到的酸解氧化淀粉乳液具有黏度低、浓度高、抗凝沉性好特性，可较好地用于胶黏剂的制造。

（2）同样采用过硫酸铵为引发剂，对得到的酸解氧化淀粉与丙烯酰胺进行接枝共聚，合成了酸解氧化淀粉接枝丙烯酰胺共聚物的复合变性淀粉，并对其性能进行了表征。研究发现，引发剂对酸解氧化淀粉接枝共聚反应影响非常显著；引发剂分两次加入有利于接枝共聚反应的进行，第一次在酸解开始时加入，第二次在接枝反应 1.5h 后加入，这样既可以达到预引发的目的，又能对淀粉起到一定的氧化作用；两次引发剂的最佳用量分别为淀粉干基质量的 2.25% 和 0.45%。通过单因素试验，研究了酸解氧化时间、淀粉与单体丙烯酰胺质量比、接枝反应温度和接枝反应时间等因素对接枝共聚反应接枝参数的影响。结果表明，当酸解氧化时间为 60min，淀粉与单体质量比为 0.8，接枝反应温度为 55℃左右、反应时间

3h 左右时，接枝共聚产物的 G 和 GE 最大。由此确定出接枝共聚反应的工艺条件为：接枝反应温度 55℃，反应时间 3h，淀粉与丙烯酰胺质量比 0.8。通过 FTIR、X 射线衍射、SEM 等分析方法，证明了接枝共聚反应的发生。

（3）以复合变性淀粉、乙二酸、聚乙烯醇和 P-MDI 为主要因素，采用一定的合成工艺，通过正交试验优化出满足不同胶接强度需要的 I、II 型淀粉基 API 的最佳配方，见表 4-27 和表 4-28。针对热压胶接用 II 型淀粉基 API，以满足胶合制品需要的拉伸剪切强度为目标，通过正交试验，优化出最佳热压胶接的工艺条件为：热压温度 105～115℃，单位压力 1.0MPa，热压时间 0.8min/mm 板厚。对所优化出的最佳淀粉基 API 配方和热压工艺条件进行了验证性试验，最后确认出实验室研究的最佳淀粉基 API 的配方及热压胶接工艺条件；通过生产性试验进一步证明，实验室研究的淀粉基 API 配方正确，在生产中具有良好的操作性，胶黏剂性能稳定；采用此种胶黏剂的不同配方，分别应用于胶合板、细木工板、实木复合地板、竹地板的热压胶接，以及不同用途的胶合木冷压胶接，经国家人造板检验中心检测均达到了相关标准要求，现在已经进入批量性生产应用阶段。

（4）通过二正丁胺回滴法测定 P-MDI 与淀粉基 API 主剂混合物中异氰酸酯基的变化率。结果发现，P-MDI 不经封闭处理，直接作为淀粉基 API 的交联剂使用，当交联剂与主剂混合 7.5h 后，异氰酸酯基质量分数仅减少了 0.22%。此研究结果解释了淀粉基 API 活性期较长的原因。内在的机理可能是复合变性淀粉、聚乙烯醇和乙二酸之间反应产物与水分子形成了水胶体性质的体系，导致 P-MDI 与水分子反应速率降低。这一观点在研究不同含水率的淀粉与 P-MDI 反应机理时得到证实。

（5）通过研究淀粉基 API 固化养生后的胶膜反复煮沸后的水可溶分，揭示了加速老化机理。

a. Raman 分光分析，认为加速老化处理胶膜出现的化学变化是由异氰酸酯基的反应、胺的生成与分解、PVA 溶于水所引起的。

b. 水可溶分的 ^{13}C-NMR 分析，确认加速老化处理后溶于水的物质是来源于水溶性的 PVA，PVA 在反复煮沸加速老化之前就有溶于水的情况，但加速老化的物理化学变化之一是由 PVA 的溶出形成的。

c. 由 GPC 对加速老化水可溶分分析表明，加速老化后的胶黏剂中 PVA 的高分子链被切断，形成低分子溶于水中。

d. 胶黏剂的化学变化与物理变化的关系。化学变化主要是异氰酸酯基的反应、胺的生成与分解、PVA 降解后溶于水。物理变化主要在胶接强度方面，一周期内，压缩剪切强度增加近 2 倍，显示出交联剂异氰酸酯基与羟基反应形成胺结构，相当于胶膜受到了后固化处理，而使强度增加。同时，在一周期以后，压缩剪切强度逐渐减少，这是由反应生成的交联键氨基分解和主剂中 PVA 的降解损失所引起的。

（6）采用差式扫描量热法（DSC）、傅里叶变换红外光谱（FTIR）、X 射线光电子能谱、扫描电子显微镜（SEM）等现代仪器分析手段，对淀粉、复合变性淀粉与 P-MDI 之间的动力学反应机理进行了探索；对淀粉基 API 与桦木胶接机理进行了探讨，结果如下。

a. 通过 P-MDI 与不同含水率淀粉的 DSC 研究发现，体系含水率对 P-MDI 的反应影响重大，随着水分增加，P-MDI 消耗速度加快。

b. ESCA 分析表明，P-MDI 主要分布于淀粉表层。等温 DSC 研究并结合 ESCA 分析揭示，P-MDI 与绝干淀粉的反应机理是以相界面反应机理为主；P-MDI 与绝干复合变性淀粉的反应机理更倾向于无规成核机理。对于含水淀粉和复合变性淀粉与 P-MDI 反应时，因为含水率、反应温度和 P-MDI 转化率的不同，存在无规成核机理、扩散机理和相界面机理等复杂情形。水分迁移作用和 P-MDI 与水反应速率较快等是导致 P-MDI 与含水淀粉和复合变性淀粉的反应机理复杂的关键。

c. 等速升温 DSC、FTIR 和 ESCA 分析研究发现，P-MDI 与含水淀粉和复合变性淀粉反应时，P-MDI 主要与水反应；随着淀粉和复合变性淀粉含水率的增加，与水反应的 P-MDI 量就增多，当含水率分别达到 7.24%、7.26%时，大量的 P-MDI 与水反应。相同含水率条件下，P-MDI 更易于复合变性淀粉反应。

d. 等速升温 DSC 研究发现，P-MDI 与不同含水率淀粉反应可以使用如下方程进行线性化回归或求解动力学参数。由此求得的活化能随着含水率的增加而有所降低。

$$\ln \frac{[-\ln(1-\alpha)]^{2/3}}{(T-T_0)} = \ln \frac{A}{\beta} - E/(RT)$$

e. ESCA 分析揭示，P-MDI 与含水率为 7.26%淀粉在 130℃等温扫描反应 30min 后，与水反应 P-MDI 占总消耗 P-MDI 量的 55.95%，产物中取代脲和氨基甲酸酯的比例约为 1.27∶1；而淀粉含水率为 3.63%时，与水反应的 P-MDI 占总消耗 P-MDI 量的 46.72%。

f. FTIR 研究淀粉基 API、桦木、胶接界面发现，在界面层中—NCO 的特征峰（2272cm^{-1}）强度减弱，可以推断淀粉基 API 中的—NCO 与桦木中的纤维素或半纤维素上的羟基发生了化学反应。通过 ESCA 研究胶接界面层中的 C1、C2 和 C3 含量，发现淀粉基 API 与桦木之间确实发生了化学反应。

g. 采用 DSC 研究淀粉基 API 与桦木之间化学反应动力学参数时发现：淀粉基 API 和木材胶接时所需活化能远小于树脂固化时的活化能，即淀粉基 API 和木材胶接反应要比树脂固化反应容易得多。

h. 采用 SEM 研究淀粉基 API 对桦木渗透性发现，淀粉基 API 对桦木表面的渗透性较差，表明机械胶合作用较弱。

（7）湿热老化条件对淀粉基 API、市售 API 及胶接制品性能都有影响。

a. 采用红外光谱分析了淀粉基 API 胶膜加速老化和不同湿热老化处理后的化学结构变化。结果表明：未处理的淀粉基 API 胶膜中在 $2272cm^{-1}$ 处含有大批未参与反应的异氰酸酯基团。经过加速老化处理后在 A1~A7 周期中都未见残留的异氰酸酯基团特征峰。在不同的湿热老化条件下，淀粉基 API 胶膜主要基团的吸收峰变化是不一样的。湿热老化处理条件不同，胶膜的整个处理周期（H1~H7）过程中异氰酸酯基的吸收峰存在情况不一样。湿热老化温度 30℃时，整个周期都可见异氰酸酯基团的吸收峰；湿热老化处理温度为 50℃时，胶膜在前 3 个周期（H1~H3）依然能见到异氰酸酯的吸收峰，但是峰强度相对减弱，在随后的谱图（H4~H7）中未见异氰酸酯基团的吸收峰，说明残留的异氰酸酯基也全部发生了交联反应。湿热老化处理温度为 70℃时，淀粉基 API 胶膜中（H1~H7）未见异氰酸酯基团的吸收峰存在。市售 API 胶膜在前 2 个周期（H1~H2）依然能见到异氰酸酯的吸收峰，但是峰强度相对减弱，在随后的谱图（H3~H7）中未见异氰酸酯基团的吸收峰。

b. 采用 TG 分析了加速老化和湿热老化处理后淀粉基 API 胶膜的质量变化，从质量损失角度分析淀粉基 API 胶膜的耐久性。加速老化处理的胶膜相对稳定些，而经过不同湿热老化温度处理的胶膜，湿热老化温度越高，淀粉基 API 胶膜的质量越稳定。从质量降解所需能量分析，在相同质量损失下，每个加速老化周期所需的活化能是不同的，也就是说不同加速老化周期的胶膜降解速度不一样，即降解温度也不一样。而经不同湿热老化处理的淀粉基 API 胶膜所需要的活化能不同，湿热老化处理温度高的所需活化能相对高些，但是同一湿热老化温度的不同老化周期内淀粉基 API 胶膜降解所需的活化能几乎相同，即降解速度基本一致。

c. 采用 DSC 分析在不同湿热老化条件下的淀粉基 API 胶膜的玻璃化温度。结果表明：随着湿热老化温度的升高，淀粉基 API 的玻璃化温度降低，在同一湿热老化温度下，随着湿热老化周期的延长，玻璃化温度降低。湿热老化处理温度和湿热老化周期存在着等效性。市售 API 的玻璃化温度比淀粉基 API 高，其也随着老化周期的增加而降低。

d. 淀粉基 API 胶黏剂压制的胶合木经过三种方式处理后的压缩剪切强度变化是不一样的。室温放置试样的压缩剪切强度在逐渐升高，后来趋于稳定。试样经过加速老化处理后，压缩剪切强度下降很快；而经过不同湿热老化温度处理后，黏接接头的强度变化是不一样的，温度越高，黏接接头压缩剪切强度降低速度越快。湿热老化处理温度和湿热老化时间之间存在着等效性关系。市售 API 压制胶合木的压缩剪切强度比淀粉基 API 的高，湿热老化处理后，其强度逐渐降低。

e. 利用 SEM 分析不同湿热老化处理后黏接接头表面的变化。随着湿热老化温度升高和老化周期延长，黏接接头表面分离现象严重，有的甚至都断开。采用 EDS 测试了黏接接头中氧元素的含量。随着湿热老化温度的升高和湿热老化周期的延长，黏接接头吸湿后氧元素含量都在不同程度地增加，而且湿热老化处理温度和时间存在着等效性。

f. 利用 EDS 分析淀粉基 API 吸水率变化。随着湿热老化温度的升高和湿热老化周期的延长，淀粉基 API 和市售 API 的吸水率增加，但是增加速率不一样。

（8）对桦木基材进行表面处理，能够提高胶接制品的耐久性，处理方式不同，对胶接制品耐久性有着不同的影响。

a. 采用不同方法对桦木基材表面进行处理，优化后的处理参数是砂纸目数为1000 目，化学氧化剂浓度为 20%，偶联剂浓度为 3%，黏接接头的压缩剪切强度得到明显改善。经湿热老化处理后，黏接接头的压缩剪切强度值下降速度如下：基材未处理＞砂纸打磨＞化学氧化＞偶联剂。

b. 采用 XPS 分析了桦木基材表面元素含量的变化，砂纸打磨后桦木表面元素含量未发生变化，化学氧化和偶联剂处理后的桦木基材表面 C 和 O 元素含量及存在的价态都发生了变化。另外也采用 FTIR 分析了处理基材的表面，砂纸打磨处理后基材表面官能团未发生改变，而化学氧化和偶联剂处理后，桦木基材表面官能团存在不同的消失情况，FTIR 分析和 XPS 分析结论是一致的。

c. 利用 EDS 分析黏接接头中氧元素含量的变化，表面处理后的黏接接头经过湿热老化处理后，氧元素含量增加，不同表面处理方法下的湿热老化之间存在着等效性关系。同时黏接接头的吸水率在增加，因为经不同表面处理方法处理后黏接接头表面结合能不一样，水分渗透速度不一样，所以不同表面处理方法下的黏接接头吸水率增加幅度不同。

d. 采用 EDS 分析了黏接接头破坏后氧含量，进而分析了其破坏形式。在不同的湿热老化条件下，表面处理方法不同的黏接接头，其断口氧元素含量是不同的，黏接接头的破坏形式也不相同，但是不同表面处理方法和湿热老化时间同样存在着等效性关系。

（9）计算水分在淀粉基 API 的黏接接头中的扩散系数，推导黏接接头的服役期和湿热老化温度之间的关系式，湿热老化温度与淀粉基 API 的玻璃化温度和黏接接头的吸水率之间的关系式。

a. 水分在经过不同表面处理后的淀粉基 API 的黏接接头中的扩散系数不一样。未处理时扩散系数最大，在经过表面处理后，扩散系数降低，不同表面处理后黏接接头扩散系数的下降速率排序如下：砂纸打磨＞化学氧化＞偶联剂，表明采用合适的表面处理方法能够有效缓解水分在黏接接头的扩散。因此，木材经过表面处理后，能够改善淀粉基 API 的黏接接头的耐久性。

b. 随着湿热老化温度升高，水分在淀粉基 API 的黏接接头中的扩散速率常数增大。经过表面处理后，水分在淀粉基 API 的黏接接头中的速率常数降低，说明水分的扩散速度变慢。

　　c. 黏接接头达到服役期时，根据湿热老化温度与服役期之间的关系式，计算淀粉基 API 和市售 API 的黏接接头在不同湿热老化条件下到达使用期限所需要的时间。

　　d. 在不同湿热老化条件下黏接接头到达使用期限时，由湿热老化温度与淀粉基 API 和市售 API 的玻璃化温度与吸水率之间的关系式可以计算在不同湿热老化条件下，淀粉基 API 和市售 API 的黏接接头达到服役期时，淀粉基 API 和市售 API 的玻璃化温度和吸水率。

　　综上所述，淀粉基 API 制造方法简便易行，具有良好的生产操作性；可用于多种胶合制品的生产，在木材工业中应用前景广阔。关于淀粉与 P-MDI 动力学反应机理研究，淀粉基 API 与桦木胶接固化机理以及胶膜加速老化机理的研究，将为进一步完善淀粉基 API 的理化性能奠定坚实的基础。

　　研究存在的问题如下：

　　（1）关于淀粉与 P-MDI 化学反应机理的分析研究，因 P-MDI 是混合物，与水反应后形成的聚脲结构难以定量表征，尚需作大量试验进行探索。

　　（2）关于淀粉基 API 木材胶黏剂的胶接机理研究，对构成胶接强度的各种胶接力（如氢键、机械力、化学键等）贡献率缺乏定量分析，尚需进一步深入研究。